国家出版基金资助项目
现代数学中的著名定理纵横谈丛书
丛书主编　王梓坤

BANACH CONTRACTION FIXED POINT THEOREM

Banach 压缩不动点定理

刘培杰数学工作室　编译

哈尔滨工业大学出版社
HARBIN INSTITUTE OF TECHNOLOGY PRESS

内容简介

本书从一道高考试题谈起,详细地介绍了 Banach 压缩不动点定理的产生、证明方法、分类及其在解决一些数学问题中的应用,并且针对学生和专业学者,以不同的角度和深度介绍了不动点定理的分类与证明过程.

本书可供大、中学生及数学爱好者阅读和收藏.

图书在版编目(CIP)数据

Banach 压缩不动点定理/刘培杰数学工作室编译.—哈尔滨:哈尔滨工业大学出版社,2016.6
(现代数学中的著名定理纵横谈丛书)
ISBN 978-7-5603-5655-6

Ⅰ.①B… Ⅱ.①刘… Ⅲ.①不动点定理-研究 Ⅳ.①O189.2

中国版本图书馆 CIP 数据核字(2015)第 251610 号

策划编辑	刘培杰 张永芹
责任编辑	张永芹 李宏艳
封面设计	孙茵艾
出版发行	哈尔滨工业大学出版社
社　　址	哈尔滨市南岗区复华四道街 10 号 邮编 150006
传　　真	0451-86414749
网　　址	http://hitpress.hit.edu.cn
印　　刷	牡丹江邮电印务有限公司
开　　本	787mm×960mm 1/16 印张 24.5 字数 252 千字
版　　次	2016 年 6 月第 1 版 2016 年 6 月第 1 次印刷
书　　号	ISBN 978-7-5603-5655-6
定　　价	98.00 元

(如因印装质量问题影响阅读,我社负责调换)

○代序

读书的乐趣

你最喜爱什么——书籍.

你经常去哪里——书店.

你最大的乐趣是什么——读书.

这是友人提出的问题和我的回答. 真的,我这一辈子算是和书籍,特别是好书结下了不解之缘. 有人说,读书要费那么大的劲,又发不了财,读它做什么? 我却至今不悔,不仅不悔,反而情趣越来越浓. 想当年,我也曾爱打球,也曾爱下棋,对操琴也有兴趣,还登台伴奏过. 但后来却都一一断交,"终身不复鼓琴". 那原因便是怕花费时间,玩物丧志,误了我的大事——求学. 这当然过激了一些. 剩下来唯有读书一事,自幼至今,无日少废,谓之书痴也可,谓之书橱也可,管它呢,人各有志,不可相强. 我的一生大志,便是教书,而当教师,不多读书是不行的.

读好书是一种乐趣,一种情操;一种向全世界古往今来的伟人和名人求教的方法,一种和他们展开讨论的方式;一封出席各种社会、体验各种生活、结识各种人物的邀请信;一张迈进科学宫殿和未知世界的入场券;一股改造自己、丰富自己的强大力量.书籍是全人类有史以来共同创造的财富,是永不枯竭的智慧的源泉.失意时读书,可以使人重整旗鼓;得意时读书,可以使人头脑清醒;疑难时读书,可以得到解答或启示;年轻人读书,可明奋进之道;年老人读书,能知健神之理.浩浩乎!洋洋乎!如临大海,或波涛汹涌,或清风微拂,取之不尽,用之不竭.吾于读书,无疑义矣,三日不读,则头脑麻木,心摇摇无主.

潜能需要激发

我和书籍结缘,开始于一次非常偶然的机会.大概是八九岁吧,家里穷得揭不开锅,我每天从早到晚都要去田园里帮工.一天,偶然从旧木柜阴湿的角落里,找到一本蜡光纸的小书,自然很破了.屋内光线暗淡,又是黄昏时分,只好拿到大门外去看.封面已经脱落,扉页上写的是《薛仁贵征东》.管它呢,且往下看.第一回的标题已忘记,只是那首开卷诗不知为什么至今仍记忆犹新:

日出遥遥一点红,飘飘四海影无踪.

三岁孩童千两价,保主跨海去征东.

第一句指山东,二、三两句分别点出薛仁贵(雪、人贵).那时识字很少,半看半猜,居然引起了我极大的兴趣,同时也教我认识了许多生字.这是我有生以来独立看的第一本书.尝到甜头以后,我便千方百计去找书,向小朋友借,到亲友家找,居然断断续续看了《薛丁山征西》《彭公案》《二度梅》等,樊梨花便成了我心中的女英雄.我真入迷了.从此,放牛也罢,车水也罢,我总要带一本书,还练出了边走田间小路边读书的本领,读得津津有味,不知人间别有他事.

当我们安静下来回想往事时,往往会发现一些偶然的小事却影响了自己的一生.如果不是找到那本《薛仁贵征东》,我的好学心也许激发不起来.我这一生,也许会走另一条路.人的潜能,好比一座汽油库,星星之火,可以使它雷声隆隆、光照天地;但若少了这粒火星,它便会成为一潭死水,永归沉寂.

抄,总抄得起

好不容易上了中学,做完功课还有点时间,便常光顾图书馆.好书借了实在舍不得还,但买不到也买不起,便下决心动手抄书.抄,总抄得起.我抄过林语堂写的《高级英文法》,抄过英文的《英文典大全》,还抄过《孙子兵法》,这本书实在爱得狠了,竟一口气抄了两份.人们虽知抄书之苦,未知抄书之益,抄完毫末俱见,一览无余,胜读十遍.

始于精于一,返于精于博

关于康有为的教学法,他的弟子梁启超说:"康先生之教,专标专精、涉猎二条,无专精则不能成,无涉猎则不能通也."可见康有为强烈要求学生把专精和广博(即"涉猎")相结合.

在先后次序上,我认为要从精于一开始.首先应集中精力学好专业,并在专业的科研中做出成绩,然后逐步扩大领域,力求多方面的精.年轻时,我曾精读杜布(J. L. Doob)的《随机过程论》,哈尔莫斯(P. R. Halmos)的《测度论》等世界数学名著,使我终身受益.简言之,即"始于精于一,返于精于博".正如中国革命一样,必须先有一块根据地,站稳后再开创几块,最后连成一片.

丰富我文采,澡雪我精神

辛苦了一周,人相当疲劳了,每到星期六,我便到旧书店走走,这已成为生活中的一部分,多年如此.一次,偶然看到一套《纲鉴易知录》,编者之一便是选编《古文观止》的吴楚材.这部书提纲挈领地讲中国历史,上自盘古氏,直到明末,记事简明,文字古雅,又富于故事性,便把这部书从头到尾读了一遍.从此启发了我读史书的兴趣.

我爱读中国的古典小说,例如《三国演义》和《东周列国志》.我常对人说,这两部书简直是世界上政治阴谋诡计大全.即以近年来极时髦的人质问题(伊朗人质、劫机人质等),这些书中早就有了,秦始皇的父亲便是受害者,堪称"人质之父".

《庄子》超尘绝俗,不屑于名利.其中"秋水""解牛"诸篇,诚绝唱也.《论语》束身严谨,勇于面世,"己所不欲,勿施于人",有长者之风.司马迁的《报任少卿书》,读之我心两伤,既伤少卿,又伤司马;我不知道少卿是否收到这封信,希望有人做点研究.我也爱读鲁迅的杂文,果戈理、梅里美的小说.我非常敬重文天祥、秋瑾的人品,常记他们的诗句:"人生自古谁无死,留取丹心照汗青""谁言女子非英物,夜夜龙泉壁上鸣".唐诗、宋词、《西厢记》《牡丹亭》,丰富我文采,澡雪我精神,其中精粹,实是人间神品.

读了邓拓的《燕山夜话》,既叹服其广博,也使我动了写《科学发现纵横谈》的心.不料这本小册子竟给我招来了上千封鼓励信.以后人们便写出了许许多多的"纵横谈".

从学生时代起,我就喜读方法论方面的论著.我想,做什么事情都要讲究方法,追求效率、效果和效益,方法好能事半而功倍.我很留心一些著名科学家、文学家写的心得体会和经验.我曾惊讶为什么巴尔扎克在51年短短的一生中能写出上百本书,并从他的传记中去寻找答案.文史哲和科学的海洋无边无际,先哲们的明智之光沐浴着人们的心灵,我衷心感谢他们的恩惠.

读书的另一面

以上我谈了读书的好处,现在要回过头来说说事情的另一面.

读书要选择. 世上有各种各样的书:有的不值一看,有的只值看20分钟,有的可看5年,有的可保存一辈子,有的将永远不朽.即使是不朽的超级名著,由于我们的精力与时间有限,也必须加以选择.决不要看坏书,对一般书,要学会速读.

读书要多思考. 应该想想,作者说得对吗?完全吗?适合今天的情况吗?从书本中迅速获得效果的好办法是有的放矢地读书,带着问题去读,或偏重某一方面去读.这时我们的思维处于主动寻找的地位,就像猎人追找猎物一样主动,很快就能找到答案,或者发现书中的问题.

有的书浏览即止,有的要读出声来,有的要心头记住,有的要笔头记录.对重要的专业书或名著,要勤做笔记,"不动笔墨不读书".动脑加动手,手脑并用,既可加深理解,又可避忘备查,特别是自己的灵感,更要及时抓住.清代章学诚在《文史通义》中说:"札记之功必不可少,如不札记,则无穷妙绪如雨珠落大海矣."

许多大事业、大作品,都是长期积累和短期突击相结合的产物.涓涓不息,将成江河;无此涓涓,何来江河?

爱好读书是许多伟人的共同特性,不仅学者专家如此,一些大政治家、大军事家也如此.曹操、康熙、拿破仑、毛泽东都是手不释卷,嗜书如命的人.他们的巨大成就与毕生刻苦自学密切相关.

王梓坤

目录

第1章　从一道高考试题谈起　//1
第2章　迭代和压缩映射　//13
　　2.1　判断收敛性　//13
　　2.2　压缩映射的概念　//17
　　2.3　连续函数空间　//23
　　2.4　迭代和积分方程　//36
　　2.5　矩阵迭代　//41
第3章　Minkowski 空间　//44
　　3.1　引言　//44
　　3.2　剖析三角不等式的证明　//46
　　3.3　Banach-Mazur 距离　//49
第4章　张石生论压缩型映象的不动点定理　//70
　　4.1　引言　//70
　　4.2　压缩型映象的分类　//71

4.3 压缩型映象的不动点定理(一) //77
4.4 压缩型映象的不动点定理(二) //98
4.5 未解决的问题及几类映象的不动点定理 //99
4.6 关于一些新型的压缩型映象的不动点的存在性问题 //111
4.7 非线性压缩型映象的不动点定理(一) //119
4.8 非线性压缩型映象的不动点定理(二) //131
4.9 压缩型映象的逆问题 //140
4.10 关于一个抽象的压缩映象原理 //145
4.11 某些应用 //150

第5章 Banach 不动点定理的应用 //169

5.1 Banach 不动点定理 //169
5.2 Banach 定理在线性方程方面的应用 //177
5.3 Banach 定理在微分方程方面的应用 //185
5.4 Banach 定理在积分方程方面的应用 //190
5.5 隐函数定理及其某些应用 //197

第6章 压缩型不动点定理分类及 Rhoades 问题 //218

6.1 不动点的分类与 Rhoades 问题 //218
6.2 压缩映象的不动点定理 //223

6.3 关于广义压缩映射的一点注记 //236

第7章 非线性泛函分析中压缩型映象的几个不动点定理 //240

7.1 引言 //240

7.2 单值映象的不动点定理 //241

7.3 集合值映象的不动点定理 //251

第8章 Banach 空间中非 Lipschitz 的渐近伪压缩映象不动点的迭代逼近问题 //261

8.1 引言 //261

8.2 主要结果 //264

第9章 关于压缩型映象的一个未解决的问题 //273

第10章 压缩映象原理的逆问题 //279

10.1 引言 //279

10.2 收敛的迭代过程 //289

10.3 压缩映象原理的某些推广 //294

10.4 算子族 //297

10.5 压缩半群 //301

10.6 辅助结果和基本定理的证明 //307

10.7 Banach 空间中的压缩映象 //313

10.8 非齐性算子 //315

参考文献 //323

编辑手记 //372

从一道高考试题谈起

第 1 章

> 数学的问题、概念和定理的有用性,取决于它们对数学或其他领域的有成效的或统一的发展所做出贡献的程度,而与所涉及的题材属于纯数学还是应用数学无关.
>
> ——E. R. Stabler

悠悠万事,唯此为大,高考是我国中等教育的大事,数学高考试题究竟应该怎么出题,考什么也是个大事?

北京大学教授郑也夫写了一本书叫《吾国教育病理》(中信出版社,2013年). 其中就有一段专门讲到了这个问题.

Banach 压缩不动点定理

天才少年希望考试中设置没有实际用途的智力高门槛,不然恰恰是他们有落选之虞,可见这种两难.法国著名社会学家布尔迪厄说:

对人们所担任的职务有用处的大部分技能每每都只能够在实际工作中获得,而人们通过称号所实际拥有的,或者说得到正式保证的主要技能,如古希腊语,或者画法几何学等方面的知识,却从来都得不到运用.从学校里获得的技术性能力在职业实践活动中运用得越少,或者说运用的时间越短,确保这些能力的称号所产生的社会效益就越大.(布尔迪厄《国家精英 —— 名牌大学与群体精神》.商务印书馆,1989,P.114)

在激烈的学历竞争中,这种二律背反几乎是无法克服的.因为学习不是为了工作,而是为了比试.比试要公正,就无暇考虑实际工作的需求了.实际工作中的常规需求考不出高下,而实际工作中有待创新去克服的难题适合进入试题者即使不是没有,也属凤毛麟角,绝对不能持续进入试题.

本书试图通过一道近年的高考试题,讲其背景,进而达到向读者普及现代数学的目的.

正如 Bertrand Russell 所指出:现代数学的主要成就之一,在于我们已经发现了数学实际上是什么.

2010 年高考江苏 20 题 设 $f(x)$ 是定义在区间 $(1, +\infty)$ 上的函数,其导函数为 $f'(x)$. 如果存在实数 a 和函数 $h(x)$,其中 $h(x)$ 对任意的 $x \in (1, +\infty)$ 都有 $h(x) > 0$,使得 $f'(x) = h(x)(x^2 - ax + 1)$,则称函数 $f(x)$ 具有性质 $P(a)$.

(Ⅰ)设函数 $f(x) = \ln x + \dfrac{b+2}{x+1} x > 1$,其中 b 为

实数.

（ⅰ）求证:函数 $f(x)$ 具有性质 $P(b)$;

（ⅱ）求函数 $f(x)$ 的单调区间.

（Ⅱ）已知函数 $g(x)$ 具有性质 $P(2)$. 给定 $x_1,x_2 \in (1,+\infty), x_1 < x_2$, 设 m 为实数, $\alpha = mx_1 + (1-m)x_2, \beta = (1-m)x_1 + mx_2$, 且 $\alpha > 1, \beta > 1$. 若 $|g(\alpha) - g(\beta)| < |g(x_1) - g(x_2)|$, 求 m 的取值范围.

解 （Ⅰ）略.

（Ⅱ）由题意知, $g'(x) = h(x)(x^2 - 2x + 1)$, 其中 $h(x) > 0$ 对于 $\forall x \in (1,+\infty)$ 都成立, 所以当 $x > 1$ 时, $g'(x) = h(x)(x-1)^2 > 0$, 从而 $g(x)$ 在 $(1,+\infty)$ 上单调递增.

① 当 $m \in (0,1)$ 时, 有
$$\alpha = mx_1 + (1-m)x_2$$
$$> mx_1 + (1-m)x_1 = x_1$$
$$\alpha < mx_2 + (1-m)x_2 = x_2$$

得 $\alpha \in (x_1, x_2)$. 同理可得 $\beta \in (x_1, x_2)$, 所以由 $g(x)$ 的单调性可知, $g(\alpha), g(\beta) \in (g(x_1), g(x_2))$, 从而有 $|g(\alpha) - g(\beta)| < |g(x_1) - g(x_2)|$ 符合题设.

② 当 $m \leqslant 0$ 时
$$\alpha = mx_1 + (1-m)x_2$$
$$\geqslant mx_2 + (1-m)x_2 = x_2$$
$$\beta = (1-m)x_1 + mx_2$$
$$\leqslant (1-m)x_1 + mx_1 = x_1$$

于是由 $\alpha > 1, \beta > 1$ 及 $g(x)$ 的单调性知 $g(\beta) \leqslant g(x_1) < g(x_2) \leqslant g(\alpha)$, 所以 $|g(\alpha) - g(\beta)| \geqslant |g(x_1) - g(x_2)|$ 与题设不符.

Banach 压缩不动点定理

③ 当 $m \geqslant 1$ 时,同理可得 $\alpha \leqslant x_1, \beta \geqslant x_2$,进而得 $|g(\alpha)-g(\beta)| \geqslant |g(x_1)-g(x_2)|$ 与题设不符.

点评 本例通过一个新的变换 $T: \alpha = mx_1+(1-m)x_2, \beta=(1-m)x_1+mx_2$ 使原函数收敛于比原区间更小的区间,从而使函数的收敛更好,这就是压缩映射原理应用的一个很好例证.

早在 20 世纪 80 年代湖南师范大学钟新民教授就在当时很火的一本叫作《湖南数学通讯》的初等数学杂志上发表了一篇题为"Banach 不动点定理在解代数方程中之应用"的文章(这个杂志的风格颇有些《美国数学月刊》的雏形,可惜后来因为一些人为的原因停刊了).

在解微分方程、积分方程和泛函方程中,广泛地用到 Banach 不动点定理,本节介绍其在解初等代数方程中之应用.

定义 1 设 $f(x)$ 是定义在实数集合 **R** 上的实值函数,如有 x,使 $f(x)=x$,则称 x 为 f 的一个不动点. 例如 $f(x)=x^3$,有三个不动点 0,1 及 -1.

定义 2 设 I 是一个区间,$f(x)$ 是定义在 I 上的函数. 如有 $\alpha, 0<\alpha<1$,使对任意 $x \in I, y \in I$,恒有
$$|f(x)-f(y)| \leqslant \alpha |x-y|$$
则称 $f(x)$ 是 I 上的一个压缩函数.

定理 1 设 $f(x)$ 是区间 I 到 I 中的一个压缩函数,则 $f(x)$ 在 I 上有唯一不动点,这里区间 I 可以是 $[a,b]$ 或 $(-\infty, b]$ 或 $[a, +\infty)$ 或 $(-\infty, +\infty)$.

证 任取 $x_0 \in I$,令
$$x_1=f(x_0), x_2=f(x_1), \cdots, x_n=f(x_{n-1}), \cdots$$
则
$$|x_1-x_2|=|f(x_0)-f(x_1)|$$

第1章 从一道高考试题谈起

$$\leqslant \alpha \mid x_0 - x_1 \mid$$
$$= \alpha \mid x_0 - f(x_0) \mid$$
$$\mid x_2 - x_3 \mid = \mid f(x_1) - f(x_2) \mid$$
$$\leqslant \alpha \mid x_1 - x_2 \mid$$
$$\leqslant \alpha^2 \mid x_0 - f(x_0) \mid$$
$$\vdots$$
$$\mid x_n - x_{n-1} \mid \leqslant \alpha^n \mid x_0 - f(x_0) \mid, n = 1, 2, \cdots$$

从而

$$\mid x_n - x_{n+p} \mid$$
$$\leqslant \mid x_n - x_{n+1} \mid + \mid x_{n+1} - x_{n+2} \mid + \cdots + \mid x_{n+p-1} - x_{n+p} \mid$$
$$\leqslant (\alpha^n + \alpha^{n+1} + \cdots + \alpha^{n+p-1}) \mid x_0 - f(x_0) \mid$$
$$\leqslant \frac{\alpha^n}{1-\alpha} \mid x_0 - f(x_0) \mid \tag{1}$$

由于 $0 < \alpha < 1$,故 $\{x_n\}$ 是 Cauchy 序列,设 $\lim\limits_{n \to \infty} x_n = x_*$,因为每一个压缩函数是连续的,在 $x_{n+1} = f(x_n)$ 中,令 $n \to \infty$ 得 $x_* = f(x_*)$. x_* 为 $f(x)$ 在 I 上之不动点.

若另有 $y_* = f(y_*)$,则

$$\mid x_* - y_* \mid = \mid f(x_*) - f(y_*) \mid$$
$$\leqslant \alpha \mid x_* - y_* \mid$$

由于 $0 < \alpha < 1$,故 $\mid x_* - y_* \mid = 0$,即 $x_* = y_*$,证明了不动点之唯一性.

在式(1)中令 $p \to \infty$,得

$$\mid x_n - x_* \mid \leqslant \frac{\alpha^n}{1-\alpha} \mid x_0 - f(x_0) \mid \tag{2}$$

如果 n 充分大,取 x_n 作为 x_* 的近似值,可用式(2)来估计误差.

如果 $f(x)$ 是区间 I 到 I 中(区间 I 也如定理1中

规定)的可导函数,且有实数 α

$$|f'(x)| \leqslant \alpha < 1, x \in I$$

则由微分中值定理

$$|f(x)-f(y)|=|f'(\xi)(x-y)|$$
$$\leqslant \alpha|x-y|$$

故由定理 1,$f(x)$ 在 I 中有唯一不动点 x_*,即 $x-f(x)=0$ 有唯一解 $x_* \in I$.

例 1   解方程 $\dfrac{1}{3}\sin x + \dfrac{1}{5}\cos x = x$.

解   令 $f(x) = \dfrac{1}{3}\sin x + \dfrac{1}{5}\cos x$,则

$$|f'(x)| = |\dfrac{1}{3}\cos x - \dfrac{1}{5}\sin x|$$
$$\leqslant \dfrac{1}{3} + \dfrac{1}{5} = \dfrac{8}{15}, x \in (-\infty, +\infty)$$

因此方程有唯一解 x_*,令 $x_0 = 0$,则

$$x_1 = f(x_0) = \dfrac{1}{5}$$
$$x_2 = f(x_1) = \dfrac{1}{3}\sin\dfrac{1}{5} + \dfrac{1}{5}\cos\dfrac{1}{5}$$
$$\vdots$$

因

$$|x_0 - f(x_0)| = |x_0 - x_1| = \dfrac{1}{5}, \alpha = \dfrac{8}{15}$$

由估计式(2)有

$$|x_n - x_*| < \left(\dfrac{8}{15}\right)^n \dfrac{3}{7}$$

取 $n=3$,由计算可知,x_3 与精确解 x_* 的绝对误差不超过 0.065.

上述事实告诉我们,把代数方程 $f(x)=0$,转化为

第1章　从一道高考试题谈起

同解方程 $x=g(x)$，求 $g(x)$ 的不动点，即可得 $f(x)=0$ 之解.

定理 2　设 $f(x)$ 在 $[x_0-r,x_0+r](r>0)$ 上为压缩函数，即有实数 $\alpha,0<\alpha<1$，使
$$|f(x)-f(y)|\leqslant \alpha|x-y|$$
对任何 $x,y\in[x_0-r,x_0+r]$，又假设
$$|x_0-f(x_0)|<(1-\alpha)r \qquad (3)$$
则迭代序列 $x_0,x_1=f(x_0),\cdots,x_n=f(x_{n-1})$，收敛于 $x_*\in[x_0-r,x_0+r]$，且 x_* 为 $f(x)$ 之不动点.

证　只需验证 $x_n\in[x_0-r,x_0+r]$，$n=0,1,2,\cdots$. 事实上，x_0,x_1 均为 $[x_0-r,x_0+r]$ 中之点，现设 $x_1,x_2,\cdots,x_{n-1}$ 均为 $[x_0-r,x_0+r]$ 中之点，由于
$$|x_2-x_1|=|f(x_1)-f(x_0)|$$
$$\leqslant \alpha|x_1-x_0|$$
$$<\alpha(1-\alpha)r$$
$$|x_3-x_2|=|f(x_2)-f(x_1)|$$
$$\leqslant \alpha|x_2-x_1|$$
$$<\alpha^2(1-\alpha)r$$
$$\vdots$$
$$|x_n-x_{n-1}|=|f(x_{n-1})-f(x_{n-2})|$$
$$\leqslant \alpha|x_{n-1}-x_{n-2}|<\alpha^{n-1}(1-\alpha)r$$
故
$$|x_n-x_0|$$
$$\leqslant |x_n-x_{n-1}|+|x_{n-1}-x_{n-2}|+\cdots+|x_1-x_0|$$
$$<(\alpha^{n-1}+\alpha^{n-2}+\cdots+1)(1-\alpha)r$$
$$=(1-\alpha^n)r<r$$
即 $x_n\in[x_0-r,x_0+r]$. 由定理 1 可知

Banach 压缩不动点定理

$$\lim x_n = x_*$$

x_* 为 $f(x)$ 在 $[x_0-r, x_0+r]$ 上之不动点,由式(3),此时误差估计式(2)变为

$$|x_n - x_*| < \frac{\alpha^n}{1-\alpha}(1-\alpha)r = \alpha^n r \qquad (4)$$

如果对任何 $x \in [x_0-r, x_0+r]$ 有

$$|g'(x)| \leqslant \alpha < 1$$

且又有

$$|g(x_0) - x_0| < (1-\alpha)r$$

则由定理 2,方程 $x = g(x)$ 在 $[x_0-r, x_0+r]$ 上有唯一解 x_*,且迭代序列

$$x_0, x_1 = g(x_0), \cdots, x_n = g(x_{n-1}), \cdots$$

收敛于 x_*,其误差估计由式(4)决定。

例 2 解方程 $x^3 - 6x + 2 = 0$.

解 因 $f\left(-\frac{1}{2}\right) > 0, f\left(\frac{1}{2}\right) < 0$,故方程有一根位于 $\left(-\frac{1}{2}, \frac{1}{2}\right)$ 之间,同理另两根分别在 $(-3, -2)$ 及 $(2, 3)$ 内。原方程之同解方程是 $x = \frac{1}{6}x^3 + \frac{1}{3}$.

令 $g(x) = \frac{1}{6}x^3 + \frac{1}{3}$,则 $g'(x) = \frac{1}{2}x^2$. 当 $x \in \left[-\frac{1}{2}, \frac{1}{2}\right]$ 时,$|g'(x)| \leqslant \frac{1}{8}$,此时 $x_0 = 0, r = \frac{1}{2}, \alpha = \frac{1}{8}$.

则

$$|g(x_0) - x_0| = |g(0) - 0| = \frac{1}{3}$$

$$|1-\alpha|r = \frac{7}{16}$$

故有 $|g(x_0) - x_0| < (1-\alpha)r$,作迭代序列

第1章 从一道高考试题谈起

$$x_0 = 0$$
$$x_1 = g(0) = \frac{1}{3}$$
$$x_2 = \frac{1}{6}\left(\frac{1}{3}\right)^3 + \frac{1}{3} \doteq 0.3395$$
$$x_3 = \frac{1}{6}x_2^3 + \frac{1}{3} \doteq 0.3398$$
$$\vdots$$

则 $\lim x_n = x_*$. x_* 为方程之一解,且由公式(4)知

$$|x_* - x_3| < \left(\frac{1}{8}\right)^3 \frac{1}{2} < 0.00097$$

方程还有两个实根,但在此两根附近 $g'(x)$ 大于 1,故不能直接用以上定理.

定理3 设 $f(x)$ 在 $[a,b]$ 上可微,$f(a) < 0$ 且有 k_1, k_2 使

$$0 < k_1 \leqslant f'(x) \leqslant k_2, x \in [a,b]$$

则 $g(x) = x - \frac{1}{k_2}f(x)$ 在 $[a,b]$ 上有唯一不动点 x_*,x_* 就是方程 $f(x) = 0$ 在 $[a,b]$ 上之唯一根.

证 $$g'(x) = 1 - \frac{1}{k_2}f'(x)$$

由 $$0 < k_1 \leqslant f'(x) \leqslant k_2$$

得 $$0 \leqslant 1 - \frac{1}{k_2}f'(x) \leqslant 1 - \frac{k_1}{k_2} < 1$$

$$0 \leqslant g'(x) \leqslant 1 - \frac{k_1}{k_2} < 1$$

对 $x \in [a,b]$ 均成立.

由 $f(a) < 0, f(b) > 0$ 及 $k_2 > 0$ 得到

$$g(a) = a - \frac{f(a)}{k_2} > a \text{ 及 } g(b) = b - \frac{f(b)}{k_2} < b$$

Banach压缩不动点定理

又 $g'(x) \geqslant 0$,故
$$a < g(a) \leqslant g(x) \leqslant g(b) < b, x \in [a,b]$$
即证明了 $g(x)$ 是 $[a,b]$ 到 $[a,b]$ 中的压缩函数. 由定理 1, $g(x)$ 在 $[a,b]$ 上有唯一不动点 x_*, 此 x_* 是 $f(x)=0$ 在 $[a,b]$ 上的解. 其误差估计式由式(2)决定.

下面讨论例2的其他两根
$$f(x) = x^3 - 6x + 2$$
$$f(3) = 11 > 0, f(2) = -2 < 0$$
$$f'(x) = 3x^2 - 6$$
故当 $x \in [2,3]$ 时,有
$$k_1 = 6 \leqslant f'(x) \leqslant 21 = k_2$$
命
$$g(x) = x - \frac{1}{21}(x^3 - 6x + 2), x \in [2,3]$$
可任取 $x_0 \in [2,3]$ 作初始值,现取 $x_0 = 2.5$,则
$$x_1 = g(x_0) \doteq 2.375, x_2 = g(x_1) \doteq 2.320\ 4$$
$$x_3 = g(x_2) \doteq 2.293\ 2, x_4 = g(x_3) \doteq 2.278\ 8$$
x_n 的极限是 $f(x)=0$ 在 $[2,3]$ 中的根. 方程的另一根可同样求得.

如果 $f(x)$ 在 $[a,b]$ 上可微,且 $f(a)>0, f(b)<0$, 而有实数 k_1, k_2, 使 $k_1 \leqslant f'(x) \leqslant k_2 < 0$ 时,可令 $F(x) = -f(x)$, 则 $F(x)$ 满足定理3的条件,从而 $-f(x) = 0$, 即 $f(x) = 0$ 在 $[a,b]$ 上的解可求得.

例3 近似计算 $\sqrt[5]{2}$.

解 令
$$f(x) = x^5 - 2$$
$$f(1) = -1 < 0, f(1.2) > 0$$

第1章 从一道高考试题谈起

$$f'(x) = 5x^4$$

故
$$5 = k_1 \leqslant f'(x) \leqslant 10.368 = k_2, x \in [1, 1.2]$$
$$\alpha = 1 - \frac{k_1}{k_2} = 1 - \frac{5}{10.368} \doteq 0.51774$$

由定理3可令
$$g(x) = x - \frac{1}{10.368}(x^5 - 2)$$
$$\doteq x - 0.09645(x^5 - 2)$$

由此得迭代序列
$$g(1.2) \doteq 1.152906$$
$$g(1.152906) \doteq 1.149348$$
$$g(1.149348) \doteq 1.148802$$
$$\vdots$$

因 $(1.148802)^5 \doteq 2.000902$,可见经过三次迭代便相当精确了.

例4 求 $f(x) = x^3 + x - 1 = 0$ 的根.

解 $f'(x) = 3x^2 + 1 > 0$

故 $f(x)$ 递增,方程只有一个实根. 显然可找 $a < b$,使 $f(a) < 0$ 而 $f(b) > 0$,且可找 $0 < k_1 < k_2$,使
$$0 < k_1 \leqslant f'(x) \leqslant k_2, x \in [a, b]$$

从而可用定理3的方法求根,即令
$$g(x) = x - \frac{1}{k_2} f(x)$$

在 $[a, b]$ 上求 $g(x)$ 的不动点.

但也可用另外方法,$x^3 + x - 1 = 0$ 可化成
$$x = \frac{1}{x^2 + 1}$$

令

Banach 压缩不动点定理

$$g(x) = \frac{1}{x^2 + 1}$$

求 $g(x)$ 的不动点.

由

$$g'(x) = \frac{-2x}{(1+x^2)^2}$$

易知对任何 $x \in (-\infty, +\infty)$ 有

$$|g'(x)| \leqslant \left|g'\left(\sqrt{\frac{1}{3}}\right)\right| = \frac{9}{8} \times \sqrt{\frac{1}{3}} < 1$$

$g(x)$ 是 $(-\infty, +\infty)$ 上的压缩函数,从而 $x = \dfrac{1}{1+x^2}$

有唯一实根.

令 $x_0 = 1$,则

$$x_1 = g(x_0) = 0.500\,00$$
$$x_2 = g(x_1) \doteq 0.800\,00$$
$$x_3 = g(x_2) \doteq 0.609\,75$$
$$x_4 = g(x_3) \doteq 0.728\,97$$
$$x_5 = g(x_4) \doteq 0.652\,99$$
$$x_6 = g(x_5) \doteq 0.701\,07$$
$$x_7 \doteq 0.670\,46$$

可见近似解在精确解两边摆动而无限接近精确解. 由此题可知 $g(x)$ 的选择有多种可能,而且选取恰当的话,可加快收敛速度而减轻计算工作量.

第 2 章 迭代和压缩映射

2.1 判断收敛性

我们在数学分析中可以看到判断序列收敛性的 Cauchy 准则要比极限原来的理论定义更为实用,但是用起来仍显得很麻烦.它要选择序列的某一项 x_n,并证明其后所有的项与 x_n 的距离都在充分小的范围之内.这意味着我们必须计算距离 $d(x_n, x_{n+p})$,$p=0,1,2,3,\cdots$ 并校核所有这些距离是否都小于某个规定的数.如果不是,就必须为 n 试取某个大些的数,再重复这个过程.这看来似乎包含无穷的工作量.

Banach 压缩不动点定理

幸而有办法大大简化这个工作. 这是是因为有一个可以叫作多边形不等式的原理. 由图 1 显然可见, 从 A 直接到 D 要比从 A 通过 B 和 C 再到 D 要短些. 如果 B 和 C 落在线段 AD 上, 那么两者距离相等. 因此在 Euclid 平面上有 $d(A,D) \leqslant d(A,B) + d(B,C) + d(C,D)$. 如是我们能根据三角不等式来证明它, 那么这个式子对任何度量空间就都成立. 证明是很容易的, 因为有 $d(A,C) \leqslant d(A,B) + d(B,C)$ 和 $d(A,D) \leqslant d(A,C) + d(C,D)$, 由此就立刻得出上述结果.

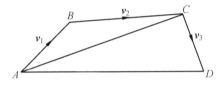

图 1

显然这个证明能够推广到任意边数的多边形. 事实上, 不能用分段的办法来缩短路程这个原理, 在任何度量空间对任意有限的分段数, 都是成立的. 但是在本节我们只看熟悉的 Euclid 空间.

在图 1 中, 如果令 v_1, v_2, v_3 分别代表矢量 $\overrightarrow{AB}, \overrightarrow{BC}, \overrightarrow{CD}$, 则矢量 $\overrightarrow{AD}$ 等于 $v_1 + v_2 + v_3$. 与图 1 相应的不等式就可写为

$$\|v_1 + v_2 + v_3\| \leqslant \|v_1\| + \|v_2\| + \|v_3\|$$

其一般形式为

$$\left\|\sum_{r=1}^{n} v_r\right\| \leqslant \sum_{r=1}^{n} \|v_r\|$$

此处 $\|v\|$ 表示矢量 v 的长度.

现在来考虑把多边形不等式应用于点列的收敛性问题. 本章将从很特殊的情况讲起, 然后逐渐扩大讨论

第2章　迭代和压缩映射

范围.

设 $P_0, P_1, P_2, \cdots$ 是 Euclid 平面上的点列. 可以设想 $P_0P_1, P_1P_2, P_2P_3, \cdots$ 是一根链条上的一个个链节. 假设已知这些链节的长度成几何级数, 等于 $1, \frac{1}{2}, \frac{1}{4}, \cdots$, 但是全然不知道各个链节所处的方向. 这时我们对 P_0 到 P_n 的距离能做出什么判断呢? 从 P_0 到 P_n 的链长为 $1 + \left(\frac{1}{2}\right) + \left(\frac{1}{4}\right) + \cdots + \left(\frac{1}{2^{n-1}}\right)$. 如果把链条拉成一条直线, 则距离 $d(P_0, P_n)$ 就等于链长;其他情况距离都小于链长. 这在直觉上是显然的, 也可以用多边形不等式做正规的证明. 不论 n 有多大, 用上述和式表示的距离决不会达到 2. 因此能够肯定序列所有的点均位于中心在 P_0, 半径为 2 的圆内. 用开球的符号, 即这些点均位于 $B(P_0, 2)$ 之中.

现在如果只考虑从 P_1 到 P_n 的链条上的链节, 则其总长度为 $\left(\frac{1}{2}\right) + \left(\frac{1}{4}\right) + \cdots + \left(\frac{1}{2^{n-1}}\right)$, 所以是小于 1 的. 因而, P_1 之后序列的所有点均位于中心在 P_1, 半径为 1 的圆内, 即 $B(P_1, 1)$ 之内. 类似的, 可以看出 P_2 之后的点均位于 $B\left(P_2, \frac{1}{2}\right)$ 之内. 一般的, P_k 之后的点均位于 $B\left(P_k, \frac{1}{2^{k-1}}\right)$ 之内. 事实上, 我们有一个球套序列, 其中, 中心在 P_k 的球的半径为 $\frac{1}{2^{k-1}}$, 当 $k \to \infty$ 时, 半径趋于 0. 这个序列必定收敛;链节随便选什么方向都不会使序列发散, 虽然, 方向不同会改变收敛点的位置.

Banach 压缩不动点定理

我们注意到,上面的论证用了开球,如 $B(P_0,2)$,而一般关于收敛的叙述都是用的闭球. 这是因为这个序列的所有点均位于中心在 P_0,半径为 2 的圆内. 但是如果所有的链节放在同一方向,那么序列所逼近的极限点就在圆周上. 所以如果想要规定极限点必须在区域序列里面,就必须用闭球 $\overline{B}\left(P_k,\dfrac{1}{2^{k-1}}\right)$,而不是用开球.

我们所考虑的显然是一个十分特殊的情况,不过不是没有什么现实意义的. 例如,考虑迭代
$$\begin{cases} x_{n+1}=0.4x_n-0.3y_n+1 \\ y_{n+1}=0.3x_n+0.4y_n \end{cases} \tag{1}$$
初值 $x_0=0, y_0=0$,而 (x_n,y_n) 就是点 P_n. 图 2 表示这个序列. 这个链条上的每个链节是其前一个的一半,并且每个链节的方向与其前一个构成同样的角度,大约为 $37°$.

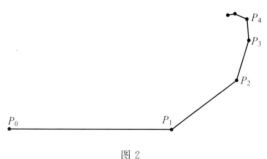

图 2

只根据链节的长度的一般论证说明,极限点离 P_{18} 不超过 $0.000\ 007\ 7$. 更精确的计算,即考虑到链节的实际方向的计算,对这个估计并无显著的改善.

第 2 章 迭代和压缩映射

2.2 压缩映射的概念

在 2.1 节开头,利用多边形不等式

$$\left\|\sum_{r=1}^{n} v_r\right\| \leqslant \sum_{r=1}^{n} \|v_r\|$$

研究了收敛性. 在那里, $\|v\|$ 表示 Euclid 平面上矢量 v 的长度. 现在我们要把这个方法推广到更广泛的空间上去.

我们要引进的新内容只是矢量长度的推广. 仍用原来的符号 $\|v\|$, 通常 $\|v\|$ 不叫作长度, 而叫作 v 的范数. 这是可以理解的. 例如, 矢量 v 可为一函数, 而要是说函数的长度, 听起来就很别扭并且也许会产生误解.

范数是长度的推广, 从这个观点来看, 下列公理是非常合理的:

N.1 每一个矢量 v, 对应有一个实数 $\|v\|$.

N.2 $\|v\|$ 是非负的: $\|v\| \geqslant 0$.

N.3 $\|v\| = 0$, 当且仅当 $v = \mathbf{0}$ 时.

N.4 如果 k 为任意实数, 则 $\|kv\| = |k| \|v\|$.

图 3 表示 Euclid 平面上矢量和的作法. 这个图包含一个三角形, 我们用公理 N.5 来体现三角不等式.

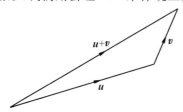

图 3

Banach 压缩不动点定理

N.5 $\|u+v\| \leqslant \|u\| + \|v\|$.

在 Euclid 平面上,(x_1,y_1) 和 (x_2,y_2) 之间的距离为

$$d = \sqrt{(x_2-x_1)^2 + (y_2-y_1)^2}$$

如果 $u=(x_1,y_1)$,$v=(x_2,y_2)$,则矢量 (x_2-x_1,y_2-y_1) 是 $v-u$,而上述公式说明 $d=\|v-u\|$. 我们把这个结果作为距离的定义.

定义 任意两个矢量 u 和 v 之间的距离定义为 $d(u,v) = \|v-u\|$.

用上面的公理 N.1 到 N.5 能够证明这样定义的 $d(u,v)$ 满足距离的公理,即要求证明 $d(u,w) = d(w,u)$,我们在 N.4 中令 $k=-1$ 就行了,因为 $d(u,w) = \|w-u\|$,而 $d(w,u) = \|u-w\| = \|(-1)(w-u)\|$. 我们要证明 $d(a,c) + d(c,b) \geqslant d(a,b)$. 现在 $d(a,c) + d(c,b) = \|c-a\| + \|b-c\|$. 令 $u=c-a$,$v=b-c$,则 $u+v=b-a$. 用这些值代替公理 N.5 中的 u 和 v 就得到所要的结果.

定义了满足公理 N.1 到 N.5 的范数的矢量空间叫作赋范矢量空间. 如我们刚才证明的,赋范矢量空间是一种度量空间,所以对度量空间所建立的概念和结果——球面 $S(u,r)$,开球 $B(u,r)$,闭球 $\overline{B}(u,r)$,极限,以及收敛的 Cauchy 条件——对它都是适用的.

在这里说一下形象化的问题. 人们习惯于把矢量 u 看作一个箭头,所以对于中心在 u 的球面的符号 $S(u,r)$ 会觉得很奇怪. 一个箭头作球面中心似乎不大合适,但实际上是不矛盾的. 在平面几何中,(a,b) 可以代表点的位置,也可以代表矢量的分量,如果我们认为矢量是一箭头,那么从原点引出的箭头就确定了相

第 2 章　迭代和压缩映射

应的点的位置.反之,给定原点 O 和点 P,就能画出联结这两点的箭头 $\overrightarrow{OP}$.

顺便说一下,在泛函分析的形象化语言中,每一个对象,无论多么复杂,都可以认为是某个度量空间的一个点.点与点之间的距离是有意义的,而点本身一点也不反映它们所代表的对象的复杂性.同样道理,讨论音乐风格的教师可以在黑板上用两个靠得很近的点代表 Beethoven 和 Brahms,而与这两点离得远一些的第三点代表 Stravinsky.这里是用点的距离而不是点本身来说明作曲家风格上的差异①.

在 2.1 节,曾考虑迭代
$$\begin{cases} x_{n+1} = 0.4x_n - 0.3y_n + 1 \\ y_{n+1} = 0.3x_n + 0.4y_n \end{cases} \quad (1)$$
现在介绍一种符号表示法,使我们能考虑一定类型的迭代,而不局限于这个特定的例子.方程(1)可写成
$$w_{n+1} = u + Mw_n \quad (2)$$
其中 $w_n = (x_n, y_n)$,$u = (1, 0)$,而 M 代表函数 $(x, y) \to (0.4x - 0.3y, 0.3x + 0.4y)$.如果用一般的迭代形式(2),取 $w_0 = \mathbf{0}$,我们依次求得
$$w_1 = u, w_2 = u + Mu$$
$$w_3 = u + Mu + M^2 u$$
一般有
$$w_n = u + Mu + M^2 u + \cdots + M^{n-1} u$$
做这个计算时已用了某些假设.例如考虑从 w_3 求 w_4

---

① Beethoven:贝多芬(1770—1827),德国作曲家,古典派.Brahms:勃拉姆斯(1833—1897),德国作曲家,古典派.Stravinsky:斯特拉文斯基(1882—1971),美籍俄国作曲家,现代派. —— 译者注

19

Banach 压缩不动点定理

这一步. 我们写出

$$w_4 = u + Mw_3$$
$$= u + M(u + Mu + M^2 u)$$
$$= u + Mu + M^2 u + M^3 u$$

在最后一步中我们假定 M 作用在和式 $u + Mu + M^2 u$ 上的结果能够由 M 作用于每一项以后将结果相加而求得. 在迭代的其他各步也做了类似的假设. 我们实际上假设了 M 是可加函数. 这就是说, 如果 r 是任意正整数, $v_1, v_2, \cdots, v_r$ 是任意 r 个矢量, 则

$$M(v_1 + v_2 + \cdots + v_r) = Mv_1 + Mv_2 + \cdots + Mv_r \quad (3)$$

不是每种函数都是可加的. 例如, 在 $\mathbf{R} \to \mathbf{R}$ 的函数中间, "平方" $x \to x^2$ 这个函数就不是可加的, 虽然初学代数的人似乎会相信它是可加的.

结果 1　如果在任意矢量空间定义迭代 $w_{n+1} = u + Mw_n$, 若 M 是可加的并且 $w_0 = \mathbf{0}$, 则对任意正整数 n, 有 $w_n = u + Mu + M^2 u + \cdots + M^{n-1} u$.

这个结果可用归纳法做正规的证明.

问题　我们假设了 $M\mathbf{0} = \mathbf{0}$. 这个性质是从 M 为可加的推出来的呢, 还是需要另一个独立的假设?

现在我们要考虑迭代的收敛性. 在 2.1 节中研究过的特定的迭代中, M 的作用是使任意矢量的长度减半. 这个条件显然可以放宽. 关键在于, 只要链条链节的长度构成一个收敛的几何级数. 因此我们可以用任意的数 $k, 0 \leqslant k < 1$, 来代替 $1/2$. 还可以进一步放宽条件, 不必每一个链节恰好为前一个的 k 倍长. 如果比前一链节的 k 倍还小, 那也一样或者更好. 所以现在可用限制要小得多的条件 $\|Mv\| \leqslant k\|v\|, 0 \leqslant k < 1$, 来代替前面的条件 $\|Mv\| = 0.5\|v\|$.

第 2 章 迭代和压缩映射

结果 2 对于任意赋范矢量空间 $\mathscr{S}$,如果 M 是可加函数 $\mathscr{S} \to \mathscr{S}$,对每一个矢量 v, $\|Mv\| \leqslant k\|v\|$,其中 $0 \leqslant k < 1$,则级数 $u + Mu + M^2 u + \cdots + M^n u + \cdots$ 满足 Cauchy 条件。

证 此证明用的思想,本质上与二维特殊情况的论证相同,但是也许详细写出其过程是值得的。如果 s_k 表示级数的前 k 项之和,我们必须证明,对于任给 $\varepsilon > 0$,存在某个 n,使对所有的 p 值 $1, 2, 3, \cdots$,均有
$$d(s_n, s_{n+p}) \leqslant \varepsilon$$
由赋范空间中距离的定义,有
$$d(s_n, s_{n+p})$$
$$= \|s_{n+p} - s_n\|$$
$$= \|M^n u + M^{n+1} u + \cdots + M^{n+p-1} u\|$$
现在用多边形不等式,它相当于说一链条的两点间的距离不超过其间各链节长度之和。在 2.1 节中早已指出,这个原理适用于任意度量空间。因此上面最后一个表达式不超过
$$\|M^n u\| + \|M^{n+1} u\| + \cdots + \|M^{n+p-1} u\|$$
现在利用 M 的具体性质。M 每作用一次,就使长度减小一次,相当于长度乘上 k 或某个更小的数。所以,如果 $\|u\| = a$,则 $\|M^r u\| \leqslant k^r a$。因此
$$\|M^n u\| + \|M^{n+1} u\| + \cdots + \|M^{n+p-1} u\|$$
$$\leqslant k^n a + k^{n+1} a + \cdots + k^{n+p-1} a$$
然而不论 p 有多大,这里的几何级数之和将小于无限多项之和 $\dfrac{k^n a}{1-k}$。这个 $\dfrac{k^n a}{1-k}$ 是链条在头几个链节之后任何部分长度的一个上界。因为 $0 \leqslant k < 1$,所以数 $\dfrac{a}{1-k}$ 是一个固定正数(在 $a = 0$ 的平凡情况等于 0),

21

Banach 压缩不动点定理

n 选得充分大,就能使因子 k^n 要多么小就多么小. 因此,不管给多小的球,总能找到这样一项,在那一项之后链条尾部便位于这个球中. 所以级数满足 Cauchy 条件.

如果像我们将要考虑的例子中那样,空间 $\mathscr{S}$ 是完备的,并且 M 满足结果 1 和结果 2 提到的条件,则不论矢量 u 是什么,迭代 $w_{n+1} = u + Mw_n$ 必收敛于一个极限.

供研究的问题 如果在这个迭代中我们去掉 $w_0 = \mathbf{0}$ 这个条件,而允许任意矢量作为初始矢量 w_0,这样会使迭代发散吗?

想要解 w 的方程 $w = u + Mw$,自然就出现这个迭代. 如果迭代虽然收敛,但不是收敛到方程的解,那对我们是没有用的. 事实上,由所述条件,迭代过程总会得到方程的一个解.

注意,只给 M 加上对于每一个 v 有 $\|Mv\| < \|v\|$ 的条件是不够的. 例如,链节的长度为 $1, \frac{1}{2}, \frac{1}{3}, \frac{1}{4}, \cdots$ 的链条满足这样的条件. 但是这个链条的长度是无穷的,虽然每个链节比其前一个短,并未排除发散情况. 我们的条件要求任一链节的长度与其前一个的比必须保持小于某个固定的分数,这个分数本身小于 1. 这就是为什么我们要谨慎地提到条件 $\|Mv\| \leqslant k\|v\|$,其中 $0 \leqslant k < 1$. 这时 M 叫作压缩映射或压缩算子.

第 2 章　迭代和压缩映射

2.3　连续函数空间

现在要讲的空间对许多数值分析工作者来说是最重要的度量空间,用符号 $\mathscr{C}[a,b]$ 表示. 它的元素是在闭区间 $[a,b]$ 上连续的函数 $\mathbf{R} \to \mathbf{R}$. 这是一种矢量空间,以通常的方法定义基本的矢量运算. 对于两个函数 f 和 g,在区间的任意点 x,函数 $f+g$ 有值 $f(x)+g(x)$,函数 kf 有值 $kf(x)$.

不难证实矢量公理是满足的. 一矢量加上零矢量仍等于原矢量,所以零矢量是这样的函数,它对区间中的每个 x 有 $x \to 0$. 零矢量的图形位于 x 轴上. 如果
$$h = f - g$$
则
$$h(x) = f(x) - g(x)$$
所以,例如
$$f(x) \equiv x^2, g(x) \equiv x^3$$
则 $f-g$ 为函数
$$x \to x^2 - x^3$$

对于多项式、三角函数或任何其他连续函数,其余公理与我们不假思索地运用的那些法则是一致的.

现在必须定义范数. 图 4 表示一个函数的图形,它在区间 $[a,b]$ 中向上到达的高度为 P,向下到达的深度为 Q,两者都是从 x 轴量起的. 范数 $\|f\|$ 就定义为这两个数中较大的一个. 这个数是 x 满足 $a \leqslant x \leqslant b$ 时 $|f(x)|$ 的最大值. 在文献中可见到这个定义写成
$$\|f\| = \max\{|f(x)| \mid x \in [a,b]\}$$

Banach 压缩不动点定理

或

$$\|f\| = \sup\{|f(x)| \mid x \in [a,b]\}$$

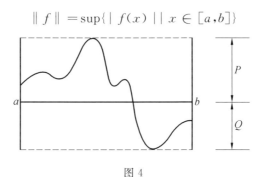

图 4

当然,我们必须验证这个定义满足范数公理 N.1 到 N.5. 显然 $\|f\|$ 是一实数(N.1),并且总是非负的 (N.2). 当 $\|f\| = 0$ 时,图形上升的高度和下降的深度都为零. 这就是说,图形就在 x 轴上. 所以

$$\|f\| = 0 \Rightarrow f = 0$$

符合 N.3 的要求. 注意 $f = 0$ 意味着 f 是零函数,而不是对某个特殊的 x 有

$$f(x) = 0$$

这是传统术语"函数 $f(x)$"会引起严重混淆的情况的一个例子.

公理 N.4 是容易证实的. 公理 N.5 要求

$$\|f + g\| \leqslant \|f\| + \|g\|$$

这差不多也是显然的. 设

$$\|f\| = c, \|g\| = d$$

我们要证明

$$\|f + g\| \leqslant c + d$$

从 f 和 g 的范数可以看到,对区间中所有 x,$f(x)$ 处于 $-c$ 和 c 之间,而 $g(x)$ 处于 $-d$ 和 d 之间. 所以其和 $f(x) + g(x)$ 处于 $-c - d$ 和 $c + d$ 之间,这就是所要证

第 2 章　迭代和压缩映射

明的.(要解释一下,"$-c$ 和 c 之间"在这里是允许取 $-c$ 和 c 值本身的.)

既然 $\mathscr{C}[a,b]$ 是赋范空间,像 2.2 节那样引入距离的定义 $d(f,g)=\|f-g\|$ 后,它就成为度量空间了.现在 $\|f-g\|$ 就是 $|f(x)-g(x)|$ 在区间中的最大值.因而可以看出空间 $\mathscr{C}[a,b]$ 在数值分析中为什么如此重要了.如果 f 是所要计算的某个函数,g 是它的一个近似式,则像 $\|f-g\|<0.000\,001$ 这样说法的意思是,给出近似值 $g(x)$ 的数值表与真值 $f(x)$ 的偏离在哪儿都小于 $0.000\,001$.这显然是一种十分有用的说法.

图 5 说明了 $\|f-g\|$ 的含义.两条图线相距最远的地方画了垂直箭头.这个箭头的长度就是 $\|f-g\|$,它给出了 $\mathscr{C}[a,b]$ 中 f 与 g 之间的距离.

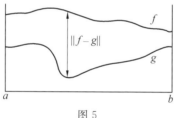

图 5

逼近论中的许多问题能用这个距离表示.Weierstrass 证明了 $[a,b]$ 上的任意连续函数,都能够用多项式作任意程度的逼近.因此,对于 $\mathscr{C}[a,b]$ 中的任意函数 f,能够找到要多么接近 f 就多么接近 f 的多项式.我们还可以解决这样的问题,在 10 次或 10 次以下的多项式中哪一个最接近于给定的 f.这里所谓接近都是用上面定义的距离来度量的.

这个距离的定义告诉我们应该怎样理解中心在 f 半径为 r 的闭球 $\overline{B}(f,r)$.如果

25

Banach 压缩不动点定理

$$\|g-f\| \leqslant r$$

那么函数 g 就在这个球中. 这就是说,对于 $[a,b]$ 中的每个 x 都有

$$|g(x)-f(x)| \leqslant r$$

所以 $g(x)$ 不会小于 $f(x)-r$ 或大于 $f(x)+r$. 图 6 中,g 的图形一定位于两条虚线之间的区域. 这两条虚线,一条是将 f 的图线上移距离 r 而得的,另一条是将 f 的图线下移距离 r 而得的. 如果 g 的图线虽不越出该区域之外,但有一点或多点与其边界(即虚线)相交,则

$$\|g-f\|=r$$

而 g 位于球面 $S(f,r)$ 上. 如果 g 的图线位于虚线之间而不达到虚线上,则

$$\|g-f\|<r$$

即 g 位于开球 $B(f,r)$ 之中. 如果 g 满足上述两个条件中的一个,就是说如果 g 或在 $S(f,r)$ 上或在 $B(f,r)$ 中,则 g 在闭球 $\overline{B}(f,r)$ 中.

现在假定有一连续函数序列 $g_1,g_2,g_3,\cdots$,在度量空间 $\mathscr{C}[a,b]$ 中 $g_n \to f$. 这就是说,无论半径 r 有多小,序列中会有一项,其后所有的 g_n 都位于 $\overline{B}(f,r)$ 中. 也就是说,图 6 中的虚线之间的区域无论多么窄,序列某个尾部的所有 g_n 的图线将都位于那个区域之中.

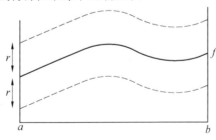

图 6

第2章 迭代和压缩映射

在经典分析中,这叫作 g_n 一致收敛于 f. 在 1847 年以前还不知道这个概念. 那时, $g_n \to f$ 的意思只是对每个 x 值 $g_n(x)$ 逼近 $f(x)$. 现今这叫作点点收敛. 点点收敛有不少缺点. 缺点之一是, 即使函数 g_n 全部是连续的, 其极限 f 也不一定连续. 例如, 只要看一下 $[0,1]$ 上的 $g_n(x) \equiv x^n$ 就行了. 当 $0 \leqslant x < 1$ 时, $x^n \to 0$, 而当 $x = 1$ 时不论 n 多大都有 $x^n = 1$. 因此极限函数 f 的图形由 x 轴上 $0 \leqslant x < 1$ 这一段和点 $(1,1)$ 组成. 因此, 按这里所考虑的度量, g_n 的确不逼近 f, 因为距离 $\|g_n - f\|$ 不趋于 0. 图 7 中, 虚线对应于 $r = 0.25$. 不论 n 选得有多大, 也不能使 g_n 的图线限于这两条虚线之间. (注意, 虽然 f 不是连续的, 因而并不属于 $\mathscr{C}[a,b]$ 空间, 但是 $\|g_n - f\|$ 定义为 $|g_n(x) - f(x)|$ 的上确界仍是有意义的.)

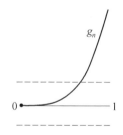

图 7

点点收敛还有一个缺点, 就是有可能在 $g_n \to 0$ 的同时 $\int_0^1 g_n(x) dx$ 并不趋于 0, 甚至可以趋于无穷大. 图 8 所示 g_n 的图形就说明了这种情况. 设想这个图形代表充满不可压缩物质的某种膜, 填充物保证三角形的面积总是等于 1. 然后放上一块压铁, 把它推向左边

Banach 压缩不动点定理

使三角形逐渐变窄. 当三角形的底为 $\frac{2}{n}$ 时, 其高必为 n, 以保持面积等于 1.

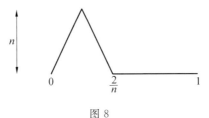

图 8

从峰高不断增高来看, 在 $[0,1]$ 中对每个 x 有 $g_n(x) \to 0$ 也许是件奇怪的事. 但是, 很显然 $g_n(0) \to 0$, 因为事实上对所有 n, 有 $g_n(0) = 0$. 现考虑 $x = c$, 其中 $c > 0$. 当压铁推向左边时, 总有这么一个时刻, 此后三角形的底长将小于 c, 所以 $g_n(c)$ 将等于 0. 实际上, 当 $n > \frac{2}{c}$ 时就出现这种情况. 因此对任意 $c > 0$, $g_n(c) \to 0$.

因为 $\int_0^1 g_n(x) \mathrm{d}x$ 是图线下面的面积, 它总是等于 1. 因此, 虽然对每个 x, $g_n(x) \to 0$, 但是

$$\int_0^1 g_n(x) \mathrm{d}x \to 1$$

如果我们选定三角形的高度为 n^2 而不是 n, 就可使积分趋于无穷大.

在一致收敛的意义下 $g_n \to f$ 时, 即在度量空间 $\mathscr{C}[a,b]$ 中收敛时, 上面所说的两种缺点都不会出现. 经典分析中有一个定理: 如果所有 g_n 都是连续的, 并且 g_n 一致趋于 f, 则 f 也是连续的. 这时下面的式子也是成立的

第 2 章 迭代和压缩映射

$$\int_a^b g_n(x)\mathrm{d}x \to \int_a^b f(x)\mathrm{d}x$$

从图 6 来看这是很合理的. f 的图形提高距离 r,则图形下的面积增加 $r(b-a)$;f 的图形降低距离 r,则面积减少同样一个量. 如果 g_n 的图形完全位于虚线之间,则其积分与 f 的积分之差不会大于 $r(b-a)$,而取足够大的 n,总能使 r 要多么小就有多么小.

$\mathscr{C}[a,b]$ 的完备性 最后我们必须考虑的问题是:$\mathscr{C}[a,b]$ 是完备的吗?$\mathscr{C}[a,b]$ 中满足 Cauchy 条件的每一个序列是否均收敛于 $\mathscr{C}[a,b]$ 中的函数?

我们先用图形来说清楚序列 $g_1,g_2,g_3,\cdots$ 满足 Cauchy 条件的含义. 这就是:如果对方提出一个数 ε_1,我们能找到一个数 s,使 g_s 以后的所有函数在 $\overline{B}(g_s,\varepsilon_1)$ 中. 类似的,对于对方提出的 ε_2,有对应的闭球 $\overline{B}(g_t,\varepsilon_2)$,把 g_t 以后的所有函数都包含在里面. 图 9 表示了这种情形. 对应于 $\overline{B}(g_s,\varepsilon_1)$ 的区域是虚线之间的区域;对应于 $\overline{B}(g_t,\varepsilon_2)$ 的区域是有阴影的区域. 现在考虑用直线 $x=c$ 来截这个图形,这里 c 是 $[a,b]$ 中任意一点. 如果 $n>s$,$g_n(c)$ 必位于虚线之间,因此在区间 HL 中. 如果 $n>t$,$g_n(c)$ 必位于阴影区,因此在区间 JK 中. 事实上,我们将在这条线上得到一个区间套,其长度趋于零. 因为这条直线代表了实数系 **R**,所以我们就回到了最初定义 Cauchy 条件的情况. 我们知道 **R** 是完备的,所以我们断定诸区间缩为一点,它就是序列 $g_n(c)$ 的极限. 设想给这个点做上标记,并且对区间 $[a,b]$ 中每一条垂线都这样进行. 这些有标记的点便定义了一个函数 f,因为它们使 $[a,b]$ 中每个 x 对应一个确定的值 y.

Banach 压缩不动点定理

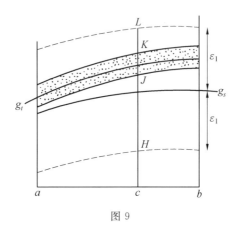

图 9

现在我们构造了 f. 为了证明所需要的结论,我们必须证明两件事:(i) $\mathscr{C}[a,b]$ 中的序列 g_n 趋于 f;(ii) f 是连续函数,要不然它就没有资格充当 $\mathscr{C}[a,b]$ 的元素.

可能会觉得(i)是不必要的,因为上面讲的构造说明 $g_n(c)$ 趋于一个极限,而且把这个极限定义为 $f(c)$. 但是这只说明对每个 x,$g_n(x)$ 趋于 $f(x)$. 它只是点点收敛,还不是所需的按 $\mathscr{C}[a,b]$ 度量的极限的一致收敛.

但是这个问题是不难解决的. 假定我们确定了所有函数 g_{N+p},其中 $p=1,2,3,\cdots$,使

$$\|g_N - g_{N+p}\| \leqslant \varepsilon$$

对于任何 $\varepsilon > 0$,Cauchy 条件保证了存在这样的 N. 所以 g_{N+p} 的图形在图 10 的虚线之间. 从确定 f 的区间套的构造显然可见 f 的图线也在虚线之间. 如图 10 所示,在某个 x 处值 $f(x)$ 与值 $g_{N+p}(x)$ 之差达到 2ε 是可能的. 但是因为虚线之间的垂直距离是 2ε,所以 $f(x)$ 与 $g_{N+p}(x)$ 之差大于 2ε 是不可能的. 因此对于这个区间中的所有 x,有

第 2 章　迭代和压缩映射

$$|f(x) - g_{N+p}(x)| \leqslant 2\varepsilon$$

这意味着

$$\|f - g_{N+p}\| \leqslant 2\varepsilon$$

所以序列有一个尾部在 $\overline{B}(f, 2\varepsilon)$ 之中. 于是序列的确按 $\mathscr{C}[a,b]$ 的度量收敛于 f, 从而一致收敛于 f.

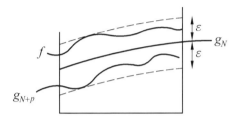

图 10

如果连续函数 g_n 一致趋于 f, 则 f 必为连续的. 这就立刻证实了我们所要证明的第二部分.

因为 $\mathscr{C}[a,b]$ 中的收敛相当于一致收敛, $\mathscr{C}[a,b]$ 有时叫作具有一致度量的连续函数空间.

我们已经证明了 $\mathscr{C}[a,b]$ 是矢量空间, 它是赋范的, 是完备的. 波兰大数学家 Stefan Banach 广泛地研究过有这些性质的空间. 具有所有这三个性质的空间通常称为 Banach 空间.

下面简单介绍一下这位伟大的数学家:

Stefan Banach[①]

K. Kuratowski

1892 年 3 月 30 日, Stefan Banach 诞生在 Cracow.

---

① 本传记译自 K. Kuratowski 著的 *A Half Century of Polish Mathematics* 的第五章.

Banach 压缩不动点定理

关于他的双亲,我们知之甚少,只晓得 Banach 出生在一个山民的家庭,童年时过着清苦的生活. 早在十四岁那年,他就不得不到私家去讲课以谋生路.

起初,他曾自修数学,并到 Jagiellonian 大学听过一个短时期的课. 后来,他进入 Lwów 技术学院就读. 第一次世界大战的爆发中断了他的学业,于是重返 Cracow. 那时,Banach 丧失了接受正规数学训练的机会,但他对数学的兴趣始终不衰. 他靠读书和跟数学家交谈学到了更多的数学,这些数学家是 O. Nikodym 和 W. Wilkosz(后来都成了教授). Steinhaus 曾描绘过他跟 Banach 首次相遇时的情景:"1916 年的一个夏夜,我在 Cracow 旧城市中心附近的花园里散步,无意中听到一段对话,确切地说,只听到几个词:"Lebesgue 积分". 这个新鲜词吸引我跨过公园的长凳,去跟对话者相识,那正是 Stefan Banach 在跟 Otton Nikodym 交谈数学."

Banach 被"慧眼识破"了. Steinhaus 认为这是他最伟大的数学发现. Steinhaus 和 Banach 的这次会面,几乎直接导致了一项科研成果的诞生:Steinhaus 告诉 Banach 一个自己研究多时的问题. 几天后,Banach 找到了答案,Steinhaus 则大为惊讶. 接着,Banach 的第一篇论文便问世了,这篇跟 Steinhaus 联名发表的文章登在"Cracow 科学院会报"上.

这件不寻常的处女作引起了其他波兰数学家对 Banach 的注意(同时也表现出他们对 Steinhaus 的巨大信任). 1920 年,Lomnicki 教授破格安排 Banach 到 Lwów 技术学院当他的助教,那时 Banach 还没结束自己的学业. 就这样,Banach 开始了他那短暂的、但是光

第 2 章　迭代和压缩映射

辉灿烂的科学生涯. 同年, Banach 向 Lwów 的 Jan Kazimierz 大学提交了他的博士论文(登在 "Fundamenta Mathematicae" 的第三卷中, 题为 "Sur les opérations dans les ensembles abstraits et leur application aux équations intégrales".) 1922 年, Banach 通过讲师资格考核, 同年又升任该大学的教授; 两年后, 他已是科学院的通讯院士了.

作为在 Lwów 的这所大学的教授, Banach 义不容辞地担负了繁重的教学任务, 同时又进行了重要的科学研究. 短期内, 他成长为泛函分析方面的最大权威, 又是该领域的开拓者之一. 一群才华出众的年轻人聚集在他周围, 在 Banach 和 Steinhaus 的指导下, 一个新生的 Lwów 数学学派拔地而起. 不久(1919 年), 学派创办了泛函分析的专门杂志 *Studia Mathematica*.

1932 年, Banach 的名著 *Théories des opérations linéaires* 作为新的出版物 "Monografie Matematyczne"("数学专著")的第一卷刊行于世. Banach 是该出版物的创始人之一.

这部书在很大程度上向广大数学家普及了 Banach 的成果, 对推动泛函分析的发展起了重要作用. 1936 年, 在 Oslo 召开的国际数学家大会邀请他在全体大会上做报告, 足见整个数学界对 Banach 的重视.

在波兰国内, Banach 也不失众望. 他被授予多种科学奖金; 1939 年被选任波兰数学会主席.

战时, 他在 Lwów 渡过. 1940～1941 年间, 他曾出任该地大学的校长. 德国占领时期, 他的境况很糟; 为了维持生计, 曾到 Weigel 教授的研究所充当一名寄生虫饲养员,那里生产抗伤寒疫苗(许多疫苗被秘密送往爱国者——波兰地下武装手中).

苏军解放 Lwów 后,Banach 回到大学工作.他跟苏联数学家一直有着生动的接触,他们也向他表达了诚挚的友谊.不幸,Banach 此时已被致命的疾病——胃癌所扰.

Banach,这位最光辉的波兰数学家,于 1945 年 8 月 31 日与世长辞.

Stefan Banach 全集共收集了 58 项成果,其中 6 项是去世后刊行的.

这里,我们无法详细讨论 Banach 的成果及其对数学的贡献.对 Banach 的科学工作最具说服力的分析,可见诸以下书籍和讲演:"Colloquium Mathematicum"卷 1(1948),那是专为纪念他而出版的;1960 年 9 月泛函分析会议开幕时举行的纪念 Banach 的仪式上的演讲(讲演者有 S. Mazur,以及一些著名的外国客人,包括苏联的 S. L. Sobolev,美国的 M. H. Stone,匈牙利的 B. Szökefalvi-Nagy);还有上面提及的 Banach 的"全集"(1967 年第一卷问世),该集由科学院数学研究所出版,包括波兰专家们的详细注解.

这里,我要强调指出,尽管 Banach 主要从事泛函分析的研究,并因此赢得了世界声誉,但他也花费了巨大劳动来搞数学的其他分支,其中包括实变函数论、正交级数理论、描述集合论.

集合论中最轰动的成果之一是 Banach 和 A. Tarski 一起得到的,该论文题为"Sur la decomposition des ensembles de points en parties respectivement

第 2 章　迭代和压缩映射

congruentes"("Fund. Math. ",6(1924), P. 244-277). 我跟 Banach—— 我的亲密朋友也合作发表过一篇关于所谓一般测度问题的解的文章,这一直使我引以为豪. 该文曾激起许多人的兴趣去从事进一步的研究.

　　Banach 还跟其他人联名发表文章,其中许多人是他的学生(特别是 S. Mazur). 这可说是 Banach 的研究风格:跟学生和同事在餐馆(或咖啡馆)边喝咖啡边谈数学,许多成果的雏形就在这种场合产生(特别是在著名的苏格兰咖啡馆的聚会上).

　　Steinhaus 这样描绘 Banach 的个性:"假如以为 Banach 是个空想家,或是个生活上的自我克制者,甚至是个布道者或苦行僧,那就错了. 他是位现实主义者,他的体格和外表也配不上做圣徒候选人或扮演君子的角色. 我不知道现状如何,但在大战前,确实有过一种有关波兰科学家形象的观念,这种观念并非基于对活生生的科学家的全面观察,很大程度上乃是出于当时宗教的需要. 伟大作家 Stefan Zeromski 曾表述过这种观念. 一名波兰科学家,为了一个并不十分美好的"世界",他必须远离尘世的欢乐. 同时,他在事先就要宽恕他那不收实效的工作. 他也根本不去考虑其他国家的情况,那里的科学家并不以贫困论英雄,而是按照他们对科学做出的不间断的贡献来论千秋功罪的. 两次大战间的波兰知识分子仍然受着这种殉道观念的影响,但 Banach 绝没有向它屈服,他健康强壮,他的现实主义甚至接近了玩世不恭的地步. Banach 对波兰科学,特别是波兰数学,做出了比其他人都更伟大的贡献,他用实际行动驱散了那种有害的观念:在科学的竞赛中,可以用别的很难说清楚的品质来代替天赋(或才能). Banach 知道自己的价值和他创造的价值. 他强调自己的山民血统, 并对那些并无专长的所谓有教养的知识分子持蔑视态度."

他的最重要的功绩乃是一劳永逸地打破了波兰人在精确科学方面的自卑心理. 过去, 只是靠吹捧某些平庸的人物而遮掩着这种自卑感. Banach 绝不屈就于这种心理, 他把天才的火花和惊人的干劲与热情融为一体, 常以如下的诗句不断勉励自己:"最重要的是掌握技艺的巨大光荣感 —— 众所周知, 数学家的技艺有着像诗人作诗一样的秘诀 ……".

2.4 迭代和积分方程

为解积分方程
$$f(x) = 1 + \int_1^2 \frac{1}{x+y} f(y) \mathrm{d}y \tag{1}$$
试用迭代
$$g_{n+1}(x) = 1 + \int_1^2 \frac{1}{x+y} g_n(y) \mathrm{d}y \tag{2}$$
是很自然的. 如果我们取 $g_0(x) \equiv 0$, 进行迭代就得到一个连续函数序列 $g_0, g_1, g_2, \cdots$. 这个序列会收敛吗?

如果我们定义算子 T 为 $Tg = h$, 其中
$$h(x) = \int_1^2 (x+y)^{-1} g(y) \mathrm{d}y$$
式 (2) 可写为 $g_{n+1} = 1 + Tg_n$. 这里 1 代表这样一个函数, 对区间中每个 x 其值都为 1. 我们只对 $[1,2]$ 中的 x 值感兴趣, 所以 T 是 $\mathscr{C}[1,2] \to \mathscr{C}[1,2]$ 的映射. T 是可

第 2 章　迭代和压缩映射

加的,于是由迭代得到一个级数 $1+T1+T^2 1+\cdots$. 如果 T 是压缩算子,这个级数就收敛. 对于 $\|Tg\|$ 与 $\|g\|$ 之比,我们能求出有用的估值吗?

首先,很显然,如果在 $[1,2]$ 上 g 只取正值,则 Tg 亦然. 因为函数 1 是正的,所以级数中所有函数 $T1$, $T^2 1,\cdots,T^n 1,\cdots$ 都只取正值. 因此其中任何一个函数的范数都取该函数在区间中的最大值.

对于 $[1,2]$ 中的 x 和 y,有
$$(x+y)^{-1} \leqslant 0.5$$

如果我们将 $(x+y)^{-1}$ 用其最大值 0.5 代替,$g(y)$ 用其最大值 $\|g\|$ 代替,则肯定增大了 $\int_1^2 (x+y)^{-1}g(y)\mathrm{d}y$ 的值. 这样改变了的积分值,即为 $0.5\|g\|$. 所以,对区间中的任意 x,有
$$h(x) \leqslant 0.5\|g\|$$
其中 h 像前面一样代表 Tg. 所以 $h(x)$ 的最大值 $\|Tg\|$ 不会超过 $0.5\|g\|$.

因此
$$\|T^{n+1} 1\| \leqslant 0.5 \|T^n 1\|$$

我们又一次遇到了这样的链条,其中每个链节的长度最多为其前一个的一半. 所以级数收敛并且很容易估计各项的大小:因 $\|1\|=1$,所以 $\|T^n 1\| \leqslant 2^{-n}$. 如果只取直到并包括 $T^{20} 1$ 为止的项,那么我们舍去的链条长度不超过无穷级数 $2^{-21}+2^{-22}+2^{-23}+\cdots$ 之和. 这个和等于 2^{-20},稍小于 $0.000\,001$. 因而我们得的数值与真值之差没有一处会超过 $0.000\,001$.

有两点要注意:第一,我们证明了级数收敛,但是我们还没有证明它收敛于方程(1)的解;第二,一进行

37

Banach 压缩不动点定理

迭代就出现分析上的复杂问题. 用 $g_0(x)\equiv 0$, 得
$$g_1(x)=1, g_2(x)=1+\ln(x+2)-\ln(x+1)$$

下面就很难写出解析式了, 必须用近似数值积分. 估计由近似数值积分产生的误差大小是另外一个问题, 这里不予讨论.

刚才所用的方法可以用到范围相当广的一类问题上去. 设算子 T 定义为 $Tg=h$, 其中
$$h(x)=\int_a^b K(x,y)g(y)\mathrm{d}y$$
$a\leqslant x\leqslant b$. 如果 $|K(x,y)|$ 的最大值是 M, 由很粗略的估计可以证明
$$\|h\|\leqslant M(b-a)\|g\|$$
如果 $M(b-a)<1$, 则 T 为压缩算子.

了解下列事实也是重要的:

T 为压缩算子对保证迭代收敛是充分的, 但绝不是必要的. 例如, 考虑积分方程
$$f(x)=1+\int_0^x f(y)\mathrm{d}y \tag{3}$$
其中 $0\leqslant x\leqslant b$. 设
$$h=Tg$$
$$h(x)=\int_0^x g(y)\mathrm{d}y$$
这里又可作简化, 只需考虑具有正值的函数. 因而当 $x=b$ 时 $h(x)$ 有其最大值. g 的图形的最大高度为 $\|g\|$. 由图 11 显然可见, 区间 $[0,b]$ 中 g 的图线下的面积 $h(b)$ 不会超过 $b\|g\|$. 因此, 如果 $b<1$, 则 T 为压缩算子.

但是将迭代应用于积分方程 (3) 时, 我们得到级数

第 2 章　迭代和压缩映射

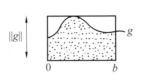

图 11

$$1 + x + \left(\frac{x^2}{2}\right) + \left(\frac{x^3}{6}\right) + \cdots + \left(\frac{x^n}{n!}\right) + \cdots$$

这是 e^x 的级数,我们知道它对所有有限的 x 值都是收敛的. 而压缩算子的论证只能告诉我们,对于正 x 值,当 $b<1$ 时,这个级数在 $[0,b]$ 中收敛. 显然,这个方法可能是十分保守的. 原因很明显,压缩算子原理只是根据链条上链节的长度与收敛的几何级数做比较. 但是还有许多性状完全不同的收敛级数. 例如,e^3 的级数是 $1+3+4.5+4.5+3.375+2.025+1.0125+\cdots$. 开始逐项增大,后来减小,减小的速度比任何几何级数都快.

如果考察我们早先关于链条的论证,就会发现实际所要求的只是链条上链节的长度应形成一收敛级数. 也许条件可更放宽些,把它说成:如果链条有无穷多个链节,只要总长度是有限的就行了,而不管可否用收敛的点列代替它.

用更通常的说法,我们有这样的定理:在任何 Banach 空间中,矢量级数 $\sum\limits_{n=1}^{\infty} v_n$ 必定收敛,如果实数级数 $\sum\limits_{n=1}^{\infty} \|v_n\|$ 收敛的话.

这种定理在经典分析中就有. 如果 $\sum c_n$ 为实数级数或复数级数,我们知道,若 $\sum |c_n|$ 收敛,则 $\sum c_n$ 收敛. 这时,称级数 $\sum c_n$ 是绝对收敛的,所以刚才引用的

Banach压缩不动点定理

定理有个比较陌生的说法:绝对收敛性蕴涵着收敛性.一个级数可以收敛而不绝对收敛.级数 $\ln 2 = 1 - \left(\frac{1}{2}\right) + \left(\frac{1}{3}\right) - \left(\frac{1}{4}\right) + \left(\frac{1}{5}\right) - \cdots$ 便是一例.如果把这个级数各项都取绝对值,即所有负号改为正号,其和就等于无穷大了.但是这样的级数有特别的性质.试看下面的式子

$$\ln 2 = 1 - \left(\frac{1}{2}\right) + \left(\frac{1}{3}\right) - \left(\frac{1}{4}\right) + \left(\frac{1}{5}\right) -$$

$$\left(\frac{1}{6}\right) + \left(\frac{1}{7}\right) - \left(\frac{1}{8}\right) + \cdots$$

$$\left(\frac{1}{2}\right)\ln 2 = \left(\frac{1}{2}\right) - \left(\frac{1}{4}\right) + \left(\frac{1}{6}\right) - \left(\frac{1}{8}\right) + \cdots$$

上两式相加得

$$\left(\frac{3}{2}\right)\ln 2 = 1 + \left(\frac{1}{3}\right) - \left(\frac{1}{2}\right) + \left(\frac{1}{5}\right) + \left(\frac{1}{7}\right) - \left(\frac{1}{4}\right) \cdots$$

这样得的级数与 $\ln 2$ 的级数有相同的项,但是次序不同,其和也就不同.在这样的级数中,级数的和不仅与级数中的数有关,也与级数中各项的次序有关.

上面出现的情况可用下面的方式使之形象化:假设有两种液体,它们在某种意义上互相抵消,像酸和碱一样.我们把它们想象为正的和负的.有一个盛正液体的容器和一个盛负液体的容器,可让其中液体依次流到一个桶里去.

对于绝对收敛的级数,正液体的量是有限的,设为 p,负液体的量也是有限的,设为 n.只要两种液体最后都流完,则不管以什么方式开关阀门,桶里的液体总是趋于值 $p - n$.

像 $\ln 2$ 那样的级数,情况就完全不同了.那时每种

液体都有无穷多,可以使桶里的液体的值逼近我们愿意取的任意值. 如果老让液体以同样的速率流,极限值将等于 0. 如果我们使正液体流出的速率平均为负液体的两倍,则极限值趋于 $+\infty$. 同样,让负液体占优势,则极限值趋于 $-\infty$. 用适当的控制,可得到任意的中间值. 也能做出产生振荡的安排,那就绝不会稳定到任何极限值.

2.5 矩阵迭代

收敛的但不是由压缩算子给定的迭代的例子,不必求助微积分就能找到. 考虑迭代
$$v_{n+1} = Mv_n$$
其中 $v_n = (x_n, y_n)$ 为 Euclid 平面上的矢量,而 M 代表函数
$$(x, y) \to (-3.5x + 10y, -1.2x + 3.5y)$$
或用矩阵符号
$$M = \begin{pmatrix} -3.5 & 10 \\ -1.2 & 3.5 \end{pmatrix}$$
显然 M 不是压缩算子. 例如 $(0,1) \to (10, 3.5)$,它表示 10 倍以上的放大. 又如果对任意矢量 v,把 $M^n v$ 列成一表,则会发现 $M^n v$ 趋于零是足够快的,因为级数 $v + Mv + M^2 v + \cdots$ 收敛.

要理解矩阵变换的意义,有一个标准的方法,即求特征值和特征矢量. 用通常的算法可求得 M 的一个特征值为 -0.5,相应的特征矢量为 $(1, 0.3)$,另一个特征值为 0.5,相应的特征矢量为 $(1, 0.4)$. 这意味着直

Banach 压缩不动点定理

线 $y=0.3x$ 上的任意点变成了该直线上这样的点,这点在原点的另一侧,并且与原点的距离为原来距离的一半. $y=0.4x$ 的点变换后仍在原点的同一侧,但与原点的距离为原来距离的一半. 如取这两条不变直线作为坐标轴,则变换的形式最简单. 可由下式引进新的坐标 (X,Y)

$$\begin{pmatrix} x \\ y \end{pmatrix} = X \begin{pmatrix} 1 \\ 0.3 \end{pmatrix} + Y \begin{pmatrix} 1 \\ 0.4 \end{pmatrix}$$

解出 X 与 Y 得

$$X = 4x - 10y, Y = -3x + 10y$$

如果我们选择矢量 $(0,1)$[①] 作为 v_0(注意到 M 作用于它是显著放大的),就得到下面的 $M^n v$ 的表. 在这个表中我们把原来 (x,y) 坐标系下的 $M^n v$ 和 (X,Y) 坐标系下的 $M^n v$ 都列出来了.

n	x	y	X	Y
0	0	1	-10	10
1	10	3.5	5	5
2	0	0.25	-2.5	2.5
3	2.5	0.875	1.25	1.25
4	0	0.062 5	-0.625	0.625
5	0.625	0.218 3	0.312 5	0.312 5
6	0	0.156	$-0.156\ 3$	0.156 3
7	0.156 3	0.054 7	0.078 1	0.078 1

这个表说明了用不变直线作坐标轴的好处. 在 Y 列中每一项是其上一项的一半, X 列也是如此,只是符号要改变. 收敛性以及收敛速率是显而易见的.

可以看到在 x 列和 y 列中有波动,数值的大小交

[①] $(0,1)$ 仍是相对于 (x,y) 坐标而言的.

第2章 迭代和压缩映射

替着增加和减小. 如前所述,矢量(x,y)是由$X(1,0.3)+Y(1,0.4)$给定的. 我们可以看出,即使X和Y的大小总是减小,(x,y)是怎么可能增加长度的. 因为特征矢量$(1,0.3)$与$(1,0.4)$间的角度很小,约为$5°$. 当X与Y符号相反时,如v_0就是如此,则它们处于几乎相反的方向. 到下一步,如v_1,它们的贡献是几乎一致的,因而彼此增强了.

在这个特殊的例子中,即使在x,y列中,也有显著的规律性. 表中任一行x,y等于往上数第二行相应项的$\frac{1}{4}$. 这是因为

$$\begin{pmatrix} -3.5 & 10 \\ -1.2 & 3.5 \end{pmatrix} \begin{pmatrix} -3.5 & 10 \\ -1.2 & 3.5 \end{pmatrix} = \begin{pmatrix} 0.25 & 0 \\ 0 & 0.25 \end{pmatrix}$$

因此,虽然M不是压缩算子,但M^2是压缩算子. 它使所有长度都乘上$\frac{1}{4}$. 这给了我们另一种证明级数$\sum M^n v$收敛的方法. 因为我们有

$$v + Mv + M^2 v + M^3 v + M^4 v + M^5 v + \cdots$$
$$= (v + Mv) + M^2(v + Mv) + M^4(v + Mv) + \cdots$$
$$= u + Nu + N^2 u + \cdots$$

其中$u = v + Mv$, $N = M^2$. 因为N是压缩算子,所以级数必定收敛.

类似的讨论证明,如果T的某个幂次,譬如说T^k,是压缩算子,则级数$\sum T^n v$收敛.

关于特征值和特征矢量的讨论有广泛的应用. 可以证明,如果T是方阵(行数任意),它的每个特征值λ均有$|\lambda| < 1$,则对每一个矢量v,级数$\sum T^n v$收敛.

Minkowski 空间

第 3 章

3.1 引　言

Euclid 几何中的 Pythagoras 定理把由 $s^2 = x^2 + y^2$ 算得的 s 看作矢量 (x, y) 的长度. 在曲面理论和广义相对论中长度有更复杂的公式, 那里 $\mathrm{d}s^2$ 是用二次微分表示式给定的. 很引人注意的是, 似乎总是与平方打交道, 不是 s^2 就是 $\mathrm{d}s^2$. 学生可能会怀疑, 受制于平方是不是束缚了我们的思想. 几何为什么一定要以平方为基础? 能不能有一种几何, 在这种几何里 $s^p = x^p + y^p$, 或对多维情况来说

第 3 章 Minkowski 空间

$$s^p = \sum_{r=1}^{n} x_r^p$$ 其中 p 为某个不等于 2 的数.

Minkowski 在 1896 年出版的一本书《数的几何学》(*Geometrie der Zahlen*) 中就提出了这种想法. 在这本书里以及更早的论文中,他用简单的几何论证得到了数论上很有意思的结果. 他用下式定义矢量 $(x_1, x_2, \cdots, x_n)$ 的长度 s

$$s^p = \sum_{r=1}^{n} |x_r|^p$$

必须用绝对值,以免矢量有零长度或负长度. 例如

$$p = 3, s^3 = x^3 + y^3$$

会使 $(1, -1)$ 的长度为 0,使 $(0, -1)$ 的长度为 -1,这是与距离概念相矛盾的.

系统研究度量空间是从 1906 年 Fréchet 的论文开始的. 在一般度量空间概念被认识以前那些年里,Minkowski 的距离定义提供了一个赋范矢量空间的例子. 范数定义为

$$\| (x_1, \cdots, x_n) \| = \left[\sum_{r=1}^{n} |x_r|^p \right]^{\frac{1}{p}}$$

的空间现在称为 l_p 空间. 有类似范数的无穷维空间用同样的符号 l_p——其实 l_p 一般是指这种无穷维空间. l_p 空间的特殊情况为 $p = 1, 2$ 和 ∞ 的情况.

在数值分析中,l_1, l_2 和 l_∞ 空间是常用的,一般的 l_p 空间相对地讲用得很少. 既然本书是偏重应用的,这里需要解释一下为什么本章要讲一般的 l_p 空间.

有两个原因:一是因为许多书很早就引进了 l_p 空间,并且总是从三角不等式的证明讲起,其意图似乎是为使学生摆脱实际的对象. 这个证明的思想将在 3.2 节中解释,希望以此克服进一步学习的一大障碍.

再一个原因是,这个证明很好地说明了泛函分析中用几何想象是有益的,同时由它能引出数值分析中很重要的概念.

当然,人们会感到奇怪——写进教科书里的证明(如下一节就要看到的)怎么会那样使人费解?原因在于发现和发表之间的差别.在做出一个发现的时候,都是有某种思想指导的,这种思想也许像图画似的,它很有用但很难用精确的方式来表达.一个数学家在准备要发表论文时,他(或她)首先关心的是要使其他专家信服定理确实是成立的,是确凿无疑地证明了的.于是首要的考虑是逻辑,而最后发表的证明可能完全不同于导致作者发现定理时的思路.对于数学来说,在学术期刊上和叙述性的教科书中,逻辑证明当然都是根本的.麻烦在于大数学家总是浓缩了很长的逻辑推理,只给出正式证明,而对于如何做出证明的思想活动过程则不加任何说明.对于希望学好数学并且也许要做出他们自己的数学发现的学生来说,思想活动过程,包括导致发现的猜测和想象,是同逻辑一样很重要的.

3.2 剖析三角不等式的证明

要证明的结果是很简单很自然的.在赋范矢量空间中,三角不等式是用公理 N.5 表示的,即
$$\|u\| + \|v\| \geqslant \|u+v\|$$
我们要证明 Minkowski 定义的距离
$$\|(x_1,\cdots,x_n)\| = \Big[\sum_{r=1}^{n} |x_r|^p\Big]^{\frac{1}{p}}, p > 1$$

第 3 章 Minkowski 空间

满足这个公理. 不用多说就能知道, 只要对没有负分量的矢量证明不等式成立就够了. 也就是说, 只要证明 $x_r \geqslant 0, y_r \geqslant 0$ 时有不等式

$$\left(\sum x_r^p\right)^{\frac{1}{p}} + \left(\sum y_r^p\right)^{\frac{1}{p}} \geqslant \left[\sum (x_r+y_r)^p\right]^{\frac{1}{p}} \quad (1)$$

下面概述一下常见的一种证明. 圆括号的注里所说的问题, 即使见识很广的优秀学生在第一次见到这个证明时也可能会有迷惑不解的.

先建立一个预备性结果, 即 Hölder 不等式. 如果对 $1 \leqslant r \leqslant n$ 有 $u_r \geqslant 0, v_r \geqslant 0$, 则

$$\sum_{r=1}^n u_r v_r \leqslant \left(\sum_{r=1}^n u_r^p\right)^{\frac{1}{p}} \left(\sum_{r=1}^n v_r^q\right)^{\frac{1}{q}}$$

其中 $\left(\dfrac{1}{p}\right) + \left(\dfrac{1}{q}\right) = 1$. (这个结果究竟是什么意思? 是怎么想出来的? 它看上去不大像我们所要证明的不等式; 对我们的证明有什么用呢? q 这个数在这里究竟起什么作用?)

这里没有必要考虑 Hölder 不等式如何证明的问题. 下一步我们写出等式

$$\sum_{r=1}^n (x_r+y_r)^p$$
$$= \sum_{r=1}^n x_r(x_r+y_r)^{p-1} + \sum_{r=1}^n y_r(x_r+y_r)^{p-1} \quad (2)$$

(这显然是对的 —— 但为什么将它这样分解呢?)

然后对式 (2) 右边两部分各自应用 Hölder 不等式:

(i) 设

$$u_r = x_r, v_r = (x_r+y_r)^{p-1}$$

于是得

47

Banach 压缩不动点定理

$$\sum x_r(x_r+y_r)^{p-1}$$
$$\leqslant \left[\sum x_r^p\right]^{\frac{1}{p}} \left[\sum (x_r+y_r)^{(p-1)q}\right]^{\frac{1}{q}}$$

因 $\left(\dfrac{1}{p}\right)+\left(\dfrac{1}{q}\right)=1$，于是有

$$(p-1)q=p$$

所以这个不等式可改写为

$$\sum x_r(x_r+y_r)^{p-1}$$
$$\leqslant \left[\sum x_r^p\right]^{\frac{1}{p}} \left[\sum (x_r+y_r)^p\right]^{\frac{1}{q}}$$

(ii) 对式(2)右边第二部分做类似计算得

$$\sum y_r(x_r+y_r)^{p-1}$$
$$\leqslant \left[\sum y_r^p\right]^{\frac{1}{p}} \left[\sum (x_r+y_r)^p\right]^{\frac{1}{q}}$$

这两个不等式相加，其左边就是

$$\sum (x_r+y_r)^p$$

把它记为 s. 右边有一个公共因子：$s^{\frac{1}{q}}$. 除以这个公共因子，左边就得 $s^{1-\left(\frac{1}{q}\right)}$. 因为

$$1-\left(\frac{1}{q}\right)=\frac{1}{p}$$

所以左边就是 $s^{\frac{1}{p}}$. 将 s 换成原表达式，则得

$$\left[\sum (x_r+y_r)^p\right]^{\frac{1}{p}} \leqslant \left(\sum x_r^p\right)^{\frac{1}{p}} + \left(\sum y_r^p\right)^{\frac{1}{p}}$$

这恰好是我们所要证明的.（这究竟是怎么预见到的呢？）

概略的证明到此完毕，这是一种常见的证法. 这种证明是怎么想出来的呢？因为 l_p 空间是 Euclid 空间的推广，开始的时候以熟悉的 Euclid 空间为背景来看问题是有益的. 即使在 Euclid 空间，即 l_2 空间，用代数方法处理起来，问题也不是那么简单. 我们必须证明

第 3 章 Minkowski 空间

$$\sqrt{\sum x_r^2} + \sqrt{\sum y_r^2} \geqslant \sqrt{\sum (x_r + y_r)^2}$$

但是有一个很简单的几何证法. 图 1 中, 矢量 $\overrightarrow{OA}, \overrightarrow{AB}$ 和 $\overrightarrow{OB}$ 代表 x, y 和 $x+y$. 我们要证明

$$\|\overrightarrow{OA}\| + \|\overrightarrow{AB}\| \geqslant \|\overrightarrow{OB}\|$$

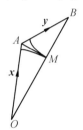

图 1

如果画上 $AM \perp \overrightarrow{OB}$, 就有 $\|\overrightarrow{OA}\| \geqslant \|\overrightarrow{OM}\|$ 和 $\|\overrightarrow{AB}\| \geqslant \|\overrightarrow{MB}\|$, 因为直角三角形中直角边不会大于斜边. 由于

$$\|\overrightarrow{OB}\| = \|\overrightarrow{OM}\| + \|\overrightarrow{MB}\|$$

只要将两个不等式相加就得到所要的结果.

3.3 Banach-Mazur 距离

Banach-Mazur 距离是 Banach 空间局部理论中的一个基本概念之一. 由于维数相同的有限维空间是同构的, 为了更准确地研究它们之间的关系, 我们需要某种量的概念. 而 Banach-Mazur 距离正可以表明同构的两个 Banach 空间的单位球与它的单位球象之间的"远近"程度, 也可以表明它们之间某些数值参数之间的数量关系. 这个概念是由 Banach-Mazur 所引进的. 本

节我们将对这一概念做一系统的初步介绍.

一般说来计算两个给定的 Banach 空间之间的 Banach-Mazur 距离,即使近似的估计也是相当困难的.因此需要找出一个"好的"坐标系(基)使得计算得以进行.所有这一切推动了我们去发展一种技巧不仅使距离的研究得以进行,而且也在 Banach 空间局部理论的其他方面以及算子理想理论中有其广泛应用.

定义 1 设 X 和 Y 是 Banach 空间.令
$$d(X,Y) = \inf\{\|T\| \cdot \|T^{-1}\|; T \text{ 是 } X \to Y \text{ 上的同构}\} \quad (1)$$
其中 inf 是对 $X \to Y$ 上的一切同构映射而取的.

如果 X 与 Y 不同构,令 $d(X,Y) = \infty$. 称 $d(X,Y)$ 为 Banach 空间 X 与 Y 之间的 Banach-Mazur 距离.

应该指出的是系数域的选择在这个定义中是本质的.因为存在实的 Banach 空间,它可具有两个不复同构的复结构.

对于任意的 Banach 空间 X,Y 和 Z 显然总有
$$d(X,Y) \leqslant d(X,Z) \cdot d(Z,Y)$$
而当 X 与 Y 等距同构时, $d(X,Y)=1$. 这说明 $d(X,Y)$ 不是距离,只是我们按照传统的说法称它为 "Banach-Mazur 距离" 罢了.

注 令
$$d(X,Y) = \inf\{\log\|T\|\|T^{-1}\|; T \text{ 是 } X \to Y \text{ 上的同构}\}$$
其中 inf 取遍 $X \to Y$ 上的同构映射.如果 $d(X,Y)=0$,称 X 与 Y 几乎等距(almost isometric).按照 Banach 的说法,X 与 Y 等距,那么 X 与 Y 几乎等距.从下面的例子我们可以看出其逆不成立.

第3章 Minkowski 空间

命题 1 存在 Banach 空间 X 和 Y,使得
$$d(X,Y)=1$$
但 X 与 Y 不等距同构.

证 在空间 c_0 中引入两个范数
$$\|x\|_i = \sup_j |x(j)| + \left(\sum_{j=1}^{\infty} |2^{-j}x(j+i)|^2\right)^{1/2}$$
$$x=(x(j))_{j=1}^{\infty}, i=0,1$$

令
$$X_0 = (c_0, \|\ \|_0), X_1 = (c_0, \|\ \|_1)$$

设 $T_n: X_0 \to X_1$ 上是定义为如下的有界线性算子
$$(x(1),x(2),\cdots)$$
$$\to (x(n),x(1),\cdots,x(n-1),x(n+1),\cdots)$$

$n=1,2,\cdots$. 那么 $T_n(n=1,2,\cdots)$ 是 $X_0 \to X_1$ 上的同构且
$$\lim_{n\to\infty} \|T_n\| \|T_n^{-1}\| = 1$$

所以
$$d(X_0, X_1) = 1$$

另一方面,范数 $\|\ \|_0$ 是严格凸的(即条件 $\|x+y\|_0 = \|x\|_0 + \|y\|_0$ 蕴涵 $y=cx$,对于某个 $c>0$).但 $\|\ \|_1$ 不是,从而 X_0 不等距同构于 X_1.

对于有限维空间,我们有如下命题:

命题 2 如果 X 是有限维空间且 $d(X,Y)=1$,则 X 等距于 Y.

证 设 $T_n: X \to Y$ 使得
$$\|T_n\| \|T_n^{-1}\| \to 1, n \to \infty$$
用一适当的数乘 T_n 使得
$$\|T_n\| = 1, n=1,2,\cdots$$

因为 $\mathcal{B}(X,Y)$ 和 $\mathcal{B}(Y,X)$ 都是有限维 Banach 空

间,通过取子序列,我们可以假定
$$\|T_n - T\| \to 0, n \to \infty$$
且
$$\|T_n^{-1} - S\| \to 0, n \to \infty$$
对于某个 $T \in \mathscr{B}(X,Y)$ 和某个 $S \in \mathscr{B}(Y,X)$. 显然 T 是可逆的且 $T^{-1} = S$. 此外
$$\|T\| = \|S\| = 1$$
所以 T 就是所要求的等距映射.

假设 B_X 和 B_Y 分别是 Banach 空间 X 和 Y 单位球. 那么
$$d(X,Y) \leqslant r$$
当且仅当存在一个同构映射 $T: X \to Y$ 使得
$$B_Y \subset T(B_X) \subset rB_Y$$

命题 3 设 X 是 n-维 Banach 空间. 则
$$d(X, l_1^n) \leqslant n \tag{2}$$

证 设 $\{x_j, x_j^*\}_{j=1}^n$ 是双正交系,使得
$$\|x_j\| = \|x_j^*\| = 1, j = 1, 2, \cdots, n$$
定义 $T: l_1^n \to E$ 为对于 $(t_1, \cdots, t_n) \in l_1^n$
$$T((t_j)_{j=1}^n) = \sum_{j=1}^n t_j x_j \in E, (t_j)_{j=1}^n \in l_1^n$$
那么 T 是 $l_1^n \to E$ 的一同构映射且
$$\|T\| = 1, \|T^{-1}\| \leqslant n$$
从而式(2)成立.

另一个经典估计式是对于任意 n-维 Banach 空间 X
$$d(X, l_2^n) \leqslant \sqrt{n} \tag{3}$$
这个结果由 F. John(1948) 所证明.

对于给定的正整数 n,用 F_n 表示 n-维 Banach 空

间全体所组成的类. 对于任意两个元素 $X,Y \in F_n$ 是等价的当且仅当
$$d(X,Y) = 1$$

用这种等价关系在 F_n 中所形成的等价类的全体记作 $\widetilde{F_n}$. 在 $\widetilde{F_n}$ 中引入度量
$$\rho(\quad,\quad) = \log d(\quad,\quad)$$

称 $(\widetilde{F_n}, \rho)$ 为 Minkowski 紧统 (Minkowski compactum). 下面我们将证明这种说法的合理性.

定理 1 $(\widetilde{F_n}, \rho)$ 是紧的.

证 假设 Φ_n（系数域）是 $\mathbf{R}^n$（在复的情况，相应地 $\mathbf{C}^n$）上满足下列条件的范数 $|\quad|$ 的全体
$$\frac{1}{n} \|x\|_{l_1}$$
$$\leqslant |x|$$
$$\leqslant \|x\|_{l_1}, x \in \mathbf{R}^n (相应地, x \in \mathbf{C}^n) \tag{4}$$

那么对于每个 $X \in F_n$，存在
$$|\quad|_X \in \Phi$$

使得 X 等距于
$$X_1 = (\mathbf{R}^n, |\quad|_X)(相应地, X_1 = (\mathbf{C}^n, |\quad|_X))$$

设
$$B_1 = \{\|x\|_{l_1} \leqslant 1\} \subset \mathbf{R}^n (相应地, \mathbf{C}^n)$$

是关于 l_1^n - 范数的闭单位球. 令
$$\widetilde{\Phi_n} = \{f: B_1 \to \mathbf{R}; f = |\quad|, 对于某个 |\quad| \in \Phi_n\}$$

集合 $\widetilde{\Phi_n}$ 是 B_1 上连续函数空间 $C(B_1)$ 的一个子集. 由条件(4)，应用 Arzela-Ascoli 定理推出 $\widetilde{\Phi_n}$ 是紧的. 因为自然映射 $\widetilde{\Phi_n} \to \widetilde{F_n}$ 是连续的、映上的，所以 $\widetilde{F_n}$ 是紧的.

定义 2 对于一个正整数 n，令

Banach 压缩不动点定理

$$\delta_n = \sup\{d(X,Y); X, Y \in \widetilde{F_n}\} \qquad (5)$$

称 δ_n 为 $\widetilde{F_n}$ 的直径 (diameter).

命题 4 对于每个正整数 $n, \delta_n \leqslant n$.

证 由式 (3) 及 Banach-Mazur 距离的次可乘性
$$d(X,Y) \leqslant d(X, l_2^n) d(l_2^n, Y)$$
立即得到.

在计算特殊有限维 Banach 空间类之间的 Banach-Mazur 距离时, 我们需某种正交矩阵. 这里我们简单介绍一下 Walsh 矩阵.

对于每个非负正整数 k, 我们可归纳地证明 $2^k \times 2^k$ Walsh 矩阵 $\mathbf{W}_k = (w_{mj}^{(k)})$. 令 $\mathbf{W}_0 = (w_{11}^{(0)}) = (1)$, 对于 $k \geqslant 1$, 有

$$w_{mj}^{(k)} = \begin{cases} \dfrac{w_{st}^{(k-1)}}{\sqrt{2}}, \text{其中 } 1 \leqslant s,t \leqslant 2^{k-1} \text{ 及} \begin{cases} \text{或 } m = s \text{ 和 } j = t \\ \text{或 } m = s \text{ 和 } j = 2^{k-1} + t \\ \text{或 } m = 2^{k-1} + s \text{ 和 } j = t \end{cases} \\ -\dfrac{w_{st}^{(k-1)}}{\sqrt{2}}, \text{其中 } 1 \leqslant s,t \leqslant 2^{k-1} \text{ 及 } m = 2^{k-1} + s \text{ 和 } j = 2^{k-1} + t \end{cases}$$

$$(6)$$

下式表明

$$\mathbf{W}_k = \frac{1}{\sqrt{2}} \begin{pmatrix} \mathbf{W}_{k-1} & \mathbf{W}_{k-1} \\ \mathbf{W}_{k-1} & \mathbf{W}_{k-1} \end{pmatrix}, \text{对于 } k \geqslant 1 \qquad (7)$$

对于一个正整数 n, 令 $\mathbf{V}_n = (\rho_{mj}^{(n)})$ 是 $n \times n$ 复矩阵, 其中

$$\rho_{mj}^{(n)} = \frac{1}{\sqrt{n} \exp(\dfrac{2\pi i m j}{n})}, m, j = 1, 2, \cdots, n \qquad (8)$$

显然, $|w_{mj}^{(k)}| = 2^{-\frac{k}{2}}, m, j = 1, 2, \cdots, 2^k$ 和 $k = 0, 1, 2, \cdots$

以及

$$|\rho_{mj}^{(n)}| = n^{-\frac{1}{2}}, m, j = 1, 2, \cdots, n \text{ 和 } n = 1, 2, \cdots$$

第 3 章　Minkowski 空间

不难验证 W_k 和 V_n 都是正交矩阵 ($k=0,1,2,\cdots$ 和 $n=1,2,\cdots$).

现在我们讨论空间 l_p^n 和 l_q^n 之间 Banach-Mazur 距离的一个经典估计.

定理 2 设 n 是一正整数，$1\leqslant p\leqslant q\leqslant \infty$.

(i) 如果 $1\leqslant p\leqslant q\leqslant 2$ 或 $2\leqslant p\leqslant q\leqslant \infty$，则
$$d(l_p^n,l_q^n)=n^{\frac{1}{p}-\frac{1}{q}}$$

(ii) 如果 $1\leqslant p<2<q\leqslant \infty$，则
$$Cn^\alpha \leqslant d(l_p^n,l_q^n)\leqslant Cn^\alpha$$

其中 $\alpha=\max\left\{\dfrac{1}{p}-\dfrac{1}{2},\dfrac{1}{2}-\dfrac{1}{q}\right\}$，$C>0$ 且 C 是一绝对常数. 如果 $n=2^k(k=0,1,2,\cdots)$ 或如果数域是复的，则 $C=1$.

证 (i) 因为显然有
$$d(X^*,Y^*)=d(X,Y)$$
所以我们可以假定 $2\leqslant p\leqslant q\leqslant \infty$. 对于任意 s,t，$2\leqslant s,t\leqslant \infty$，令 $i_{st}:l_s^n\to l_t^n$ 表示正规恒等算子. 那么
$$d(l_p^n,l_q^n)\leqslant \|i_{p,q}\|\,\|i_{q,p}\|=n^{\frac{1}{p}-\frac{1}{q}}$$
对于下界的估计，首先注意到 $d(l_p^n,l_2^n)=n^{\frac{1}{2}-\frac{1}{p}}$. 为此只要证明 $d(l_q^n,l_2^n)\geqslant n^{\frac{1}{2}-\frac{1}{q}}$ 便可. 设 $T\in \mathcal{B}(l_q^n,l_2^n)$ 是一同构映射且 $\|T^{-1}\|=1$. 设 $\{e_j\}_{j=1}^n$ 是 l_q^n 的单位向量基且令
$$f_j=Te_j,\ j=1,2,\cdots,n$$
显然，我们可选取一符号序列 $\alpha_1=1,\alpha_2=\pm 1,\cdots,\alpha_n=\pm 1$ 使得
$$\begin{cases}(\alpha_1 f_1,\alpha_2 f_2)\geqslant 0\\(\alpha_1 f_1+\alpha_2 f_2,\alpha_3 f_3)\geqslant 0\\ \quad \vdots\\(\alpha_1 f_1+\cdots+\alpha_{n-1}f_{n-1},\alpha_n f_n)\geqslant 0\end{cases}$$

Banach 压缩不动点定理

因为
$$\|f_i\|_2 \geqslant 1, i=1,2,\cdots,n$$
则
$$\|\alpha_1 f_1+\cdots+\alpha_n f_n\| \geqslant \sqrt{n}$$
所以
$$\|T\| \geqslant \frac{\|\alpha_1 f_1+\cdots+\alpha_n f_n\|}{\|\alpha_1 e_1+\cdots+\alpha_n e_n\|} \geqslant n^{\frac{1}{2}-\frac{1}{q}}$$
从而
$$d(l_q^n, l_2^n) \geqslant n^{\frac{1}{2}-\frac{1}{q}}$$
运用 Banach-Mazur 距离的次可乘性得到
$$n^{\frac{1}{2}-\frac{1}{q}} = d(l_2^n, l_q^n) \leqslant d(l_2^n, l_p^n)d(l_p^n, l_q^n) \leqslant n^{\frac{1}{2}-\frac{1}{q}}d(l_p^n, l_q^n)$$
由此得出
$$d(l_p^n, l_q^n) \geqslant n^{\frac{1}{2}-\frac{1}{q}}$$
从而(i) 得证.

(ii) 不失一般性我们可以假设
$$\frac{1}{2}-\frac{1}{q} \geqslant \frac{1}{p}-\frac{1}{2}$$
否则考虑 q^*, p^* 满足
$$1 \leqslant q^* < 2 < p^* \leqslant \infty$$

为了估计复空间时的上界,令 $T: l_p^n \to l_q^n$ 是对应于矩阵 V_n 的算子,即
$$Te_j = \sum_{m=1}^{n} \rho_{mj}^{(n)} e_m \in l_q^n$$
其中 $\{e_j\}_{j=1}^n$ 表示 l_p^n 和 l_q^n 的单位向量基. 对实空间的情况,如果 $n=2^k (k=0,1,\cdots)$,令 T 是对应于矩阵 W_k 的算子. 算子 T 的范数将用插值技巧来估计. 因为 T 由一个正交矩阵所定义,那么
$$\|T: l_2^n \to l_2^n\| = 1$$

不难看出，因为
$$\|Te_j\|_\infty = n^{-\frac{1}{2}}, j=1,2,\cdots,n$$
那么
$$\|T:l_1^n \to l_\infty^n\| = n^{-\frac{1}{2}}$$
因为 l_p^n 等距于插值空间
$$l_p^n = [l_2^n, l_1^n]_\theta, \theta = \frac{2}{p}-1$$
并且 $l_{p^*}^n = [l_2^n, l_\infty^n]_\theta$，得出
$$\|T:l_p^n \to l_{p^*}^n\| \leqslant n^{\frac{1}{p}-\frac{1}{2}}$$
因为 $q \geqslant p^*$，有
$$\|T:l_p^n \to l_q^n\| \leqslant \|T:l_p^n \to l_{p^*}^n\| \leqslant n^{\frac{1}{p}-\frac{1}{2}} \quad (9)$$
另一方面
$$\|T^{-1}:l_q^n \to l_p^n\| \leqslant \|i_{q,2}\| \|T^{-1}:l_2^n \to l_2^n\| \|i_{2,p}\|$$
$$\leqslant n^{\frac{1}{2}-\frac{1}{q}} n^{\frac{1}{p}-\frac{1}{2}} \quad (10)$$
由式(9)和(10)得出
$$d(l_p^n, l_q^n) \leqslant n^{\frac{1}{2}-\frac{1}{q}}$$

当空间是实的且 $n \neq 2^j$ 的情形($j=0,1,\cdots,$)，对 $d(l_p^n, l_q^n)$ 上界的估计可用通常的方法求出. 设 $0<\alpha<\frac{1}{2}$ 且令 $C>1$ 是一个常数使得对于一切 $m, 1 \leqslant m \leqslant 2^k, k=0,1,2\cdots$，有
$$2^{k\alpha+2} + (\sqrt{Cm})^{\frac{\alpha}{2}} \leqslant \sqrt{C}(2^k+m)^{\alpha+2}$$
根据归纳法，假设
$$d(l_p^m, l_q^m) \leqslant Cm^{\frac{\alpha}{2}}$$
对于 $1 \leqslant m \leqslant 2^k$ 且令 $n=2^k+m$，对于某个这样的 m，则 $l_p^n = l_p^{2^k} + l_p^m$ 且存在算子 $T_1 \in \mathscr{B}(l_p^{2^k}, l_q^{2^k})$ 和 $T_2 \in \mathscr{B}(l_p^m, l_q^m)$ 使得

Banach 压缩不动点定理

$$\| T_1 \| = \| T_1^{-1} \| = d(l_p^{2^k}, l_q^{2^k})^{\frac{1}{2}} \leqslant 2^{\frac{ka}{2}}$$

和

$$\| T_2 \| \| T_2^{-1} \| = d(l_p^m, l_q^m)^{\frac{1}{2}} \leqslant (\sqrt{Cm})^{\frac{a}{2}}$$

令 $T = T_1 + T_2$,对于 $x \in l_p^n$ 有

$$\| Tx \|_q \leqslant \| T_1 x_1 \|_q + \| T_2 x_2 \|_q$$
$$\leqslant 2^{\frac{ka}{2}} \| x_1 \|_p + (\sqrt{Cm})^{\frac{a}{2}} \| x_2 \|_p$$
$$\leqslant (\sqrt{Cn})^{\frac{a}{2}} \| x \|_p$$

所以

$$\| T \| \leqslant (\sqrt{Cn})^{\frac{a}{2}}$$

类似的,因为

$$T^{-1} = T_1^{-1} + T_2^{-1}$$
$$\| T^{-1} \| \leqslant (\sqrt{Cn})^{\frac{a}{2}}$$

从而

$$d(l_p^n, l_q^n) \leqslant \| T \| \| T^{-1} \| \leqslant Cn^a$$

下面我们将提及 F_2 的一些几何性质和一些经典计算结果.这些结果的证明有时虽然很精美.但所涉及的仅仅只是初等的平面几何.因此,我们在这里仅罗列有关结果.有兴趣的读者请参看 Asplund(1960) 和 Stromquist(1981) 的相关著作.

我们用 $X = (\mathbf{R}^2, \| \quad \|_X)$ 表示单位球是正则六边形的空间.它的范数可由下列公式给出

$$\| x \|_X = \max_{j=0,1,2} |\langle x, \varphi_j \rangle|, x \in \mathbf{R}^2$$

其中 $\varphi_0 = \left(\dfrac{2}{\sqrt{3}}, 0 \right), \varphi_1 = \left(\dfrac{1}{\sqrt{3}}, \dfrac{1}{2} \right), \varphi_2 = \left(-\dfrac{1}{\sqrt{3}}, \dfrac{1}{2} \right).$

注意,因为在空间 l_∞^2 和 l_1^2 中单位球都是方形,所以空间 l_∞^2 和 l_1^2 是等距的.下面是 Asplund 证明的一些定理.

定理 3 对于每个 $Y \in F_2, d(Y, l_\infty^2) \leqslant \dfrac{3}{2}$,仅对于

Y 等距于 X 时等号成立.

定理 4 对于每个 $Y \in F_2, d(Y,X) \leqslant \frac{3}{2}$,仅对于 Y 等距于 l_∞^2 时等号成立.

定理 5 如果对于某个 $Y \in F_2, d(Y,l_2^n) = \sqrt{2}$,则 Y 等距于 l_∞^2.

但对于高维空间,没有类似的结果.如果 $n \geqslant 3$,存在 $Y \in F_2, d(Y,l_2^n) = \sqrt{n}$,但它的单位球不是多面体.

Asplund 曾经预言, F_2 的直径等于 $\frac{3}{2}$. 这个预言由 Stromquist(1981)证明.

定理 6 存在一个 $Y_0 \in F_2$ 使得 $d(Y,Y_0) \leqslant \sqrt{\frac{3}{2}}$,对于一切 $Y \in F_2$.

由此推出 $\delta_2 \leqslant \frac{3}{2}$,再由 Asplund 的结果得 $\delta_2 = \frac{3}{2}$.因此,空间 Y_0 可以看作 F_2 的中心.显然其共轭空间 Y_0^* 也是 F_2 的中心.因为 Y_0 不是自共轭的,即 $Y_0 \neq Y_0^*$,所以 F_2 的中心不唯一.

接着我们将介绍关于 Minkowski 紧统直径估计的一个很难很重要的定理——Gluski 定理.这个定理给出了 Minkowski 紧统 $\widetilde{F_n}$ 的直径的下界, $\delta_n \geqslant C_n$,其中 $C > 0$ 是一绝对常数.事实上,这个定理断定 l_1^{3n} 的"多数" n-维商空间的距离的下界也满足这个要求.证明所用的方法是很具有独创性的,它综合了随机的方法及体积比较讨论法等.

定理 7(E. D. Gluski,1981) 对于每个正整数 n,存在 n-维 Banach 空间 X 和 Y 使得对于每个 $T \in$

$\mathcal{B}(\mathbf{R}^n,\mathbf{R}^n)$（相应地，$\mathcal{B}(\mathbf{C}^n,\mathbf{C}^n)$ 在复的情况）且 $\det T = 1$ 有 $\|T:X\to Y\| \geqslant C\sqrt{n}$ 和 $\|T:Y\to X\| \geqslant C\sqrt{n}$，其中 C 是一个绝对常数.

定理中所出现的关于行列式函数的条件是为了规范 $\mathbf{R}^n$（相应地，$\mathbf{C}^n$）中的单位向量基.

对于定理中的空间 X 和 Y 有 $d(X,Y) \geqslant C^2 n$.

推论 1 存在一常数 $\overline{C} > 0$ 使得对于每个正整数 n，$\overline{C}n \leqslant \delta_n$.

为了证明定理 7 我们需要做一些准备.

我们先从实空间情形开始. 固定正整数 n. 令 $\{e_j\}_{j=1}^n$ 表示 $\mathbf{R}^n$ 的单位向量基，S_{n-1} 表示 l_2^n 的单位球面，λ 表示 S_{n-1} 上的规范 Haar 测度. 对于任意的 m，$T_m = (S_{n-1})^m$. 对于每个 $\{f_j\} \in T_m$ 定义一个 Banach 空间 E，它的单位球 $B_E = \mathrm{conv}\{\pm e_j, \pm f_k; j=1,2,\cdots,n$ 及 $k=1,2,\cdots,m\}$. T_m 中元素用字母 A,B 等表示，并用 E_A, E_B 表示相应的空间. 我们将证明使得相应的空间 E_A 和 E_B 满足定理 7 结论的点对 $(A,B) \in T_{2n} \times T_{2n}$ 的集合的测度是正的（事实上是大于 $1 - 2^{-n^2+1}$ 的）.

注意由于 E_A 和 E_B 的单位球是 $3n$ 个点的绝对凸壳，所以空间 E_A 和 E_B 都等距于 l_1^{3n} 的商空间. 如果 E_A 的单位球等于 $\mathrm{conv}\{\pm e_j, \pm f_k; j=1,2,\cdots,n$ 及 $k=1,2,\cdots,2n\}$，那么由

$$Qe_j = e_j, 1 \leqslant j \leqslant n$$
$$Qe_k = f_{k-n}, n < k \leqslant 3n$$

所定义的算子 $Q:l_1^{3n} \to E_A$ 是一个商映射.

引理 1 设 $\alpha = \left(\dfrac{\pi}{3\mathrm{e}^3}\right)^{\frac{1}{2}}$. 对于所有的正整数 m，如果 $T \in \mathcal{B}(\mathbf{R}^n,\mathbf{R}^n)$ 有 $\det T = 1$ 且如果 $B \in T_m$，则

$$\lambda^{(m)}\{A \in T_m; \|\boldsymbol{T}:E_A \to E_B\| \leqslant \rho \frac{n^{\frac{3}{2}}}{\alpha(m+n)}\}$$
$$\leqslant \rho^{nm} \quad (11)$$

对于任意 $\rho, 0 < \rho < 1$. 其中 $\lambda^{(m)}$ 是 $(S_{n-1})^m = T^m$ 上 Haar 测度的乘积.

证 令 $B = \{\boldsymbol{g}_k\} \in T_m$ 并且考虑相应的球 $\widetilde{B} = \operatorname{conv}\{\pm \boldsymbol{e}_j, \pm \boldsymbol{g}_k; j = 1, 2, \cdots, n$ 及 $k = 1, 2, \cdots, m\}$. 设 $\boldsymbol{T} \in \mathscr{B}(\mathbf{R}^n, \mathbf{R}^n)$ 有 $\det \boldsymbol{T} = 1$. 固定 $\rho, 0 < \rho < 1$. 注意如果对于 $A = \{\boldsymbol{f}_k\} \in T_m$ 有

$$\|\boldsymbol{T}:E_A \to E_B\| \leqslant \rho \frac{n^{\frac{3}{2}}}{\alpha(m+n)}, \text{且某个 } \alpha > 0$$

则必然地每个 f_k 都在集合

$$\{x \in S_{n-1}; \|\boldsymbol{T}x\|_{E_B} \leqslant \rho \frac{n^{\frac{3}{2}}}{\alpha(m+n)}\}$$

之中. 所以

$$\lambda^{(m)}\{A \in T_m; \|\boldsymbol{T}:E_A \to E_B\|$$
$$\leqslant \rho \frac{n^{\frac{3}{2}}}{\alpha(m+n)}\}$$
$$\leqslant (\lambda\{x \in S_{n-1}; \|\boldsymbol{T}x\|_{E_B}$$
$$\leqslant \rho \frac{n^{\frac{3}{2}}}{\alpha(m+n)}\})^m \quad (12)$$

令

$$\gamma = \frac{\rho n^{\frac{3}{2}}}{\alpha(m+n)}$$

则

$$\lambda\{x \in S_{n-1}; \|\boldsymbol{T}x\|_{E_B}$$
$$\leqslant \rho \frac{n^{\frac{3}{2}}}{\alpha(m+n)}\}$$

Banach 压缩不动点定理

$$= \lambda\{x \in S_{n-1}; x \in \gamma \boldsymbol{T}^{-1}(\widetilde{B})\}$$
$$= \lambda(\gamma \boldsymbol{T}^{-1}(\widetilde{B}) \cap S_{n-1}) \qquad (13)$$

设 B_2 表示 l_2^n 中的单位球，令 $W \subset \boldsymbol{R}^n$ 是一凸集并使得 $0 \in W$. 设

$$W_1 = \left\{x \in B_2; \frac{x}{\parallel x \parallel_2} \in W\right\}$$

则 $W_1 \subset W$，所以

$$\lambda(W \cap S_{n-1}) = \frac{\text{vol } W_1}{\text{vol } B_2} \leqslant \frac{\text{vol } W}{\text{vol } B_2}$$

其中 vol( ) 表示 $\boldsymbol{R}^n$ 中通常的 Lebesgue 测度. 从而有

$$\lambda(\gamma \boldsymbol{T}^{-1}(\widetilde{B}) \cap S_{n-1}) \leqslant \frac{\text{vol}(\gamma \boldsymbol{T}^{-1}(\widetilde{B}))}{\text{vol } B_2} \qquad (14)$$

为了估计最后一个量我们知道

$$\text{vol } B_2 = \frac{\pi^{\frac{n}{2}}}{\left(\Gamma\left(\frac{n}{2}+1\right)\right)}$$

另外，因为 $\det \boldsymbol{T} = 1$ 有

$$\text{vol}(\gamma \boldsymbol{T}^{-1}(\widetilde{B})) = \gamma^n \text{vol } \widetilde{B}$$

显然

$$\text{vol } \widetilde{B} \leqslant \sum \text{vol}(\sigma(\boldsymbol{x}_1, \boldsymbol{x}_2, \cdots, \boldsymbol{x}_n))$$

其中求和是对于 n 个不相同的元素 $\{\boldsymbol{x}_j\} \subset \{\pm \boldsymbol{e}_j, \pm \boldsymbol{g}_k; i=1,2,\cdots,n$ 及 $k=1,2,\cdots,m\}$ 取遍一切选择而求的, $\sigma(\boldsymbol{x}_1, \boldsymbol{x}_2, \cdots, \boldsymbol{x}_n)$ 表示单纯形 conv$\{\boldsymbol{0}, \boldsymbol{x}_1, \boldsymbol{x}_2, \cdots, \boldsymbol{x}_n\}$. 每个这样的单纯形的体积等于

$$\text{vol}(\text{conv}\{\boldsymbol{0}, \boldsymbol{e}_1, \boldsymbol{e}_2, \cdots, \boldsymbol{e}_n\}) \det[(\boldsymbol{x}_1, \boldsymbol{x}_2, \cdots, \boldsymbol{x}_n)]$$

其中 $[(\boldsymbol{x}_1, \boldsymbol{x}_2, \cdots, \boldsymbol{x}_n)]$ 是矩阵

$$\begin{bmatrix} x_1(1) & x_1(2) & \cdots & x_1(n) \\ \vdots & \vdots & & \vdots \\ x_n(1) & x_n(2) & \cdots & x_n(n) \end{bmatrix}$$

第 3 章　Minkowski 空间

因为 $x_j \in S_{n-1}, j=1,2,\cdots,m$. 由 Hadamard 不等式得出

$$\det[(x_1,x_2,\cdots,x_n)] \leqslant \prod_{j=1}^n (\sum_{k=1}^n |x_j(k)|^2)^{\frac{1}{2}} \leqslant 1$$

所以

$$\begin{aligned}
\operatorname{vol} \widetilde{B} &\leqslant \sum \operatorname{vol}(\sigma(x_1,x_2,\cdots,x_n)) \\
&\leqslant \binom{2(m+n)}{n} \operatorname{vol}(\operatorname{conv}\{0,e_1,e_2,\cdots,e_n\}) \\
&\leqslant \binom{2(m+n)}{n} \frac{1}{n!} \\
&\leqslant \left(2e^2 \frac{m+n}{n^2}\right)^n
\end{aligned} \tag{15}$$

最后一个估计来自 Stirling 公式. 把(15)和(14)联合并再用一次 Stirling 公式, 得到

$$\begin{aligned}
\lambda(\gamma T^{-1}(\widetilde{B}) \cap S_{n-1}) &\leqslant \gamma^n \frac{\operatorname{vol} \widetilde{B}}{\operatorname{vol} B_2} \\
&\leqslant \sqrt{\frac{3e^3}{\pi}} \frac{\gamma(m+n)^n}{n^3 \varepsilon} \\
&= \rho^n
\end{aligned}$$

因这个不等式与(12)和(13)一起便得式(11).

在下一个引理中我们将在某个算子集合中产生一个 ε — 网. 因为我们的目的在于证明使得对于每个 T, $\det T=1$ 满足 $\|T:E_A \to E_B\| \geqslant C\sqrt{n}$ 的空间 E_A 和 E_B 的存在性, 所以我们不必事先担心满足这一估计的这些算子的存在性. 因为如果我们考虑包括一切单位向量 $\{e_j\}$ 的每一个球, 如果 $B \in T_m$, 那么对于某个 j, 满足条件 $\|Te_j\|_{E_B} > \sqrt{n}$ 的任何一个算子 T 都可以满足我们的要求, 即对于一切 $A \in T_m$, $\|T:E_A \to$

$\|E_B\| > \sqrt{n}$.

引理 2 存在一常数 $a > 1$,使得如果 $B \in T_m$ 和如果

$$M_B = \{T \in \mathcal{B}(\mathbf{R}^n, \mathbf{R}^n); \det T = 1 \text{ 和}$$
$$\|Te_j\|_{E_B} \leqslant \sqrt{n}, j = 1, 2, \cdots, n\}$$

则对于一切 $\varepsilon > 0$,在 $\mathcal{B}(l_2^n, l_2^n)$ 中关于算子范数拓扑有一个 ε-网,譬如说,$N_B^\varepsilon \subset M_B$,满足

$$N_B^\varepsilon \leqslant \left(a\frac{m+n}{n\varepsilon}\right)^{n^2} \tag{16}$$

证 固定 $B \in T_m$ 且设 $\widetilde{B}$ 是由 B 决定的凸体. 按通常的方式把 $\mathcal{B}(\mathbf{R}^n, \mathbf{R}^n)$ 等同于 $(\mathbf{R}^n)^n$：$T \to (Te_j) \in (\mathbf{R})^n$,对于 $T \in \mathcal{B}(\mathbf{R}^n, \mathbf{R}^n)$. 特别地,把 M_B 等同于 $(\mathbf{R}^n)^n$ 的一个子集 $\overline{M}_B$,其中 $\overline{M}_B$ 为

$$\overline{M}_B = \{\xi = \{x_j\} \in (\mathbf{R}^n)^n; \det[(x_1, x_2, \cdots, x_n)] = 1$$
$$\text{和 } x_j \in \sqrt{n}\widetilde{B} \text{ 对于一切 } j = 1, 2, \cdots, n\}$$

令 $\|\ \|_\infty$ 表示由 $\mathcal{B}(l_2^n, l_2^n)$ 上算子范数所导出的 $(\mathbf{R}^n)^n$ 上的范数,用 $U_\infty \subset (\mathbf{R}^n)^n$ 表示相应的单位球. 现在我们用标准的体积比较法来进行讨论. 设 $\varepsilon > 0$,设 $\overline{N}_B^\varepsilon$ 是 $\overline{M}_B$ 中不相同元素关于范数 $\|\ \|_\infty$ 是 ε-分离极大元素集. 这个集合形成一个 ε-网并且球 $\xi + \frac{\varepsilon}{2}U_\infty (\xi \in \overline{N}_B^\varepsilon)$ 是两两不相交的且包含在 $\left(1 + \frac{\varepsilon}{2}\right)\overline{M}_B$ 中.（后面这一事实来自包含关系 $U_\infty \subset \overline{M}_B$,而这来自不等式 $\|Te_j\|_{E_B} \leqslant \sqrt{n} \|Te_j\|_{l_2^n} \leqslant \|T: l_2^n \to l_2^n\|$.）当然相应的子集 N_B^ε 也形成 M_B 中的一个 ε-网. 如果 $K = N_B^\varepsilon$,则

$$K\left(\frac{\varepsilon}{2}\right)^{n^2} \mathrm{vol}\, U_\infty = \mathrm{vol} \bigcup_{T \in \overline{N}_B^\varepsilon} \left(\xi + \frac{\varepsilon}{2}U_\infty\right)$$

第3章 Minkowski空间

$$\leqslant \mathrm{vol}\left(\left(1+\frac{\varepsilon}{2}\right)\overline{M}_B\right)$$

$$\leqslant \left(1+\frac{\varepsilon}{2}\right)^{n^2}\mathrm{vol}\,\overline{M}_B$$

（此处 vol( ) 表示 $(\mathbf{R}^n)^n = \mathbf{R}^{n^2}$ 上的 Lebesgue 测度）. 由此得出不等式

$$K \leqslant \left(\frac{2}{\varepsilon}\left(1+\frac{\varepsilon}{2}\right)\right)^{n^2}\frac{\mathrm{vol}\,\overline{M}_B}{\mathrm{vol}\,U_\infty} \qquad (17)$$

我们还需要估计 $\mathrm{vol}\,\overline{M}_B$ 的上界和 $\mathrm{vol}\,U_\infty$ 的下界. 对于上界的估计是不难的. 注意到

$$\overline{M}_B \subset \{\{x_j\} \in (\mathbf{R}^n)^n; x_j \in \sqrt{n}\widetilde{B}$$
$$\text{对于一切 } j=1,2,\cdots,n\}$$
$$= (\sqrt{n}\widetilde{B})^n \subset (\mathbf{R}^n)^n$$

由式(15)得出

$$\mathrm{vol}\,\overline{M}_B \leqslant (\mathrm{vol}(\sqrt{n}\widetilde{B}))^n \leqslant \left(2\mathrm{e}^2\,\frac{m+n}{n^{\frac{3}{2}}}\right)^{n^2} \qquad (18)$$

对于 $\mathrm{vol}\,U_\infty$ 的下界的估计, 由于具有其独立的兴趣, 故作为一个单独的引理给出如下:

引理3 设 $\|\ \|_\infty$ 和 $\|\ \|_2$ 表示分别由 $\mathcal{B}(l_2^n, l_2^n)$ 上的算子范数和 Hilbert-Schmidt 范数在 $(\mathbf{R}^n)^n = \mathbf{R}^{n^2}$ 上所导出的范数. 令 U_∞ 和 U_2 是关于这些范数的单位球. 则

$$\frac{\mathrm{vol}\,U_\infty}{\mathrm{vol}\,U_2} \geqslant (Cn)^{\frac{n^2}{2}} \qquad (19)$$

其中 $C>0$ 是一个绝对常数.

引理3的证明要涉及一些其他知识, 故从略.

如果引理3成立, 我们立即就可以完成引理2的证明. 事实上, 联合式(17), (18)和(19)得出

65

Banach 压缩不动点定理

$$N_B^\varepsilon = K \leqslant \frac{\left(\frac{2}{\varepsilon}\left(1+\frac{\varepsilon}{2}\right)\right)^{n^2} \left(2e^2 \frac{m+n}{n^{\frac{3}{2}}}\right)^{n^2}}{\left[(Cn)^{\frac{n^2}{2}} \frac{\pi^{\frac{n^2}{2}}}{\Gamma\left(\frac{n^2}{2}+1\right)}\right]}$$

$$\leqslant \left(a\frac{m+n}{\varepsilon n}\right)^{n^2}$$

其中 $a < \infty$ 是一绝对常数. 这证明了式(16).

引理 4 设 $\{g_{i,j}\}(i,j=1,2,\cdots,n)$ 是一概率空间 (Ω,μ) 上一独立标准 Gauss 随机变数序列. 则

$$\left(\int_\Omega \|g_{i,j}(\omega)\|_\infty^2 d\mu(\omega)\right)^{\frac{1}{2}} \leqslant C'\sqrt{n} \quad (20)$$

其中 C' 是一个绝对常数, $\|g_{i,j}(\omega)\|_\infty$ 表示 $n \times n$ 矩阵 $(g_{i,j}(w))$ 在 $\mathcal{B}(l_2^n, l_2^n)$ 中的算子范数.

证明(略).

定理 7 的证明 令 $m=2n$, 设 $\alpha > 0$ 和 $a > 1$ 分别是引理 1 和引理 2 中的常数. 固定 $\rho < \frac{1}{18\alpha a}$ 和 $\varepsilon > 0$ 使得 $\frac{\rho}{3\alpha\varepsilon} > 1$ 和 $\frac{1}{2} > \frac{3a\rho^2}{\varepsilon}$ (容易验证对于一切 $\varepsilon > 0$ 有 $\frac{\rho}{3\alpha\varepsilon} > 2\frac{3a\rho^2}{\varepsilon}$). 固定 $B \in T_{2n}$ 和考虑集合

$$B' = \{A \in T_{2n}; \|T:E_A \to E_B\| < \left(\frac{\rho}{3\alpha}-\varepsilon\right)\sqrt{n}$$

对于某个 $T \in \mathcal{B}(\mathbf{R}^n, \mathbf{R}^n)$ 且 $\det T = 1\}$

我们想证明

$$\lambda^{(2n)}(B') \leqslant \left(\frac{3a\rho^2}{\varepsilon}\right)^{n^2} < \left(\frac{1}{2}\right)^{n^2} \quad (21)$$

设 $N_B^\varepsilon = \{T_k\}$ 是引理 2 中所构造的 ε — 网. 设 $A \in B'$ 和令 $T \in \mathcal{B}(\mathbf{R}^n, \mathbf{R}^n)$ 具有

$$\det \boldsymbol{T} = 1$$

和

$$\|\boldsymbol{T}:E_A \to E_B\| \leqslant \left(\frac{\rho}{3\alpha} - \varepsilon\right)\sqrt{n}$$

特别地,因为

$$\frac{\rho}{3\alpha} - \varepsilon < \frac{\rho}{3\alpha} < 9\alpha a\rho < 1$$

所以 $\boldsymbol{T} \in N_B^\varepsilon$. 令 $\boldsymbol{T}_k \in N_B^\varepsilon$ 使得

$$\|(\boldsymbol{T} - \boldsymbol{T}_k) : l_2^n \to l_2^n\| \leqslant \varepsilon$$

因为

$$\|\boldsymbol{S}:E_A \to E_B\| \leqslant \sqrt{n}\|\boldsymbol{S}:l_2^n \to l_2^n\|$$

对于每个 $\boldsymbol{S} \in \mathscr{B}(\mathbf{R}^n, \mathbf{R}^n)$,根据三角不等式有

$$\|\boldsymbol{T}_k : E_A \to E_B\| \leqslant \|\boldsymbol{T}:E_A \to E_B\| + $$
$$\|(\boldsymbol{T} - \boldsymbol{T}_k) : E_A \to E_B\|$$
$$\leqslant \frac{\rho}{3\alpha}\sqrt{n}$$

这表明

$$B' \subset \bigcup_{k=1}^K \{A \in T_{2n} ; \|\boldsymbol{T}_k : E_A \to E_B\| < \frac{\rho}{3\alpha}\sqrt{n}\}$$

因此由引理 1 和引理 2 得出

$$\lambda^{2n}(B') \leqslant \sum_{k=1}^K \lambda^{(2n)}\{A \in T_{2n} ; \|\boldsymbol{T}_k : E_A \to E_B\| < \frac{\rho}{3\alpha}\sqrt{n}\}$$
$$\leqslant \left(\frac{3a}{\varepsilon}\right)^{n^2} \rho^{2n^2} = \left(\frac{3a\rho^2}{\varepsilon}\right)^{n^2} < \left(\frac{1}{2}\right)^{n^2}$$

现在考虑 $T_{2n} \times T_{2n}$ 中定义如下的子集 G

$$G = \{(A,B) \in T_{2n} \times T_{2n} ;$$
$$\|\boldsymbol{T}:E_A \to E_B\| \leqslant \left(\frac{\rho}{3\alpha} - \varepsilon\right)\sqrt{n}$$
$$\text{或 } \|\boldsymbol{T}:E_B \to E_A\| < \left(\frac{\rho}{3\alpha} - \varepsilon\right)\sqrt{n}$$

Banach 压缩不动点定理

对于某个 $T \in \mathcal{B}(\mathbf{R}^n, \mathbf{R}^n)$ 且 $\det T = 1$}

根据 Fubini 定理和式 (21) 推出

$$(\lambda^{(2n)} \times \lambda^{(2n)})(G) < 2\left(\frac{1}{2}\right)^{n^2} \leqslant 1$$

所以余集 $T_{2n} \times T_{2n} \setminus G$ 是非空的. 由 G 的定义推出如果 $(A, B) \in T_{2n} \times T_{2n} \setminus G$, 则对于每个算子 T

$$\|T : E_A \to E_B\| \geqslant \left(\frac{\rho}{3\alpha} - \varepsilon\right)\sqrt{n}$$

$$\|T : E_B \to E_A\| \geqslant \left(\frac{\rho}{3\alpha} - \varepsilon\right)\sqrt{n}$$

且 $\det T = 1$. 取 $C = \frac{\rho}{3\alpha} - \varepsilon > 0$ 这就完全证明定理 7 在实空间情况的结论.

在复空间的情况, 多数引理的证明只需做一些明显的改动. 我们应该把 $\mathbf{C}^n$ 等同于 $\mathbf{R}^{2n}$, 把 l_2^n 中单位球面等同于 S_{2n-1}. 空间 E 和 F 应有形式为

$$\mathrm{conv}\{\varepsilon e_j, \eta f_k; j = 1, 2, \cdots, n \text{ 和 } k = 1, 2, \cdots, m$$

$$\text{且 } \varepsilon, \eta \in \mathbf{C}, |\varepsilon| = |\eta| = 1\}$$

这里省去了具体细节.

注意, 如果 n 充分大, $T_{2n} \times T_{2n} \setminus G$ 的测度充分接近 1.

Gluskin 的技巧产生了具有各种极端性质的一系列有限维 Banach 空间的例子. Gluskin 的随机方法打开了构造"病态"有限维空间的新的可能性. 在 Gluskin 之后, Szarek(1983) 给出了经典"有限维基问题"的一个否定答案. Bourgain(1985) 把有限维"病态"空间粘在一起构造了一个实 Banach 空间具有两个复结构, 但这两个复空间互相不同构. 之后, Szarek(1986) 构造了一个不具有复结构的超自反

第 3 章　Minkowski 空间

Banach 空间. Szarek(1986) 还构造了一个具有 b. a. p. 但不具有基的 Banach 空间,用这种方式 Szarek 构造了开始于 P. Enflo 反例(1973) 的一系列有关 b. a. p. 的例子.

张石生论压缩型映象的不动点定理

第4章

4.1 引言

设 (X,d) 是一度量空间,设 T 是 X 的自映象,T 称为 Banach 压缩映象,如果存在常数 $h \in (0,1)$ 使得

$$d(Tx,Ty) \leqslant hd(x,y), \forall x,y \in X$$

Banach 压缩映象是一类有着广泛实际背景的典型而且重要的非线性映象.

关于上述类型的映象,第一个重要的不动点定理是属于 Banach[1](以后这一定理称为 Banach 压缩映象原理),他证明完备度量空间上的每一 Banach 压缩映象都在该空间中存在唯一不动点.

第 4 章 张石生论压缩型映象的不动点定理

Banach 压缩映象原理实际上是经典的 Picard 迭代法的抽象表述,它是一个典型的代数型的不动点定理. 根据这一定理,不仅可以判定不动点的存在性和唯一性,而且还可以构造一个迭代程序,逼近不动点到任何精确程度. 因此,Banach 不动点定理在近代数学的许多分支,特别是在应用数学的几乎各个分支都有着广泛的应用.

Banach 在 20 世纪 20 年代提出这一原理后,Banach 压缩映象的概念和 Banach 压缩映象原理已经从各个方面和各个不同的角度有了重要的发展. 许多人提出了一系列新型的压缩映象的概念(以后统称之为压缩型映象),和一系列新型的压缩映象的不动点定理(以后统称之为压缩型映象的不动点定理),而且其中的某些结果,已被成功地应用于研究 Banach 空间中非线性 Volterra 积分方程、非线性积分—微分方程和非线性泛函微分方程解的存在性和唯一性,另外,压缩型映象的某些不动点定理还被成功地应用于随机算子理论和随机逼近理论.

本章的目的,就是系统地介绍压缩型映象不动点理论的主要问题和主要结果.

为了以后叙述方便起见,我们首先对压缩型映象做如下的分类.

4.2 压缩型映象的分类

定义 1 设 (X,d) 是一完备的度量空间,设 T 是 X 的自映象,设 T 满足下面之一条件 $(m):m=1,2,\cdots,$

16,则称 T 是属于第 (m) 类的压缩型映象:

(1)(Banach[1]). 存在常数 $h \in (0,1)$,使得
$$d(Tx,Ty) \leqslant hd(x,y), \forall x,y \in X$$

(2)(Rakotch[1]). 存在一单调减的函数 $a(t)$: $(0,\infty) \to (0,1)$,使得
$$d(Tx,Ty) \leqslant a(d(x,y))d(x,y)$$
$$\forall x,y \in X, x \neq y$$

(3)(Edelstein[1]). 对任意的 $x,y \in X, x \neq y$
$$d(Tx,Ty) < d(x,y)$$

(4)(Kannan[1]). 存在常数 $h \in \left(0, \dfrac{1}{2}\right)$,使得
$$d(Tx,Ty) \leqslant h\{d(x,Tx) + d(y,Ty)\}, \forall x,y \in X$$

(5)(Bianchini[1]). 存在 $h \in (0,1)$,使得
$$d(Tx,Ty) \leqslant h\max\{d(x,Tx), d(y,Ty)\}, \forall x,y \in X$$

(6)(Reich[1]). 存在非负数 a,b,c 满足 $a+b+c<1$,使得
$$d(Tx,Ty) \leqslant ad(x,Tx) + bd(y,Ty) + cd(x,y), \forall x,y \in X$$

(7)(Reich[2]). 存在 $(0,\infty) \to (0,1)$ 且满足
$$a(t)+b(t)+c(t)<1$$
的单调减的函数 $a(t),b(t),c(t)$,使得
$$d(Tx,Ty) \leqslant a(d(x,y))d(x,Tx) + b(d(x,y))d(y,Ty) + c(d(x,y))d(x,y)$$
$$\forall x,y \in X, x \neq y$$

(8)(Roux,Socrdi[1]). 存在 $h \in (0,1)$,使得

第4章 张石生论压缩型映象的不动点定理

$$d(Tx,Ty) \leqslant h\max\{d(x,Tx)\},d(y,Ty),$$
$$d(x,y)\},\forall x,y \in X$$

(9)(Sehgal[1]). 对任意的 $x,y \in X, x \neq y$

$$d(Tx,Ty) < \max\{d(x,Tx),d(y,Ty),d(x,y)\}$$

(10)(Chatterjea[1]). 存在 $h \in \left(0,\dfrac{1}{2}\right)$ 使得

$$d(Tx,Ty) \leqslant h\{d(x,Ty)+d(y,Tx)\}$$
$$\forall x,y \in X$$

(11)(Hardy,Roges[1]). 存在非负数 $a_1,a_2,a_3,a_4,a_5,\sum_{i=1}^{5}a_i < 1$,使得对任意的 $x,y \in X$

$$d(Tx,Ty) \leqslant a_1 d(x,y)+a_2 d(x,Tx)+$$
$$a_3 d(y,Ty)+a_4 d(x,Ty)+a_5 d(y,Tx)$$

(12)(Zamfirescu[1],Massa[1]). 存在常数 $h \in (0,1)$,使得

$$d(Tx,Ty) \leqslant h\max\{d(x,y),\dfrac{1}{2}[d(x,Tx)+$$
$$d(y,Ty)],\dfrac{1}{2}[d(y,Tx)+$$
$$d(x,Ty)]\},\forall x,y \in X$$

(12)′ 或等价的存在满足下式的非负函数 a,b,c

$$\sup\{a(x,y)+2b(x,y)+2c(x,y)\} \leqslant \lambda < 1$$

使得对任意的 $x,y \in X$

$$d(Tx,Ty) \leqslant a(x,y)d(x,y)+$$
$$b(x,y)\{d(x,Tx)+d(y,Ty)\}+$$
$$c(x,y)\{d(x,Ty)+d(y,Tx)\}$$

(13)(Ciric[1]). 存在常数 $h \in (0,1)$,使得

$$d(Tx,Ty) \leqslant h\max\{d(x,y),d(x,Tx),d(y,Ty),$$
$$\dfrac{1}{2}[d(x,Ty)+d(y,Tx)]\}$$

Banach压缩不动点定理

$$\forall x,y \in X$$

(13)′ 或等价的,存在非负函数 q,r,s,t 满足

$$\sup_{x,y \in X}\{q(x,y)+r(x,y)+s(x,y)+2t(x,y)\} \leqslant \lambda < 1$$

使得对任意的 $x,y \in X$

$$\begin{aligned}d(Tx,Ty) \leqslant\ & q(x,y)d(x,y)+ \\ & r(x,y)d(x,Tx)+ \\ & s(x,y)d(y,Ty)+ \\ & t(x,y)\{d(x,Ty)+d(y,Tx)\}\end{aligned}$$

(14)(Rhoades[1]). 存在单调减的函数 $a_i(t):(0,\infty) \to (0,1), i=1,2,\cdots,5$,满足 $\sum_{i=1}^{5} a_i(t) < 1$,使得对任意的 $x,y \in X, x \neq y$

$$\begin{aligned}d(Tx,Ty) \leqslant\ & a_1(d(x,y))d(x,Tx)+ \\ & a_2(d(x,y))d(y,Ty)+ \\ & a_3(d(x,y))d(x,Ty)+ \\ & a_4(d(x,y))d(y,Tx)+ \\ & a_5(d(x,y))d(x,y)\end{aligned}$$

(15)(Ciric[2]). 存在 $h \in (0,1)$,使得对任意的 $x,y \in X$

$$\begin{aligned}d(Tx,Ty) \leqslant\ & h\max\{d(x,y),d(x,Tx),d(y,Ty),\\ & d(x,Ty),d(y,Tx)\}\end{aligned}$$

(16)(Rhoades[1]). 对任意的 $x,y \in X, x \neq y$

$$\begin{aligned}d(Tx,Ty) <\ & \max\{d(x,y),d(x,Tx),d(y,Ty),\\ & d(x,Ty),d(y,Tx)\}\end{aligned}$$

前述的第一组的 16 类压缩型映象是通过 T 本身定义的. 如果对某一正整数 p,使 T 的第 p 次迭代映象 T^p 满足前述的 16 个条件之一,比如 $(m), m=1,2,\cdots,16$,则称 T 是属于第 $(16+m)$ 类的压缩型映象. 于是得

第4章 张石生论压缩型映象的不动点定理

出第二组的 16 类压缩型映象,我们以(17) ~ (32)编号之. 例如第(20),(26),(31),(32)类映象分别在 Singh[1],Chatterjea[1],Ciric[2],张[1]中定义和讨论.

如果存在某二正整数 p,q,使迭代映象 T^p,T^q 满足第一组的 16 个条件之一,比如$(m),m=1,2,\cdots,16.$ 则称 T 是属于第$(32+m)$类的压缩型映象. 于是得出第三组的 16 类压缩型映象,我们以(33) ~ (48)编号之. 例如

(33)(Yen[1]). 存在正整数 p,q 和数 $h\in(0,1)$,使得
$$d(T^p x,T^q y)\leqslant hd(x,y),\forall x,y\in X$$
又第(47)类压缩型映象在 Rhoades[1]中定义和讨论.

如果第(17) ~ (32)类压缩型映象中的正整数 p 依赖于 $x\in X$,则得出第四组的 16 类压缩型映象,我们以(49) ~ (64)编号之. 例如第(49)类压缩型映象在 Lee[1] 和 Guseman[1]中定义和讨论.

如果第(49) ~ (64)类压缩型映象定义中的正整数 p 不仅依赖于 x 而且也依赖于 y,于是又可得出第五组的 16 类压缩型映象的定义,我们以(65) ~ (80)编号之. 例如第(67)类压缩型映象在 Bailey[1]中定义和讨论.

上述的 80 类压缩型映象是通过 T 或者 T 的某一迭代映象来定义. 如果这些映象是通过一对映象 T_1,T_2 来定义(这里 T_1,T_2 是 X 的自映象). 则称 T_1,T_2 是属于该类的压缩型映象对. 于是又可得出 80 类压缩型映象对的概念. 我们以(81) ~ (160)编号之. 例如

(81)(Ray[1]). 存在 $h\in(0,1)$,使得

Banach 压缩不动点定理

$$d(T_1x, T_2y) \leq hd(x,y), \forall x, y \in X$$

(84)(Kannan[2]). 存在 $h \in \left(0, \dfrac{1}{2}\right)$ 使得

$$d(T_1x, T_2y) \leq h\{d(x, T_1x) + d(y, T_2y)\}, \forall x, y \in X$$

又第(90)类,(118)类,(157)类压缩型映象对分别在 Chattrjea[1],Gupta, Srivastava[1], Ray, Rhoades[1] 中定义和讨论. 第(91)类压缩映象对在 Kannan[3],张[2,3]中定义和讨论.

定义的比较 前述的 160 类压缩型映象和压缩型映象对的概念,在不同的阶段由不同的作者提出,而且其中不少的类型已为一些人研究过. 原作者在提出上述各类映象的概念时,对算子或对空间本身做了诸多假定,我们这里暂时没有这样做,待到以后讨论不动点的存在性时,我们再置以各种附加的假设条件.

现在我们首先对前述的(1)～(80)类映象间的相互关系做出初步的讨论. 进一步的讨论,将在以后逐步给出.

由定义明显地看出 $(m) \Rightarrow (16+m) \Rightarrow (32+m)$ 和 $(16+m) \Rightarrow (48+m) \Rightarrow (64+m)$,这里 $m = 1, 2, \cdots, 16$;又"$\Rightarrow$"和下面图形中的"$\Rightarrow$"均有同样的意义,即既表示属于前一类的压缩型映象,必属于后一类的压缩型映象,也表示由前一条件可推出后一条件.

由定义还明显地看出,第(1)～(80)类压缩型映象中(1)～(16)类映象是基本的,其他类型的映象都是由它们引申和发展起来的. 因此弄清这 16 类映象间的关系是弄清上述各类映象间相互关系的关键,关于(1)～(16)类压缩型映象,由定义明显地知道下列的关系式成立.

第 4 章 张石生论压缩型映象的不动点定理

由图 1 还可看出第 (1),(4),(10) 三类映象是最基本的,而第 (16) 类压缩型映象是这 16 类映象中最为广泛的一类映象,它包含第 (1) ~ (15) 类为特例. 又第 (9),(14),(15) 三类映象是较为一般的,它们包含如图 1 所示的那样一些类型的映象为特例.

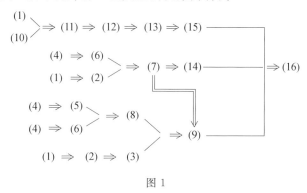

图 1

4.3 压缩型映象的不动点定理(一)

在本节中,我们将讨论第 (1) ~ (16) 类压缩型映象不动点的存在性和唯一性问题. 为节约篇幅起见,我们仅就其中较为典型,和较为重要的 (1),(4),(9),(14),(15),(16) 等六类映象的不动点的存在性和唯一性问题做出详细的讨论,其余的可作为所讨论的几类映象的特例而得出.

定理 1(Banach 压缩映象原理) 设 (X,d) 是一完备的度量空间,设 T 是第 (1) 类的压缩型映象. 则 T 在 X 中存在唯一不动点 x_*,而且对任一 $x_0 \in X$ 迭代序列 $\{x_n = T^n x_0\}_{n=0}^{\infty}$ 都收敛于 x_*,并有如下的误差估

Banach 压缩不动点定理

计

$$d(T^n x_0, x_*) \leqslant \frac{h^n}{1-h} d(Tx_0, x_0), n=1,2,\cdots$$

其中 h 是第(1)类压缩映象定义中的压缩常数.

证 对每一正整数 $n, n=1,2,\cdots$,由 4.2 节条件(1) 有

$$d(T^n x, T^n y) \leqslant h d(T^{n-1} x, T^{n-1} y)$$
$$\leqslant \cdots \leqslant h^n d(x,y), \forall x,y \in X \quad (1)$$

于是对任一 $x_0 \in X$,定义

$$x_n = T^n x_0, n=0,1,2,\cdots$$

现证 $\{x_n\}$ 是 X 中的 Cauchy 列.事实上,对任意的正整数 m,n

$$d(x_{n+m}, x_n) \leqslant d(x_{n+m}, x_{n+m-1}) + \cdots + d(x_{n+1}, x_n)$$
$$= d(T^{n+m-1} Tx_0, T^{n+m-1} x_0) + \cdots +$$
$$d(T^n Tx_0, T^n x_0)$$
$$\leqslant h^{n+m-1} d(Tx_0, x_0) + \cdots + h^n d(Tx_0, x_0)$$
$$= h^n (h^{m-1} + \cdots + 1) d(Tx_0, x_0)$$
$$\leqslant \frac{h^n}{1-h} d(Tx_0, x_0) \quad (2)$$

此即 $\{x_n\}$ 是 X 中的 Cauchy 列.由于 (X,d) 的完备性,无妨设

$$x_n \to x_* \in X$$

现证 x_* 是 T 的唯一不动点.

事实上,我们有

$$d(x_*, Tx_*) \leqslant d(x_*, x_n) + d(x_n, Tx_*)$$
$$\leqslant d(x_*, x_n) + h d(x_{n-1}, x_*)$$

于上式两端令 $n \to \infty$,即得

$$d(x_*, Tx_*) = 0$$

故

第 4 章　张石生论压缩型映象的不动点定理

$$x_* = Tx_*$$

如果还存在另一点 $y_* \in X$,使得

$$y_* = Ty_*$$

于是

$$d(x_*, y_*) = d(Tx_*, Ty_*) \leqslant hd(x_*, y_*)$$

这就得出矛盾. 由此矛盾即知 x_* 是 T 在 X 中的唯一不动点.

再于式(2)左端令 $m \to \infty$,即得所求的误差估计.

定理证毕.

下面的推论是定理 1 的一种局部性质的表述,它是很有用的.

推论 1　设 (X, d) 是一完备的度量空间,设 $B(y_0, r) = \{x \in X: d(x, y_0) < r\}$. 设 $T: B(y_0, r) \to X$ 是具常数 $h \in (0, 1)$ 的并满足 4.2 节条件(1)的压缩映象,若 $d(Ty_0, y_0) < (1-h)r$,则 T 有一不动点.

证　取 $\varepsilon < r$ 使得

$$d(Ty_0, y_0) \leqslant (1-h)\varepsilon < (1-h)r$$

现证 T 把闭球 $\overline{D} = \{x \in X, d(x, y_0) \leqslant \varepsilon\}$ 映到其自身. 因为若 $x \in \overline{D}$,则

$$d(Tx, y_0) \leqslant d(Tx, Ty_0) + d(Ty_0, y_0)$$
$$\leqslant hd(x, y_0) + (1-h)\varepsilon \leqslant \varepsilon$$

又因 $\overline{D}$ 完备,故结论由定理 1 得之.

推论得证.

注 1　这里我们应该指出,在定理 1 中如果把 T 是第(1)类压缩型映象,换成 T 是第(3)类的压缩映象;或者不假定 (X, d) 是完备的,则定理 1 的结论就不一定成立. 这可由下面的例子得知.

例 1　设 $X = \mathbf{R}_+$,距离按通常的绝对值引入. 设

Banach 压缩不动点定理

$T: X \to X$ 由下式定义

$$Tx = (x^2+1)^{\frac{1}{2}}, \forall\, x \in X$$

易知 T 是一连续函数,且满足

$$|Tx - Ty| < |x - y|, \forall\, x, y \in X$$

但是 T 在 X 中没有不动点.

由这一例子也告诉我们,为了保证第(3)类压缩型映象存在不动点,必须附加其他条件.

例 2 设 $X = (0, 1]$,距离按绝对值引入. 设映象 $T: X \to X$ 由下面的方式定义

$$Tx = \frac{x}{2}, \forall\, x \in X$$

显然 T 是第(1)类的压缩型映象. 但 T 在 X 中没有不动点.

定理 2(Kannan[1]) 设 (X, d) 是一完备度量空间,设 $T: X \to X$ 满足 4.2 节条件(4),其中 $h \in \left(0, \dfrac{1}{2}\right)$. 则 T 在 X 中存在唯一不动点.

证 对任一 $x_0 \in X$,作迭代序列

$$x_n = T^n x_0, n = 0, 1, 2, \cdots$$

于是由 4.2 节条件(4) 可得

$$d(x_n, x_{n+1}) = d(T^n x_0, T^{n+1} x_0)$$
$$\leqslant h\{d(x_{n-1}, x_n) + d(x_n, x_{n+1})\}$$

化简得

$$d(x_n, x_{n+1}) \leqslant \frac{h}{1-h} d(x_{n-1}, x_n), n = 1, 2, \cdots \quad (3)$$

因而

$$d(x_n, x_{n+1}) \leqslant \left(\frac{h}{1-h}\right)^n d(x_0, x_1), n = 1, 2, \cdots$$
$$\quad (4)$$

第4章 张石生论压缩型映象的不动点定理

于是对任意的正整数 n, i 有

$$d(x_n, x_{n+i}) \leqslant d(x_n, x_{n+1}) + \cdots + d(x_{n+i-1}, x_{n+i})$$
$$\leqslant \beta^n(1 + \cdots + \beta^{i-1}) d(x_0, x_1)$$
$$\leqslant \frac{\beta^n}{1-\beta} d(x_0, x_1) \qquad (5)$$

其中 $\beta = \dfrac{h}{1-h} \in (0,1)$. 由上式得知 $\{x_n\}$ 是 X 中的 Cauchy 序列. 设 $x_n \to x_* \in X$. 现证 x_* 是 T 在 X 中的唯一不动点. 事实上

$$d(x_*, Tx_*) \leqslant d(x_*, x_n) + d(x_n, Tx_*)$$
$$\leqslant d(x_*, x_n) + h\{d(x_{n-1}, x_n) + d(x_*, Tx_*)\}$$

化简,即得

$$d(x_*, Tx_*) \leqslant \frac{1}{1-h}\{d(x_*, x_n) + h d(x_{n-1}, x_n)\}$$

于上式右端令 $n \to \infty$,即得

$$d(x_*, Tx_*) = 0$$

故

$$x_* = Tx_*$$

如果还存在 T 的另一不动点 $y_* \in X$,于是

$$d(x_*, y_*) = d(Tx_*, Ty_*)$$
$$\leqslant h\{d(x_*, Tx_*) + d(y_*, Ty_*)\}$$
$$= 0$$

即

$$x_* = y_*$$

现于式(5)的左端令 $i \to \infty$ 取极限,即得 $\{x_n\}$ 收敛于 x_* 的误差估计式

$$d(x_n, x_*) \leqslant \frac{\beta^n}{1-\beta} d(x_0, x_1)$$

定理证毕.

定理3(Rhoades[1]) 设(X,d)是一完备的度量空间,设$T:X \to X$满足4.2节条件(14).则T存在唯一不动点x_*,而且对任一$x_0 \in X$,迭代序列$T^n x_0 \to x_*$.

证 定义序列
$$x_n = T^n x_0, n = 0, 1, 2, \cdots$$
因$T \in (14)$,故
$$\begin{aligned} d(x_n, x_{n+1}) &= d(Tx_{n-1}, Tx_n) \\ &\leqslant a_1 d(x_{n-1}, x_n) + a_2 d(x_n, x_{n+1}) + \\ &\quad a_3 d(x_{n-1}, x_{n+1}) + a_5 d(x_{n-1}, x_n) \end{aligned}$$
这里我们简记
$$a_i = a_i(d(x_{n-1}, x_n))$$
由于条件(14)的对称性
$$\begin{aligned} d(x_{n+1}, x_n) &\leqslant a_1 d(x_n, x_{n+1}) + a_2 d(x_{n-1}, x_n) + \\ &\quad a_4 d(x_{n-1}, x_{n+1}) + a_5 d(x_n, x_{n-1}) \end{aligned}$$
把上二式相加得
$$\begin{aligned} 2d(x_n, x_{n+1}) &\leqslant (a_1 + a_2 + 2a_5) d(x_{n-1}, x_n) + \\ &\quad (a_2 + a_1) d(x_n, x_{n+1}) + \\ &\quad (a_3 + a_4) d(x_{n-1}, x_{n+1}) \end{aligned}$$
可是
$$d(x_{n-1}, x_{n+1}) \leqslant d(x_{n-1}, x_n) + d(x_n, x_{n+1})$$
因此
$$\begin{aligned} d(x_n, x_{n+1}) &\leqslant \frac{(a_1 + a_2 + a_3 + a_4 + 2a_5) d(x_{n-1}, x_n)}{2 - a_1 - a_2 - a_3 - a_4} \\ &< d(x_{n-1}, x_n) \end{aligned}$$
因为$\sum_{i=1}^{5} a_i(t) < 1$.于是$\{d(x_n, x_{n+1})\}$是单调减的序

第 4 章　张石生论压缩型映象的不动点定理

列,设其极限为 p. 现证 $p=0$. 设不然, $p>0$,于是令

$$q(t)=\frac{a_1(t)+a_2(t)+a_3(t)+a_4(t)+2a_5(t)}{2-a_1(t)-a_2(t)-a_3(t)-a_4(t)}$$

由

$$b_n=d(x_n,x_{n+1})\geqslant p$$

即得

$$q(b_n)\leqslant q(p)<1,\forall n$$

故

$$d(x_{n+1},x_n)\leqslant q(p)d(x_n,x_{n-1})\leqslant \cdots$$
$$\leqslant (q(p))^n d(x_1,x_0)\to 0$$

当 $n\to\infty$ 时,因而必有 $p=0$.

现证 $\{x_n\}$ 是 X 中的 Cauchy 序列. 对任一对正整数 m,n,使得

$$d(x_{m-1},x_{n-1})\neq 0$$

我们有

$$d(x_m,x_n)\leqslant a_1 d(x_{m-1},x_m)+a_2 d(x_{n-1},x_n)+$$
$$a_3 d(x_{m-1},x_n)+a_4 d(x_{n-1},x_m)+$$
$$a_5 d(x_{m-1},x_{n-1})$$

上式可以化简为

$$d(x_m,x_n)\leqslant \{(a_1+a_3+a_5)d(x_{m-1},x_m)+(a_2+$$
$$a_4+a_5)d(x_{n-1},x_n)\}/(1-a_3-a_4-a_5)$$

令

$$r(t)=\frac{\beta(t)}{\xi(t)},s(t)=\frac{\gamma(t)}{\xi(t)}$$

其中

$$\beta(t)=a_1(t)+a_3(t)+a_5(t)$$
$$\gamma(t)=a_2(t)+a_4(t)+a_5(t)$$
$$\xi(t)=1-a_3(t)-a_4(t)-a_5(t)$$

并注意到 r 和 s 关于 t 是单调减的.

Banach 压缩不动点定理

给定 $\varepsilon > 0$,如果 $\beta(\varepsilon) \neq 0, \gamma(\varepsilon) \neq 0$,则存在正整数 N,使得当 $m, n \geq N$ 时

$$d(x_{m-1}, x_m) < \frac{1}{2}\min\left\{\frac{\varepsilon}{r\left(\frac{\varepsilon}{2}\right)}, \varepsilon\right\}$$

$$d(x_{n-1}, x_n) < \frac{1}{2}\min\left\{\frac{\varepsilon}{s\left(\frac{\varepsilon}{2}\right)}, \varepsilon\right\}$$

如果,比如 $s(\varepsilon) = 0$,则取 N 这样大,当 $m \geq N$ 时就有

$$d(x_{m-1}, x_m) < \frac{\varepsilon}{2}$$

对于使得 $d(x_{m-1}, x_{n-1}) \geq \frac{\varepsilon}{2}$ 的正整数 m, n,即得

$$d(x_m, x_n) \leq r\left(\frac{\varepsilon}{2}\right) d(x_{m-1}, x_m) + s\left(\frac{\varepsilon}{2}\right) d(x_{n-1}, x_n)$$

$$< \frac{\varepsilon}{2} + \frac{\varepsilon}{2} = \varepsilon$$

对于每一使得 $d(x_{m-1}, x_{n-1}) < \frac{\varepsilon}{2}$ 的正整数 m, n,再利用三角不等式与诸 a_i 的对称性,可得

$$d(x_m, x_n) \leq \frac{1}{2}(a_1 + a_2 + a_3 + a_4)[d(x_{m-1}, x_m) + d(x_{n-1}, x_n)] + (a_3 + a_4 + a_5)d(x_{m-1}, x_{n-1})$$

$$< (a_1 + a_2 + 2a_3 + 2a_4 + a_5)\frac{\varepsilon}{2} < \varepsilon$$

此即 $\{x_n\}$ 是 X 中的 Cauchy 序列,设 $x_n \to x_*$.

现证 x_* 是 T 的唯一不动点,为此我们先证 $x_{n+1} \to Tx_*$. 假定对任一 $n, x_n \neq x_*$,于是由 $T \in$ (14),即得

$$d(x_{n+1}, Tx_*)$$
$$\leq \frac{(a_1 + a_3)d(x_n, x_{n+1}) + (a_2 + a_4)d(x_*, x_{n+1}) + a_5 d(x_n, x_*)}{1 - a_2 - a_3}$$

第4章 张石生论压缩型映象的不动点定理

由 $a_i, i=1,2,\cdots,5$ 的对称性,得
$$d(Tx_*, x_{n+1})$$
$$\leqslant \frac{(a_1+a_3)d(x_*,x_{n+1})+(a_2+a_4)d(x_n,x_{n+1})+a_5 d(x_*,x_n)}{1-a_1-a_4}$$

因 a_2+a_3 和 a_1+a_4 均在 $d(x_n,x_*)$ 处取值,又因
$$\sum_{i=1}^{5} a_i(t) < 1, \forall t > 0$$
故至少有一和,比如 a_2+a_3,对无穷多个 n_i,其值必然小于 $\frac{1}{2}$. 于是
$$\lim_{i\to\infty} d(Tx_*, x_{n_i+1}) = 0$$
即得 $x_{n_i+1} \to Tx_*$. 因 $x_n \to x_*$,故 $x_* = Tx_*$,即 x_* 是 T 的不动点. 又 x_* 的唯一性容易被证明.

定理得证.

定理 4(Ciric[2])   设 (X,d) 是一完备的度量空间,设 $T:X\to X$ 满足 4.2 节条件(15). 则:

(a) T 有唯一不动点 $x_* \in X$;

(b) $\lim\limits_{n\to\infty} T^n x_0 = x_*$,其中 x_0 是 X 中的任一点;

(c) $d(T^n x_0, x_*) \leqslant \dfrac{h^n}{1-h} d(x_0, Tx_0)$.

为证定理的结论,我们先证下面的引理.

引理 1   设 T 满足定理4的条件,设 n 是任意的正整数. 则对每一 $x\in X$,和一切 $i,j \in \{1,2,\cdots,n\}$ 有
$$d(T^i x, T^j x) \leqslant h\delta(O_T(x;0,n))$$

这里及以后我们用 $O_T(x;0,n)$ 表集合 $\{x,Tx,T^2 x,\cdots,T^n x\}$,而用 $O_T(x;0,\infty)$ 表集合 $\{x,Tx,T^2 x,\cdots,T^n x,\cdots\}$ 并称之为 T 在 x 处生成的轨道,并用 $\delta(A)$ 表集合 $A \subset X$ 的直径,即
$$\delta(A) = \sup\{d(x,y): x,y \in A\}$$

Banach压缩不动点定理

证 由4.2节条件(15),对任意的$x \in X$,和任意的正整数$i,j \in \{1,2,\cdots,n\}$有

$$d(T^i x, T^j x)$$
$$= d(TT^{i-1}x, TT^{j-1}x)$$
$$\leqslant h\max\{d(T^{i-1}x, T^{j-1}x), d(T^{i-1}x, T^i x),$$
$$d(T^{j-1}x, T^j x), d(T^{i-1}x, T^j x),$$
$$d(T^{j-1}x, T^i x)\}$$
$$\leqslant h\delta(O_T(x;0,n))$$

注2 由引理1得知,如T满足4.2节条件(15),且$x \in X$.则对每一正整数n,必存在正整数k:$1 \leqslant k \leqslant n$,使得

$$d(x, T^k x) = \delta(O_T(x;0,n))$$

引理2 设T满足定理4的条件.则对每一$x \in X$有$\delta(O_T(x;0,\infty)) \leqslant \dfrac{1}{1-h}d(x,Tx)$.

证 因

$$\delta(O_T(x;0,1)) \leqslant \delta(O_T(x;0,2)) \leqslant \cdots$$

故

$$\delta(O_T(x;0,\infty)) = \sup\{\delta(O_T(x;0,n)), n=1,2,\cdots\}$$

现证对任意的正整数n有

$$\delta(O_T(x;0,n)) \leqslant \frac{1}{1-h}d(x,Tx)$$

由注2,存在某一正整数k:$1 \leqslant k \leqslant n$,使得

$$d(x, T^k x) = \delta(O_T(x;0,n))$$

于是由引理1和三角不等式得出

$$d(x, T^k x) \leqslant d(x, Tx) + d(Tx, T^k x)$$
$$\leqslant d(x, Tx) + h\delta(O_T(x;0,n))$$
$$= d(x, Tx) + hd(x, T^k x)$$

化简即得

第 4 章　张石生论压缩型映象的不动点定理

$$\delta(O_T(x;0,n)) = d(x, T^k x) \leqslant \frac{1}{1-h} d(x, Tx)$$

于上式左端对 n 取上确界,即得

$$\delta(O_T(x;0,\infty)) = \sup_{n \geqslant 1} \delta(O_T(x;0,n))$$

$$\leqslant \frac{1}{1-h} d(x, Tx)$$

引理得证.

定理 4 的证明　设 x_0 是 X 的任一点,下证 $\{T^n x_0\}$ 是 X 中的 Cauchy 序列. 设 $n, m (n < m)$ 是任意的正整数. 因 $T \in (15)$,故由引理 1 得

$$d(T^n x_0, T^m x_0)$$
$$\leqslant h \delta(O_T(T^{n-1} x_0; 0, m-n+1)) \qquad (6)$$

由注 2 存在某一正整数 $k_1 : 1 \leqslant k_1 \leqslant m-n+1$,使得

$$\delta(O_T(T^{n-1} x_0; 0, m-n+1))$$
$$= d(T^{n-1} x_0, T^{k_1} T^{n-1} x_0)$$

于是又由引理 1 得

$$\delta(O_T(T^{n-1} x_0; 0, m-n+1))$$
$$= d(T T^{n-2} x_0, T^{k_1+1} T^{n-2} x_0)$$
$$\leqslant h \delta(O_T(T^{n-2} x_0; 0, k_1+1))$$
$$\leqslant h \delta(O_T(T^{n-2} x_0; 0, m-n+2)) \qquad (7)$$

把式(7)代入(6)得

$$d(T^n x_0, T^m x_0) \leqslant h^2 \delta(O_T(T^{n-2} x_0; 0, m-n+2))$$
$$\leqslant \cdots \leqslant h^n \delta(O_T(x_0; 0, m))$$

再由引理 2 即得

$$d(T^n x_0, T^m x_0) \leqslant \frac{h^n}{1-h} d(x_0, Tx_0) \qquad (8)$$

上式表明 $\{T^n x_0\}$ 是 X 中的 Cauchy 序列,设

$$T^n x_0 \to x_* \in X$$

现证 x_* 是 T 在 X 中的唯一不动点. 事实上

Banach 压缩不动点定理

$$d(x_*, Tx_*) \leqslant d(x_*, T^{n+1}x_0) + d(TT^n x_0, Tx_*)$$
$$\leqslant d(x_*, T^{n+1}x_0) + h\max\{d(T^n x_0, x_*),$$
$$d(T^n x_0, T^{n+1}x_0), d(x_*, Tx_*),$$
$$d(T^n x_0, Tx_*), d(x_*, T^{n+1}x_0)\}$$
$$\leqslant d(x_*, T^{n+1}x_0) + h[d(T^n x_0, T^{n+1}x_0) +$$
$$d(T^n x_0, x_*) + d(x_*, Tx_*) +$$
$$d(T^{n+1}x_0, x_*)]$$

化简得

$$d(x_*, Tx_*)$$
$$\leqslant \frac{1}{1-h}[(1+h)d(x_*, T^{n+1}x_0) +$$
$$hd(x_*, T^n x_0) + hd(T^n x_0, T^{n+1}x_0)]$$

于上式右端令 $n \to \infty$,取极限得 $d(x_*, Tx_*) = 0$,即
$$Tx_* = x_*$$

T 在 X 中不动点的唯一性,易由 4.2 节条件(15)可证. 于是定理 4 的结论(a),(b)得证.

又于式(8)中令 $m \to \infty$,即得结论(c).

定理证毕.

现在我们讨论第(9)类压缩型映象的不动点的存在性问题. Sehgal[1]证明了如下的结果.

定理 5(Sehgal[1]) 设 (X, d) 是一完备的度量空间,设 $T: X \to X$ 是满足 4.2 节条件(9)的连续映象,如果 $\xi \in X$ 是 $\{T^n x_0\}_{n=0}^{\infty}$ 之一聚点,其中 x_0 是 X 中的某一点,则 ξ 是 T 的唯一不动点,且 $T^n x_0 \to \xi$.

证 (i) 如对某一 $k \in \mathbf{Z}_+$(一切正整数的集合)有
$$T^k x_0 = T^{k+1} x_0$$
则得 $T\xi = \xi$,即 ξ 是 T 的不动点.

(ii) 如果 $\forall k \in \mathbf{Z}_+$ 有

第4章 张石生论压缩型映象的不动点定理

$$d(T^k x_0, T^{k+1} x_0) > 0$$

于是令

$$\overline{V}(x) = d(x, Tx), x \in X$$

则 $\overline{V}(x)$ 是 X 上的非负连续函数,且由 4.2 节条件(9)我们易于证明 $\overline{V}(x)$ 满足条件:

(a) $\overline{V}(Tx) < \overline{V}(x), \forall x \in \{T^n x_0\}_{n=0}^{\infty}$;

(b) 如果 $\xi \neq T\xi$,则 $\overline{V}(T\xi) < \overline{V}(\xi)$.

因 ξ 是 $\{T^n x_0\}$ 的聚点,无妨设

$$T^{n_i}(x_0) \to \xi$$

又因 $\{\overline{V}(T^n x_0)\}$ 是不增的非负实数列,无妨设

$$\overline{V}(T^n(x_0)) \to r \geqslant 0$$

又由 T 和 $\overline{V}$ 的连续性,对一切 $k \in \mathbf{Z}_+$ 有

$$\overline{V}(T^{n_i+k}(x_0)) \to \overline{V}(T^k(\xi))$$

可是 $\{\overline{V}(T^{n_i+k}(x_0))\}$ 是收敛序列 $\{\overline{V}(T^n x_0)\}$ 的子序列,故有

$$\overline{V}(T^k(\xi)) = \overline{V}(\xi), \forall k \in \mathbf{Z}_+$$

另因 $T_i^n(x_0) \to \xi$,故得

$$T^{n_i+k}(x_0) \to T^k(\xi), \forall k \in \mathbf{Z}_+$$

即

$$T^k(\xi) \in Cl\{T^n x_0\}_{n=0}^{\infty}$$

因而 $\overline{V}(T^k(\xi))$ 是确定的. 其次由条件(a)与 T 和 $\overline{V}$ 的连续性得知序列 $\{\overline{V}(T^n(\xi))\}$ 是不增的,于是由(b)和

$$\overline{V}(T^k(\xi)) = \overline{V}(\xi), \forall k \in \mathbf{Z}_+$$

即得 $\xi = T(\xi)$.

从上面的证明,即得 ξ 是 T 的不动点,另由条件(9),ξ 的唯一性是显然的.

(iii) 现证 $T^n x_0 \to \xi$.

Banach 压缩不动点定理

如果 $T^k(x_0) = T^{k+1}(x_0)$ 对某一 $k \in \mathbf{Z}_+$ 成立，则
$$T^n(x_0) = T^k(x_0) = \xi, \forall n \geq k$$
故结论即得.

如果对一切 $k \in \mathbf{Z}_+, d(T^k x_0, T^{k+1} x_0) > 0$. 因
$$T^{n_i} x_0 \to \xi$$
故
$$d(T^{n_i}(x_0), T^{n_i+1}(x_0)) \to d(\xi, T\xi) = 0$$
于是对任给的 $\varepsilon > 0$，取 j 充分大，使得当 $i \geq j$ 时有
$$\max\{d(T^{n_i}(x_0), T^{n_i+1} x_0), d(T^{n_i} x_0, \xi)\} < \frac{\varepsilon}{2}$$
于是当 $n > n_j$ 时有
$$d(T^n x_0, \xi) = d(T^n x_0, T^n \xi)$$
$$< \max\{d(T^{n-1} x_0, T^n x_0), 0, d(T^{n-1} x_0, \xi)\}$$
$$\tag{9}$$

可是由条件(9)和
$$T^k x_0 \neq T^{k+1} x_0, \forall k \in \mathbf{Z}_+$$
得知 $\{d(T^n(x_0), T^{n+1}(x_0))\}$ 是一正实数的减序列，依次利用式(9)可得
$$d(T^n x_0, \xi) < \max\{d(T^{n-1} x_0, T^n x_0), d(T^{n-2} x_0, T^{n-1} x_0),$$
$$d(T^{n-2} x_0, \xi)\}$$
$$= \max\{d(T^{n-2} x_0, T^{n-1} x_0), d(T^{n-2} x_0, \xi)\}$$
$$< \cdots < \max\{d(T^{n_j} x_0, T^{n_j+1} x_0), d(T^{n_j} x_0, \xi)\}$$
$$< \varepsilon$$

定理证毕.

现在我们讨论第(16)类压缩型映象不动点的存在性问题.

前面我们已经指出，第(16)类映象是较为广泛的一类映象，它包含了(1)～(15)类映象为特例.

第4章 张石生论压缩型映象的不动点定理

正如 Rhoades[1] 在 1977 年所指出的:"关于第(16)类压缩型映象是否存在不动点,以及在什么条件下存在不动点的问题至今没有解决". Rhoades 在同文中还证明,T 在 X 上的连续性及对某一 $x_0 \in X$ 迭代序列 $\{T^n x_0\}$ 有一聚点是保证这类映象存在不动点必须附加的条件. 但是即使附加了这样的条件,也不知该类映象是否存在不动点.

最近在作者的工作[4]中,较好地解决了这一问题,我们得出了该类映象存在不动点的一些充分条件.

为叙述方便起见,我们先引出 Meyers[1] 的下述结果.

引理 3(Meyers[1]) 设 (X,d) 是一完备的度量空间,T 是 X 到 X 的连续映象,且满足下面的条件:

(i) T 有唯一的不动点 $x_* \in X$;

(ii) 对每一 $x \in X$,迭代序列 $\{T^n x\}$ 收敛于 x_*;

(iii) 存在 x_* 之一开邻域 U 有如下的性质:任给包含 x_* 之一开邻域 $\overline{V} \subset X$,存在正整数 n_0,当 $n \geqslant n_0$ 时,$T^n(U) \subset \overline{V}$.

则对任意实数 $h \in (0,1)$,存在与 d 拓扑等价的度量 d^*,对此度量 T 是具常数 h 的第(1)类压缩型映象,即

$$d^*(Tx, Ty) \leqslant h d^*(x, y), \forall x, y \in X$$

定理 6(张[4]) 设 (X,d) 是一有界的完备的度量空间,设 $T: X \to X$ 是连续的紧致映象,则在与 d 拓扑等价的度量意义下,第(16)类映象与第(1)类的 Banach 压缩映象是等价的.

证 显然,如 T 是第(1)类映象则必是第(16)类映象. 现证在与 d 拓扑等价的度量意义下,连续紧致的

第(16)类映象，则必是第(1)类映象.

事实上，因 $T:X \to X$ 是连续紧致的第(16)类映象，故存在一紧致子集 $Y \subset X$，使得 $T(X) \subset Y$，因而
$$Y \supset T(Y) \supset \cdots \supset T^n(Y) \supset \cdots$$
令
$$A = \bigcap_{n=0}^{\infty} T^n(Y)$$
显然 A 是 X 之一非空紧子集，而且 T 把 A 映成 A.

现证 A 只含唯一点. 设不然，A 不只含一点，故 A 的直径 $\delta(A) > 0$. 因 A 是紧集，故存在 $x_1, x_2 \in A$，使得
$$d(x_1, x_2) = \delta(A)$$
又因 T 把 A 映成 A，故存在 $y_1, y_2 \in A$，使得
$$x_1 = Ty_1, x_2 = Ty_2$$
于是
$$\begin{aligned}\delta(A) &= d(x_1,x_2) = d(Ty_1,Ty_2)\\ &< \max\{d(y_1,y_2),d(y_1,Ty_1),d(y_2,Ty_2),\\ &\quad d(y_1,Ty_2),d(y_2,Ty_1)\}\\ &\leqslant \delta(A)\end{aligned}$$
由上式得
$$\delta(A) = 0 = d(x_1, x_2)$$
即 $x_1 = x_2$，矛盾. 这就证明了 A 是一元集，比如 $A = \{x_*\}$. 显然 x_* 是 T 的唯一不动点，而且对任一 $x \in X$，$T^n x \to x_*$.

为了验证引理3的条件被满足我们取 $U = X$，并注意
$$T^{n+1}(X) \subset T^n(Y), n=0,1,2,\cdots$$
故知
$$\delta(T^n(X)) \to 0, n \to \infty$$

第4章 张石生论压缩型映象的不动点定理

因而当 n 充分大时，$T^n(X)$ 可包含在含 x_* 的任一开邻域中，故定理 6 的结论由引理 3 得之.

仿定理 6 可证下面的定理成立.

定理 7 设 (X,d) 是一紧致的度量空间，设 $T: X \to X$ 是连续的映象. 则在与 d 拓扑等价的度量意义下，第 (16) 类映象与第 (1) 类映象等价.

由定理 6 和定理 7 可得下面一个关于第 (16) 类映象的不动点定理.

定理 8(张[4]) 设 (X,d) 是一有界的完备的度量空间，设 $T: X \to X$ 是连续的第 (16) 类映象，设下之一条件成立：

（Ⅰ）T 是紧致映象；

（Ⅱ）(X,d) 是紧致度量空间.

则 (i) T 在 X 中存在唯一的不动点 x_*；

(ii) 对任一 $x_0 \in X$，迭代序列 $\{T^n x_0\}$ 收敛于 x_*；

(iii) 对任一常数 $h \in (0,1)$ 存在与 d 拓扑等价的度量 d^*，使得迭代序列 $\{T^n x_0\}$ 对此度量收敛于 x_*. 有如下的速率估计

$$d^*(T^n x_0, x_*) \leqslant \frac{h^n}{1-h} d^*(Tx_0, x_0)$$

(iv) 存在包含 x_* 之一开邻域 U，对任一包含 x_* 的开邻域 $\overline{V} \subset X$，存在正整数 n_0，当 $n \geqslant n_0$ 时有

$$T^n(U) \subset \overline{V}$$

证 在定理的条件下，在拓扑等价的度量意义下，第 (16) 类映象等价于第 (1) 类压缩型映象，故结论由定理 1 和引理 3 得之.

为了得出第 (16) 类映象其他形式的不动点定理，我们先引出 Kuratowski 非紧性测度的概念（见

Kuratowski[1]).

定义 1   设 (X,d) 是一度量空间, A 是 X 的任一有界集, 令 $\gamma(A) = \inf\{\varepsilon > 0 : A$ 可以被有限个直径小于或等于 ε 的集合覆盖$\}$. 则 $\gamma(A)$ 称为集合 A 的非紧性测度.

由定义可证下面的 4 个结论成立.

(i) $0 \leqslant \gamma(A) \leqslant \delta(A)$ (A 的直径).

(ii) $\gamma(A) = 0$ 当且仅当 A 的闭包是紧集.

为证明此结论, 我们先证明下面的命题.

命题 1   设 A_n 是 X 中的非空有界闭集. 设
$$A_n \supset A_{n+1}, n = 1, 2, \cdots \text{ 且 } \gamma(A_n) \to 0$$
则 $A = \bigcap_{n=1}^{\infty} A_n$ 是非空紧集.

证   只需证明对任何形如 $x_n \in A_n$ 的序列有收敛的子列. 因为此种子列的极限必属于任何 A_n, 因而 A 不空. 又 A 中任何序列必可写成 $x_n \in A_n$ 的形式, 故得 A 是非空紧集.

根据 $\gamma(A_n)$ 的定义, 对每一 n 存在 X 中有限多个集 $S_\alpha^{(n)}$ 使得
$$\bigcup_\alpha S_\alpha^{(n)} \supset A_n$$
且
$$\text{diam } S_\alpha^{(n)} \leqslant \gamma(A_n) + \frac{1}{n}$$

因 $\{x_n\}_{n=1}^{\infty} \subset A_1$, 故有某 $S_\alpha^{(1)}$ 包含无穷子列 $\{x_{i_1}, x_{i_2}, \cdots\}$, $1 < i_1 < i_2 < \cdots$; 因 $\{x_{i_1}, x_{i_2}, \cdots\} \subset A_2$, 故有某 $S_\alpha^{(2)}$ 包含无穷子列 $\{x_{j_1}, x_{j_2}, \cdots\}$, $2 < j_1 < j_2 < \cdots$. 如此继续下去, 取 $n_1 = 1, n_2 = i_1, n_3 = j_1, \cdots$, 则对任何 k, 有
$$\{x_{n_k}, x_{n_{k+1}}, \cdots\} \subset S_\alpha^{(k)}$$

第4章 张石生论压缩型映象的不动点定理

由于
$$\operatorname{diam} S_a^{(k)} \leqslant \gamma(A_k) + \frac{1}{k} \to 0$$
故 $\{x_{n_k}\}$ 是 X 中的 Cauchy 列. 由 X 的完备性,它在 X 中收敛,得证.

现证结论 (ii) 成立.

事实上,若 $\overline{A}$ 紧,故对任意的 $\varepsilon > 0$,存在有限的 ε-网,即存在有限个半径为 ε 的球覆盖 A,因而
$$\gamma(A) \leqslant 2\varepsilon$$
由于 ε 的任意性故得 $\gamma(A) = 0$.

反之,设 $\gamma(A) = 0$,取 $A_n = \overline{A}$,得
$$\overline{A} = \bigcap A_n = \overline{A}$$
由命题 1 得知 $\overline{A}$ 是非空的紧集.

(iii) $\gamma(A \bigcup B) = \max\{\gamma(A), \gamma(B)\}$.

事实上,因覆盖 $A \bigcup B$ 的集必覆盖 A 也必覆盖 B,因而
$$\gamma(A) \leqslant \gamma(A \bigcup B), \gamma(B) \leqslant \gamma(A \bigcup B)$$
故
$$\max\{\gamma(A), \gamma(B)\} \leqslant \gamma(A \bigcup B)$$
反之,如有 $\{S_\alpha\}, \{S_\beta\}$ 分别覆盖 A, B,且
$$\operatorname{diam} S_\alpha \leqslant a, \operatorname{diam} S_\beta \leqslant b$$
于是 $\{S_\alpha\}$ 和 $\{S_\beta\}$ 合起来覆盖 $A \bigcup B$,且它们的直径小于或等于 $\max\{b, a\}$,因而有
$$\gamma(A \bigcup B) \leqslant \max\{\gamma(A), \gamma(B)\}$$
另外,易证

(iv) $\gamma(\overline{Co}(A)) = \gamma(A)$,这里 $\overline{Co}(A)$ 表 A 的闭凸包.

定义 2 设 $T: X \to X$ 是连续映象. T 称为在 X 上

是凝聚的，如果对 X 的任一有界的且 $\gamma(A) > 0$ 的集 A, 有

$$\gamma(T(A)) < \gamma(A)$$

用同样的方法，我们可以定义 T 在某一集上是凝聚的概念。

由定义明显地知道，如果 T 是连续的紧致映象或是压缩映象，则 T 必是凝聚的映象。

定理9（张[4]） 设 (X,d) 是一完备的度量空间，$T:X \to X$ 是连续映象。设 x_0 是 X 中的某一点，使得轨道 $O_T(x_0;0,\infty) = \{T^n x_0\}_{n=0}^{\infty}$ 是有界的。再设对某一正整数 m, T^m 在上述轨道上是凝聚的，而且存在正整数 p, 使得对一切的 $x,y \in X, x \neq y$ 有

$$d(T^p x, T^p y)$$
$$< \max\{d(x,y), d(x,T^p x), d(y,T^p y),$$
$$d(x,T^p y), d(y,T^p x)\}$$

则 T 在 $O_T(x_0;0,\infty)$ 的闭包 $\overline{O_T(x_0;0,\infty)}$ 中存在唯一不动点。而且这一不动点也是 T 在 X 中的唯一不动点。

证 先证

$$\gamma(O_T(x_0;0,\infty)) = 0$$

假设

$$\gamma(O_T(x_0,0,\infty)) > 0$$

因 T^m 在 $O_T(x_0;0,\infty)$ 上是凝聚的，故

$$\gamma(T^m(O_T(x_0;0,\infty))) < \gamma(O_T(x_0;0,\infty))$$

但因

$$O_T(x_0;0,\infty) = T^m(O_T(x_0;0,\infty)) \bigcup$$
$$\{T^k x_0 : k = 0,1,\cdots,m-1\}$$

故

第 4 章 张石生论压缩型映象的不动点定理

$$
\begin{aligned}
\gamma(O_T(x_0;0,\infty)) &= \gamma(T^m(O_T(x_0;0,\infty)) \bigcup \\
&\quad \{T^k x_0 : k=0,1,\cdots,m-1\}) \\
&= \max\{\gamma(T^m(O_T(x_0;0,\infty))), \\
&\quad \gamma(\{T^k x_0 : k=0,1,\cdots,m-1\})\} \\
&= \gamma(T^m(O_T(x_0;0,\infty))) \\
&< \gamma(O_T(x_0;0,\infty))
\end{aligned}
$$

矛盾. 由此矛盾从而推出

$$\gamma(\overline{O_T(x_0;0,\infty)})=0$$

即 $\overline{O_T(x_0;0,\infty)}$ 是紧集.

令 $S=T^p$,易证集合

$$A=\bigcap_{n=0}^{\infty} S^n(\overline{O_T(x_0;0,\infty)})$$

是 X 中的非空紧集,S 把 A 映成 A,且 A 只含一点,比如 x_*,而且这一点就是 S 的唯一不动点. 现证 x_* 就是 T 在 X 中的唯一不动点. 事实上,因

$$Tx_* = TSx_* = STx_*$$

故 Tx_* 也是 S 的不动点,但由于 x_* 是 S 的唯一不动点,故

$$x_* = Tx_*$$

即 x_* 是 T 的不动点. 而 x_* 是 T 的唯一不动点显然.

定理证毕.

在定理 9 中取 $p=1$,即得下面一个关于第(16)类压缩型映象的不动点定理.

定理 10 设 (X,d) 是一完备的度量空间,T 是 X 到 X 的第(16)类的连续映象. 若对某一正整数 m 和某一 $x_0 \in X$,T^m 在有界的轨道 $O_T(x_0;0,\infty)$ 上是凝聚的. 则 T 在 $\overline{O_T(x_0;0,\infty)}$ 中存在唯一的不动点.

注 3 关于第(16)类映象更深刻的结果,我们将

Banach 压缩不动点定理

在以后给出.

4.4 压缩型映象的不动点定理(二)

在本节中,我们将讨论(17)～(32)类压缩型映象不动点的存在性和唯一性问题. 一般来说,第$(16+m), m=1,2,\cdots,15$ 类映象的不动点定理可由第(m)类映象的不动点定理而得之. 作为例子,这里我们仅就第(17)和第(31)两类映象而证之. 又第(32)类映象我们已在4.3节中给出其存在不动点之一充分条件.

定理 1 设 T 是完备度量空间(X,d)的自映象. 设存在正整数 p,使得映象 T^p 满足下面的任一条件:
$(17) d(T^p x, T^p y) \leqslant h d(x,y), \forall x, y \in X, h \in (0,1)$
$(31) d(T^p x, T^p y) \leqslant h \max\{d(x,y), d(x, T^p x),$
$\qquad\qquad d(y, T^p y), d(x, T^p y),$
$\qquad\qquad d(y, T^p x)\}, \forall x, y \in X, h \in (0,1)$
则(i) T 有唯一不动点 $x_* \in X$;
(ii) 迭代序列 $T^n x \to x_*$,其中 x 是 X 中的任一元;
(iii) $d(T^n x, x_*) \leqslant h^m \dfrac{a(x)}{1-h}$. 这里 $a(x) = \max\{d(T^i x, T^{i+p} x), i=0,1,2,\cdots, p-1\}$,又 $m = \left[\dfrac{n}{p}\right]$.

证 先设 T 满足条件(17),故 T^p 满足条件(1),由4.3节定理1,T^p 存在唯一不动点 $x_* \in X$. 可是
$$T^p T x_* = T T^p x_* = T x_*$$
即 $T x_*$ 也是 T^p 的不动点. 故得 $T x_* = x_*$. 又显然 x

第 4 章　张石生论压缩型映象的不动点定理

是 T 的唯一不动点.

为证结论(ii),(iii) 成立,现设 n 是任意的正整数,则
$$n = mp + j, 0 \leqslant j < p, m \geqslant 0$$
对每一 $x \in X, T^n x = (T^p)^m T^j x$. 因 T^p 满足条件(1), 故由 4.3 节定理 1 得,当 $m \to \infty$ 时,有

$$d(T^n x, x_*)$$
$$\leqslant \frac{h^m}{1-h} d(T^j x, T^p T^j x)$$
$$\leqslant \frac{h^m}{1-h} \max\{d(T^i x, T^p T^i x), i = 0, 1, \cdots, p-1\}$$
$$\leqslant h^m \frac{a(x)}{1-h} \to 0$$

故结论(ii),(iii) 成立.

同理可证当条件(31)成立时,定理的结论仍成立.

定理证毕.

4.5　未解决的问题及几类映象的不动点定理

前面两节我们已经对(1)～(32)类压缩型映象的不动点的存在性和唯一性问题做了某些讨论. 在本节中我们继续讨论其他类型映象的不动点的存在性和唯一性问题.

关于(33)～(48)类映象的不动点的存在性问题,我们以后将在更一般的条件下进行讨论,这里暂不叙述. 另外,(49)～(80)类中很多类型的映象是否存在

Banach 压缩不动点定理

不动点,至今未获解决.例如至今我们不知道(68)～(80)类映象是否存在不动点及在什么条件下存在不动点.我们也不知道(61)～(64)类映象是否存在不动点及在什么条件下存在不动点.

值得庆幸的是最近在 Rhoades 的工作[2]中证明了下面的结果.

定理 1(Rhoades[2]) 设 (X,d) 是一完备的度量空间,$T:X \to X$ 是满足下面条件的映象:对每一 $x \in X$,存在正整数 $n(x)$,使得对一切 $y \in X$ 有

$$d(T^{n(x)}x, T^{n(x)}y) \leqslant \alpha(x,y)d(x, T^{n(x)}y) +$$
$$\beta(x,y)d(y, T^{n(x)}x) +$$
$$\delta(x,y)d(x, T^{n(x)}x) +$$
$$\varepsilon(x,y)d(y, T^{n(x)}y) +$$
$$\gamma(x,y)d(x,y)$$

其中 $\alpha, \beta, \gamma, \delta, \varepsilon$ 是满足下之条件的非负函数

$$\sup_{x,y \in X}\{2[\alpha(x,y)+\beta(x,y)+\delta(x,y)+\varepsilon(x,y)]+\gamma(x,y)\} \leqslant \lambda < 1$$

则 T 在 X 中存在唯一不动点 x_*,而且对任一 $x_0 \in X$,迭代序列 $\{T^n x_0\}$ 收敛于这一不动点.

最近 Singh[2] 推广了上述结果,证明了下面的定理.

定理 2(Singh[2]) 设 (X,d) 是一完备的度量空间,$T:X \to X$ 是满足下面的条件(α)的映象:

(α) 对每一 $x \in X$,存在正整数 $n(x)$,使得 $\forall y \in X$,有

$$d(T^{n(x)}x, T^{n(x)}y) \leqslant q(x,y)d(x,y) +$$
$$r(x,y)d(x, T^{n(x)}x) +$$
$$s(x,y)d(y, T^{n(x)}y) +$$

第 4 章 张石生论压缩型映象的不动点定理

$$t(x,y)d(x,T^{n(x)}y) + m(x,y)d(y,T^{n(x)}x) \quad (1)$$

其中 $q(x,y), r(x,y), s(x,y), t(x,y), m(x,y)$ 是非负函数,使得

$$\sup_{x,y \in x}\{2[m(x,y)+s(x,y)+t(x,y)]+q(x,y)+r(x,y)\}$$
$$=\lambda < 1 \quad (2)$$

则 T 有唯一不动点 x_*,而且对任一 $x_0 \in X$,迭代序列 $\{T^n x_0\}$ 收敛于 x_*.

本质上利用 Rhoades[2] 和 K. L. Singh[1] 中的思想,在作者的工作[12]中证明了下面的结果,这一结果不仅统一和推广了定理 1 和定理 2,而且在方法上也大大地进行了简化.

定理 3(张[12]) 设 (X,d) 是一完备的度量空间,$T:X \to X$ 是满足下面条件(β)的映象:

(β) 对每一 $x \in X$,存在一正整数 $n(x)$,使得对一切 $y \in X$

$$d(T^{n(x)}x, T^{n(x)}y) \leq \lambda \max\{d(x,y), d(x, T^{n(x)}x), d(x, T^{n(x)}y)\} \quad (3)$$

其中 λ 是某一常数,$\lambda \in (0,1)$.

则 T 在 X 中有唯一不动点 x_*,而且对任一 $x_0 \in X$,迭代序列 $\{T^n x_0\}$ 收敛于 x_*.

在证明定理 3 之前,我们先对条件(α)和条件(β)做一比较.

设 T 满足条件(α),λ 是由式(2)确定的常数,于是由条件(α)可得

$$d(T^{n(x)}x, T^{n(x)}y)$$
$$\leq \lambda \max\{d(x,y), d(x, T^{n(x)}x),$$
$$\frac{1}{2}d(x, T^{n(x)}y), \frac{1}{2}d(y, T^{n(x)}y),$$

Banach 压缩不动点定理

$$\frac{1}{2}d(y,T^{n(x)}x)\}$$
$$\leqslant \lambda \max\{d(x,y),d(x,T^{n(x)}x),d(x,T^{n(x)}y),$$
$$\frac{1}{2}[d(x,y)+d(x,T^{n(x)}y)],$$
$$\frac{1}{2}[d(x,y)+d(x,T^{n(x)}x)]\}$$
$$=\lambda \max\{d(x,y),d(x,T^{n(x)}x),d(x,T^{n(x)}y)\}$$

故条件(β)成立. 即条件(α)是条件(β)的特例.

这里我们必须指出,条件(β)与下面的条件(γ)是等价的:

(γ) 对每一 $x\in X$,存在正整数 $n(x)$,使得 $\forall y\in X$,有
$$d(T^{n(x)}x,T^{n(x)}y)\leqslant \lambda \max\{d(x,y),d(x,T^{n(x)}x),$$
$$d(x,T^{n(x)}y),\frac{1}{2}d(y,T^{n(x)}x),$$
$$\frac{1}{2}d(y,T^{n(x)}y)\}$$

事实上,如果条件(β)成立则显然条件(γ)成立. 反之,设条件(γ)成立. 因
$$\frac{1}{2}d(y,T^{n(x)}x)\leqslant \frac{1}{2}[d(y,x)+d(x,T^{n(x)}x)]$$
$$\frac{1}{2}d(y,T^{n(x)}y)\leqslant \frac{1}{2}[d(y,x)+d(x,T^{n(x)}y)]$$

把上两式代入前面的式子即得
$$d(T^{n(x)}x,T^{n(x)}y)\leqslant \lambda \max\{d(x,y),d(x,T^{n(x)}x),$$
$$d(x,T^{n(x)}y)\}$$

最后我们还要指出条件(β)是条件(α)的推广,这可由下例看出.

例 1 设对每一 $x\in X$,存在正整数 $n(x)$,使得

第 4 章 张石生论压缩型映象的不动点定理

$\forall y \in X$ 条件(1) 成立,其中设 $r(x,y) = s(x,y) = \dfrac{1}{8}$, $t(x,y) = m(x,y) = \dfrac{1}{6}, q(x,y) = \dfrac{1}{9}$. 于是 $\{r(x,y) + q(x,y) + 2(t(x,y) + m(x,y) + s(x,y))\} = \dfrac{83}{72} > 1$, 故条件(α)不满足,因而定理 2 不能用以判断算子 T 是否存在不动点. 但是使用条件(β)则可判断 T 存在不动点. 事实上,因我们有

$$d(T^{n(x)}x, T^{n(x)}y)$$
$$\leqslant [r+t+q+2(m+s)]\max\{d(x,y),$$
$$d(x, T^{n(x)}x), d(x, T^{n(x)}y),$$
$$\dfrac{1}{2}d(y, T^{n(x)}x), \dfrac{1}{2}d(y, T^{n(x)}y)\}$$
$$= \dfrac{71}{72}\max\{d(x,y), d(x, T^{n(x)}x), d(x, T^{n(x)}y)\}$$

为了证明定理 3,我们先证下面的几个引理.

引理 1 设 (X,d) 和 T 满足定理 3 的条件. 则对每一 $x \in X, r(x) = \sup\limits_{n \geqslant 1}(d(x, T^n x)) < \infty$.

证 设 $x \in X$,令
$$\rho(x) = \max\{d(x, T^k x): k = 1, 2, \cdots, p\}$$
其中 $p = n(x)$. 设 n 是任一大于 p 的正整数,使得
$$n = rp + s, r \geqslant 1, 0 \leqslant s \leqslant p-1$$
再令
$$\delta_k(x) = d(x, T^{kp+s}x), k = 0, 1, 2, \cdots$$
于是
$$d(x, T^n x) = d(x, T^{rp+s}x) = \delta_r(x)$$
$$\leqslant d(x, T^p x) + d(T^p x, T^{rp+s}x)$$
$$\leqslant \rho(x) + \lambda \max\{d(x, T^{(r-1)p+s}x),$$

Banach 压缩不动点定理

$$d(x,T^p x), d(x, T^{rp+s}x)\}$$

即

$$\delta_r(x) \leqslant \rho(x) + \lambda \max\{\delta_{r-1}(x), \rho(x), \delta_r(x)\} \quad (4)$$

用归纳法可证

$$(1-\lambda)\delta_r(x) \leqslant \rho(x), r = 1, 2, 3, \cdots \quad (5)$$

但由 $\rho(x)$ 的定义,显然可知 $\delta_0(x)(1-\lambda)$ 也小于 $\rho(x)$,因而式(5)对任一非负整数均成立. 故由式(4)得知

$$d(x, T^n x) \leqslant \rho(x) + \lambda \cdot \frac{\rho(x)}{1-\lambda} = \frac{\rho(x)}{1-\lambda}, \forall n > p \quad (6)$$

但由 $\rho(x)$ 的定义知式(6)对一切 $n, n = 1, 2, \cdots$ 均成立,故

$$\sup_{n \geqslant 1} d(x, T^n(x)) \leqslant \frac{\rho(x)}{1-\lambda} < \infty$$

引理 1 得证.

引理 2 设 $(X,d), T$ 满足 4.2 节定义 1 中(14)的条件,则对每一 $x_0 \in X, \{x_m = T^{n(x_{m-1})} x_{m-1}\}_{m \geqslant 1}$ 是一 Cauchy 列.

证 设 $x_0 \in X$ 是任意的,令

$$m_0 = n(x_0), m_i = n(x_i), i = 1, 2, \cdots$$

现证 $\{x_m\}_{m=1}^{\infty}$ 是一 Cauchy 列. 事实上,对任意的正整数 i, j 我们有

$$d(x_i, x_{i+j}) = d(x_i, x_{i+1}) + d(x_{i+1}, x_{i+2}) + \cdots + d(x_{i+j-1}, x_{i+j}) \quad (7)$$

可是

$$d(x_i, x_{i+1})$$
$$= d(T^{m_{i-1}} x_{i-1}, T^{m_i + m_{i-1}} x_{i-1})$$
$$\leqslant \lambda \max\{d(x_{i-1}, T^{m_i} x_{i-1}), d(x_{i-1}, T^{m_{i-1}} x_{i-1}),$$
$$\quad d(x_{i-1}, T^{m_i + m_{i-1}} x_{i-1})\}$$

第 4 章 张石生论压缩型映象的不动点定理

$$\leqslant \lambda \sup_{q \in \{T^s x_{i-1}\}_{s=1}^{\infty}} d(x_{i-1}, q) \tag{8}$$

又对每一 $q \in \{T^s x_{i-1}\}_{s=1}^{\infty}$，我们有

$$d(x_{i-1}, q)$$
$$= d(x_{i-1}, T^s x_{i-1}) = d(T^{m_{i-2}} x_{i-2}, T^{s+m_{i-2}} x_{i-2})$$
$$\leqslant \lambda \max\{d(x_{i-2}, T x_{i-2}), d(x_{i-2}, T^{m_{i-2}} x_{i-2}),$$
$$d(x_{i-2}, T^{s+m_{i-2}} x_{i-2})\} \tag{9}$$

把式(9)代入式(8)得

$$d(x_i, x_{i+1}) \leqslant \lambda^2 \sup_{u \in \{T^s x_{i-2}\}_{s=1}^{\infty}} d(x_{i-2}, u) \leqslant \cdots$$
$$\leqslant \lambda^i \sup_{u \in \{T^s x_0\}_{s=1}^{\infty}} d(x_0, u) = \lambda^i r(x_0) \tag{10}$$

再把式(10)代入(7)可得

$$d(x_i, x_{i+j}) \leqslant \lambda^i (1 + \lambda + \cdots + \lambda^{j-1}) r(x_0)$$
$$\leqslant \frac{\lambda^i}{1-\lambda} \cdot r(x_0) \to 0, \text{当 } i \to \infty$$

此即 $\{x_m\}$ 是一 Cauchy 序列.

引理 2 证毕.

定理 3 的证明　由引理 2，对任一 $x_0 \in X$，$\{x_m = T^n(x_{m-1}) x_{m-1}\}_{m=1}^{\infty}$ 是一 Cauchy 序列. 设 $x_m \to x_*$，令 $p = n(x_*)$. 现证 x_* 是 T 在 X 中的唯一不动点. 事实上，仿效引理 2 中证明式(10)的方法可证

$$d(x_i, T^p x_i) = d(T^{m_{i-1}} x_{i-1}, T^{p+m_{i-1}} x_{i-1})$$
$$\leqslant \lambda \max\{d(x_{i-1}, T^p x_{i-1}), d(x_{i-1}, T^{m_{i-1}} x_{i-1}),$$
$$d(x_{i-1}, T^{p+m_{i-1}} x_{i-1})\}$$
$$\leqslant \lambda \sup_{q \in \{T^s x_{i-1}\}_{s=1}^{\infty}} d(x_{i-1}, q) \leqslant \cdots$$
$$\leqslant \lambda^i \sup_{q \in \{T^s x_0\}_{s=1}^{\infty}} d(x_0, q)$$
$$= \lambda^i r(x_0) \to 0, \text{当 } i \to \infty$$

Banach 压缩不动点定理

因而
$$d(x_*, T^p x_i)$$
$$\leqslant d(x_*, x_i) + d(x_i, T^p x_i) \to 0, \text{当 } i \to 0 \quad (11)$$
故
$$d(x_*, T^p x_*) \leqslant d(x_*, T^p x_i) + d(T^p x_i, T^p x_*)$$
$$\leqslant d(x_*, T^p x_i) + \lambda \max\{d(x_*, x_i),$$
$$d(x_*, T^p x_*), d(x_*, T^p x_i)\}$$

于上式右端令 $i \to \infty$ 取极限,并引用式(11),即得
$$d(x_*, T^p x_*) \leqslant \lambda d(x_*, T^p x_*)$$
故
$$x_* = T^p x_*$$

现证 x_* 是 T^p 的唯一不动点,假设 $y_* \in X$ 也是 T^p 的不动点,于是有
$$d(x_*, y_*) = d(T^p x_*, T^p y_*)$$
$$\leqslant \lambda \max\{d(x_*, y_*), d(x_*, y_*), 0\}$$
$$= \lambda d(x_*, y_*)$$
即
$$x_* = y_*$$

另因 $x = T^p x_*$,故
$$Tx_* = T^p Tx_*$$
即 Tx_* 也是 T^p 的不动点. 由于 x 是 T^p 的唯一不动点,故
$$x_* = Tx_*$$

现在我们证明对任一 $x_0 \in X$,迭代序列
$$T^n x_0 \to x_*$$
事实上,对任意的正整数 $n > p$
$$n = ip + s, i \geqslant 1, 0 \leqslant s \leqslant p - 1$$
由条件(β)得

106

第4章 张石生论压缩型映象的不动点定理

$$d(x_*, T^n x_0)$$
$$= d(T^p x_*, T^{ip+s} x_0)$$
$$\leqslant \lambda \max\{d(x_*, T^{(i-1)p+s} x_0), 0, d(x_*, T^n x_0)\}$$

如果 $d(x_*, T^n x_0) \geqslant d(x_*, T^{(i-1)p+s} x_0)$，即得
$$d(x_*, T^n x_0) \leqslant \lambda d(x_*, T^n x_0), \forall n > p$$

故
$$x_* = T^n x_0, \forall n > p$$

问题已证. 现设
$$d(x_*, T^n x_0) < d(x_*, T^{(i-1)p+s} x_0)$$

故有
$$d(x_*, T^n x_0) \leqslant \lambda d(x_*, T^{(i-1)p+s} x) \leqslant \cdots$$
$$\leqslant \lambda^i d(x_*, T^s x_0) \leqslant \lambda^i K$$

其中 $K = \max\{d(x_*, T^s x_0), s = 0, 1, 2, \cdots, p-1\}$. 于上式右端令 $i \to \infty$（因而 $n \to \infty$），即得 $T^n x_0 \to x_*$.

定理证毕.

现在我们讨论第(67)类映象不动点的存在性问题，为此我们先引出一些概念.

定义 1 设 (X, d) 是一紧致度量空间，T 是 $X \to X$ 的映象，我们称 $x \in X$ 关于 T 近侧于 $y \in X$，如果对每一 $\varepsilon > 0$，存在正整数 n 使得 $d(T^n x, T^n y) < \varepsilon$，如果 x 和 y 不是近侧的，则称它们为远侧的. 我们称 x 为 T 的（周期为 k 的）周期点，如果 $x = T^k x$.

定理 4(Bailey[1]) 设 (X, d) 是一紧致度量空间，T 是 $X \to X$ 的连续映象并满足下面的条件：对任意的 $x, y \in X, x \neq y$，存在正整数 $n(x, y)$，使得

(67) $\qquad d(T^{n(x,y)} x, T^{n(x,y)} y) < d(x, y)$

则 T 在 X 中存在唯一不动点.

为证定理 4 我们先证下之引理.

Banach 压缩不动点定理

引理 3 设满足定理 4 的条件,又设对某一 $k \in \mathbf{Z}_+$(一切正整数的集合)和某一 $x \in X$,它关于 T 近侧于 $T^k(x)$. 则存在 T 的周期不超过 k 的周期点 z.

证 选择 $\{n_i\} \subset \mathbf{Z}_+$ 使得 $n_i < n_{i+1}$ 且
$$d(T^{n_i}(x), T^{n_i+k}(x)) < \frac{1}{i}$$
由紧致性,我们可以假定
$$\{T^{n_i}(x)\} \to z, \{T^{n_i+k}x\} \to w$$
显然 $w = z$. 另由 T 的连续性即得
$$T^k z = w$$
故 z 是周期至多为 k 的周期性.

定理 4 的证明 设 $x, y \in X$,如对某一 $n \in \mathbf{Z}_+$, $T^n(x) = T^n(y)$. 则 x 和 y 是近侧的. 如果不存在这样的 n,则可选择这样的正整数列 $\{n_i\} \subset \mathbf{Z}_+$,使得它是满足下之不等式的最小的正整数列
$$d(x, y)$$
$$> d(T^{n_1}x, T^{n_1}y) > \cdots$$
$$> d(T^{n_k}x, T^{n_k}y) > \cdots$$
注意 $\{n_i\}$(因而其任意的子序列)具有这样的性质,当 $k \leqslant n_i$,时就有
$$d(T^k x, T^k y) \geqslant d(T^{n_i}x, T^{n_i}y)$$
现假定 x, y 是远侧的,因而存在 $\theta > 0$,使得
$$d(T^m x, T^m y) \geqslant \theta, \forall m$$
我们可以假定 $\{T^{n_i}x\} \to w, \{T^{n_i}y\} \to z$. 因 x, y 是远侧的,故 $z \neq w$. 可是 $n_i + k \leqslant n_{i+k}$,故
$$d(T^k w, T^k z) = \lim_{i \to \infty} d(T^{n_i+k}x, T^{n_i+k}y)$$
$$\geqslant \lim_{i \to \infty} d(T^{n_{i+k}}x, T^{n_{i+k}}y)$$
$$= d(w, z), \forall k \in \mathbf{Z}_+$$

第4章 张石生论压缩型映象的不动点定理

这与条件(67)矛盾. 故对 X 中的任一对点关于 T 都是近侧的. 特别是 x 和 Tx 关于 T 是近侧的. 故由引理 3 即知存在 $z \in X$, 使得 $Tz = z$. 而 z 是 T 的唯一不动点易由条件(67)得知.

定理证毕.

作为例子, 我们在这里给出两个关于映象对的不动点定理. 有关映象对和映象序列公共不动点的存在性问题, 我们在以后还要深入地进行讨论.

定理 5(Rhoades[1]) 设 (X,d) 是一完备度量空间, $T,S: X \to X$ 是属于第(93)类的压缩映象对, 即存在 $h \in (0,1)$, 使得对一切的 $x,y \in X$ 下式成立

(93) $d(Tx, Sy) \leqslant h \max\{d(x,y), d(x,Tx), d(y,Sy),$
$$\frac{1}{2}[d(x,Sy) + d(y,Tx)]\}$$

则 T, S 有唯一公共不动点 z, 而且对任一 $x_0 \in X$, $(TS)^n(x_0) \to z, (ST)^n x_0 \to z$.

证 设 $x_0 \in X$, 定义序列 $\{x_n\}$ 如下
$$x_{2n+1} = Tx_{2n}, x_{2n+2} = Sx_{2n+1}$$

设对每一 $n, x_n \neq x_{n+1}$. 于是有
$$d(x_{2n+1}, x_{2n+2})$$
$$= d(Tx_{2n}, Sx_{2n+1})$$
$$\leqslant h \max\{d(x_{2n}, x_{2n+1}), d(x_{2n}, x_{2n+1}),$$
$$d(x_{2n+1}, x_{2n+2}), \frac{1}{2}[d(x_{2n}, x_{2n+2} + 0)]\}$$
$$= hd(x_{2n}, x_{2n+1})$$

同理可证
$$d(x_{2n}, x_{2n+1}) \leqslant hd(x_{2n-1}, x_{2n})$$

故
$$d(x_{2n+1}, x_{2n+2}) \leqslant h^2 d(x_{2n-1}, x_{2n}) \leqslant \cdots$$

Banach 压缩不动点定理

$$\leqslant h^{2n}d(x_1,x_2)$$
$$d(x_{2^n},x_{2^n+1}) \leqslant h^{2n}d(x_0,x_1)$$

令

$$r(x_0) = \max\{d(x_0,x_1),d(x_1,x_2)\}$$

对任意 $m > n$

$$d(x_m,x_n) = \sum_{k=0}^{m-n-1} d(x_{n+k},x_{n+k+1})$$
$$\leqslant \sum_{k=0}^{m-n-1} h^{2(n+k)}r(x_0) \leqslant h^{2n}r(x_0)(1-h^2)^{-1}$$

于上式令 $n \to \infty$，即知

$$d(x_m,x_n) \to 0$$

故 $\{x_n\}$ 是 X 中的 Cauchy 序列，设其极限为 z，现证 z 是 T 的不动点. 事实上

$$d(Tz,z)$$
$$\leqslant d(Tz,x_{2^n+2}) + d(x_{2^n+2},z)$$
$$\leqslant h\max\{d(z,x_{2^n+1}),d(z,Tz),d(x_{2^n+1},x_{2^n+2}),$$
$$\frac{1}{2}[d(z,x_{2^n+2})+d(x_{2^n+1},Tz)]\} + d(x_{2^n+2},z)$$

于上式右端令 $n \to \infty$，即得

$$d(Tz,z) \leqslant hd(z,Tz)$$

故 $z = Tz$. 同理可证 $z = Sz$，即 z 是 S,T 的公共不动点. 现设 w 也是 S 和 T 的另一公共不动点，于是

$$d(z,w) = d(Tz,Sw) \leqslant hd(z,w)$$

故得 $z = w$，即 z 是 S,T 的唯一的公共不动点.

令 $y_0 = x_0$，并定义序列 $\{y_n\}$ 为：$y_{2^n+1} = S(x_{2^n})$，$y_{2^n+2} = T(x_{2^n+1})$. 我们可以证明 $\{y_n\}$ 是一 Cauchy 序列，故 $y_n \to z$，这由不动点的唯一性可知.

定理证毕.

定理 6(Rhoades[1]) 设 (X,d) 是一完备的度量

空间,设 $S,T:X \to X$ 是属于第(125)类的压缩型映象对,即存在 $p,q \in \mathbf{Z}_+$,使得

$$d(T^p x, S^q y) \leqslant h \max\{d(x,y), d(x, T^p x),$$
$$d(y, S^q y), [d(x, S^q y) +$$
$$d(y, T^p x)]/2\}, \forall x, y \in X$$

其中 $h \in (0,1)$. 则 T 和 S 有一公共不动点 z,并且对每一 $x_0 \in X, (T^p S^q)^n(x_0) \to z, (S^q T^p)^n(x_0) \to z.$

证 只要在定理5中代 T 和 S 分别以 T^p 和 S^q 即得结论.定理证毕.

4.6 关于一些新型的压缩型映象的不动点的存在性问题

随着不动点理论的深入发展,近年来不少人致力于寻求新的压缩型映象,借以统一和发展前述的不动点定理.

1979年Fisher[1]引进拟压缩映象的概念,并证明了下面的结果:

定理1(Fisher[1]) 设 (X,d) 是一完备的度量空间. $T:X \to X$ 是连续的拟压缩映象,即存在 $p,q \in \mathbf{Z}_+$ 和常数 $h \in (0,1)$,使得对一切的 $x,y \in X$

(161) $(T^p x, T^q y)$
$$\leqslant h \max\{d(T^r x, T^s y), d(T^r x, T^{r'} x),$$
$$d(T^s y, T^{s'} y); 0 \leqslant r, r' \leqslant p, 0 \leqslant s, s' \leqslant q\}$$

则 T 在 X 中有唯一不动点.

证 不失一般性可设

$$\frac{1}{2} \leqslant h < 1$$

Banach 压缩不动点定理

因而
$$\frac{h}{1-h} \geqslant 1$$

另外我们再设 $p \geqslant q$.

设 x 是 X 中的任一点,现证序列 $\{T^n x\}_{n=1}^{\infty}$ 是有界的. 设相反 $\{T^n x\}_{n=1}^{\infty}$ 无界,故序列
$$\{d(T^n x, T^q x): n=1,2,\cdots\}$$
也无界,于是存在 $n \in \mathbf{Z}_+$,使得
$$d(T^n x, T^q x)$$
$$> \frac{h}{1-h} \max\{d(T^i x, T^q x): 0 \leqslant i \leqslant p\}$$

我们可以认为 n 是满足上式中的最小者. 因 $\frac{h}{1-h} \geqslant 1$, 故必有 $n > p \geqslant q$. 于是
$$d(T^n x, T^q x)$$
$$> \frac{h}{1-h} \cdot \max\{d(T^i x, T^q x): 0 \leqslant i \leqslant p\}$$
$$\geqslant \max\{d(T^r x, T^q x): 0 \leqslant r < n\}$$

因而得知
$$(1-h)d(T^n x, T^q x)$$
$$> h \cdot \max\{d(T^i x, T^q x): 0 \leqslant i \leqslant p\}$$
$$\geqslant h \cdot \max\{d(T^i x, T^r x), d(T^r, T^q x):$$
$$0 \leqslant i \leqslant p, 0 \leqslant r < n\}$$
$$\geqslant h \cdot \max\{d(T^i x, T^r x), d(T^n x, T^q x):$$
$$0 \leqslant i \leqslant p, 0 \leqslant r < n\}$$

这就得出
$$d(T^n x, T^q x) > h \cdot \max\{d(T^i x, T^r x):$$
$$0 \leqslant i \leqslant p, 0 \leqslant r < n\} \quad (1)$$

现在我们证明

第 4 章　张石生论压缩型映象的不动点定理

$$d(T^n x, T^q x)$$
$$> h \cdot \max\{d(T^i x, T^r x): 0 \leqslant i, r < n\} \quad (2)$$

因为如果 $d(T^n x, T^q x) \leqslant h \cdot \max\{d(T^i x, T^r x): 0 \leqslant i, r < n\}$,故当引用式(1)时,即得

$$d(T^n x, T^q x)$$
$$\leqslant h \cdot \max\{d(T^i x, T^r x): p < i, r < n\} \quad (3)$$

因为当其 $d(T^i x, T^r x)$ 形式的项中出现 $0 \leqslant i \leqslant p$,由不等式(1)可以把它省略,故我们可以无限次地把式(161)应用于式(3),即得

$$d(T^n x, T^q x)$$
$$\leqslant h^k \cdot \max\{d(T^i x, T^r x): p < i, r < n\}$$

$k = 1, 2, \cdots$. 于上式让 $k \to \infty$,即得, $d(T^n x, T^q x) = 0$,矛盾. 因而不等式(2)成立.

可是,当引用不等式(161)时,即有

$$d(T^n x, T^q x)$$
$$\leqslant h \cdot \max\{d(T^r x, T^s x), d(T^r x, T^{r'} x),$$
$$d(T^s x, T^{r'} x): n - p \leqslant r, r' \leqslant n,$$
$$0 \leqslant s, s' \leqslant q\}$$
$$\leqslant h \max\{d(T^r x, T^s x): 0 \leqslant r, s \leqslant n\}$$

这又与式(2)矛盾. 由此矛盾即知 $\{T^n x\}_{n=1}^{\infty}$ 必是有界的.

现令

$$M = \sup\{d(T^r x, T^s x): r, s = 0, 1, 2, \cdots\} < \infty$$

于是对任意的 $\varepsilon > 0$,选 N 使得

$$h^N M < \varepsilon$$

故当 $m, n \geqslant N \cdot \max\{p, q\}$ 时,并引用不等式(161) N 次,即得

$$d(T^m x, T^n x) \leqslant h^N M < \varepsilon$$

Banach 压缩不动点定理

故 $\{T^n x\}_{n=1}^{\infty}$ 是 X 中的 Cauchy 序列,设它收敛于 $z \in X$. 由 T 的连续性即得 $Tz = z$,即 z 是 T 的不动点. z 的唯一性是显然的.

定理得证.

如果定理 1 中 q(或 p) $= 1$,则 T 的连续性条件可以取消. 即有下面的定理.

定理 2 设 (X,d) 是一完备的度量空间,设 $T: X \to X$ 是一映象,满足条件

$$d(T^p x, Ty)$$
$$\leq h \cdot \max\{d(T^r x, T^s y), d(T^r x, T^{r'} x),$$
$$d(y, Ty)\}; 0 \leq r, r' \leq p,$$
$$s = 0, 1\}, \forall x, y \in X$$

其中 $0 \leq h < 1$,p 是某一正整数. 则 T 在 X 中有唯一不动点.

证 设 x 是 X 中的任一点. 如定理 1 中一样可证 $\{T^n x\}_{n=1}^{\infty}$ 是 X 中之一 Cauchy 序列,设

$$T^n x \to z \in X$$

当 $n \geq p$ 时,有

$$d(T^n x, Tz)$$
$$\leq h \cdot \max\{d(T^r x, T^s z), d(T^r x, T^{r'} x),$$
$$d(z, Tz); n - p \leq r, r' \leq n; s = 0, 1\}$$

于上式两端让 $n \to \infty$,即得

$$d(z, Tz)$$
$$\leq h \cdot \max\{d(z, T^s z); s = 0, 1\} = hd(z, Tz)$$

因 $h < 1$. 故 z 是 T 的不动点.

定理证明.

下面的结果是定理 2 的一直接的推论.

推论 1(Ciric[2]) 设 (X,d) 是一完备的度量空

间,$T:X \to X$ 是第(15)类的压缩型映象,则 T 在 X 中有唯一不动点.

我们应该指出定理 1 中 T 的连续性当 $p,q \geqslant 2$ 时是不能取消的. 这由下例可以看出.

例 1 设 $X=[0,1]$,按通常的绝对值引入距离. 以下式定义不连续映象 T

$$Tx = \begin{cases} 1, & \text{当 } x=0 \\ \frac{1}{2}x, & \text{当 } x \neq 0 \end{cases}$$

于是有

$$d(T^p x, T^q y) = \frac{1}{2} d(T^{p-1} x, T^{q-1} x), \forall x, y \in X$$

故 T 是具 $h=\frac{1}{2}$ 的拟压缩映象,但显然 T 没有不动点.

现在我们给出关于第(16)类映象的一个推广的结果.

定理 3(Fisher[1]) 设 (X,d) 是一紧致的度量空间,$T:X \to X$ 是一连续的并满足下之条件的映象:存在 $p,q \in \mathbf{Z}_+$,使得

$$(162) d(T^p x, T^q y) < \max\{d(T^r x, T^s y), d(T^r x, T^{r'} x),$$
$$d(T^s y, T^{s'} y): 0 \leqslant r, r' \leqslant p, 0 \leqslant s, s' \leqslant q\}$$

对一切保证右端为正的 $x,y \in X$ 均成立,则 T 在 X 中有唯一不动点.

证 首先假定 T 是拟压缩映象,则定理的结论由定理 1 得之. 如果 T 不是拟压缩映象,于是如果 $\{h_n, n=1,2,\cdots\}$ 是一收敛于 1 的单调增的数列,则必存在序列 $\{x_n\}_{n=1}^{\infty}$ 和 $\{y_n\}_{n=1}^{\infty} \subset X$,使得

$$d(T^p x_n, T^q y_n) > h_n \cdot \max\{d(T^r x_n, T^s y_n),$$
$$d(T^r x_n, T^{r'} x_n), d(T^s y_n, T^{s'} y_n):$$

Banach 压缩不动点定理

$$0 \leqslant r, r' \leqslant p, 0 \leqslant s, s' \leqslant q\}$$
$$n = 1, 2, \cdots$$

因 X 是紧的,故存在子序列 $\{x_n\}$ 和 $\{y_n\}$ 的子序列 $\{x_{nk}\}_{k=1}^{\infty}$ 和 $\{y_{nk}\}_{k=1}^{\infty}$ 收敛于 x 和 y. 于是有

$$d(T^p x_{n_k}, T^q y_{n_k}) > h_{n_k} \cdot \max\{d(Tx_{n_k}, Ty_{n_k}),$$
$$d(T^r x_{n_k}, T^{r'} x_{n_k}), d(T^s y_{n_k}, T^{s'} y_{n_k}):$$
$$0 \leqslant r, r' \leqslant p, 0 \leqslant s, s' \leqslant q\}$$
$$k = 1, 2, \cdots$$

因 T 连续,于上式让 $k \to \infty$,即得

$$d(T^p x, T^q y) \geqslant \max\{d(Tx, Ty), d(T^r x, T^{r'} x),$$
$$d(T^s y, T^{s'} y): 0 \leqslant r, r' \leqslant p, 0 \leqslant s, s' \leqslant q\}$$

故只有 $x = y = Tx$,不然就与(162)矛盾. 因而 x 是 T 之一不动点. x 的唯一性易于得知.

定理得证.

由定理 3 当 $p = q = 1$ 时,即得第(16)类映象之一不动点定理.

推论 2 设 T 是映紧致度量空间 (X, d) 到其自身的连续的第(16)类映象,则 T 在 X 中存在唯一不动点.

1980 年 Fisher[2] 关于压缩映象对证明了下面的

定理 4 (Fisher[2]) 设 (X, d) 是完备的度量空间,设 $S, T: X \to X$ 是满足次之条件的连续的映象对:存在正整数 p, q 和常数 $h \in (0, 1)$,使得

$$(163) d(S^p x, T^q y) \leqslant h \cdot \max\{d(S^r x, T^s y): 0 \leqslant r \leqslant p,$$
$$0 \leqslant s \leqslant q\}, \forall x, y \in X$$

则 S 和 T 有唯一的公共不动点 $z \in X$,而且 z 也是 S 和 T 的唯一不动点. 如果(163)中的 $p = 1$ 则 S 的连续性条件可以取消;如果 $p = 1 = q$,则 S 和 T 的连续性

第4章 张石生论压缩型映象的不动点定理

条件都可以取消.

Fisher 上述的结果后来被作者改进和推广成下面的形式.

定理 5(张[9]) 设 (X,d) 是一完备的度量空间,设 $\{T_n\}_{n=1}^{\infty}$ 是映 X 到 X 的连续的映象序列. 存在正整数列 $\{p_n\}_{n=1}^{\infty}$,使得对任意的 $T_i, T_j, i \neq j, i,j = 1, 2, \cdots$ 和任意的 $x, y \in X$ 有

(164) $\quad d(T_i^{p_i}x, T_j^{p_j}y) \leqslant h_{ij} \cdot \max\{d(T_i^r x, T_j^s y):$
$$0 \leqslant r \leqslant p_i, 0 \leqslant s \leqslant p_j\}$$

其中 h_{ij} 是仅与 T_i 和 T_j 有关的数,且
$$h_{ij} \in (0,1), i,j = 1,2,\cdots$$
则 $\{T_n\}_{n=1}^{\infty}$ 在 X 中有唯一的公共不动点,而且当 $p_i = 1, i = 1, 2, \cdots$ 时,$T_n, n = 1, 2, \cdots$ 的连续性可以取消.

证 在定理的条件下,仿照定理 1 一样可证对任一固定的 $x \in X$,序列 $\{T_i^n x\}$ 和 $\{T_j^n x\}$ 是 X 中的有界序列. 令
$$M = \sup\{d(T_i^r x, T_j^s x), r, s = 0, 1, 2, \cdots\}$$
于是对任给的 $\varepsilon > 0$,取 $N \in \mathbf{Z}_+$,使得 $h_{ij}^N < \varepsilon$. 于是当 $m, n \geqslant N \cdot \max\{p_i, p_j\}$ 时,由归纳法可证
$$d(T_i^m x, T_j^n x) = d(T_i^{p_i} T_i^{m-p_i} x, T_j^{p_j} T_j^{n-p_j} x)$$
$$\leqslant h_{ij} \max_{\substack{0 \leqslant r \leqslant p_i \\ 0 \leqslant s \leqslant p_j}} \{d(T_i^r T_j^{m-p_i} x, T_j^s T_i^{n-p_j} x)\}$$
$$= h_{ij} \max_{\substack{m-p_i \leqslant r \leqslant m \\ n-p_j \leqslant s \leqslant n}} d(T_i^r x, T_j^n x)$$
$$\leqslant \cdots \leqslant h_{ij}^N \max_{\substack{m-N_p \leqslant r \leqslant m \\ n-N_p \leqslant s \leqslant n}} d(T_i^r x, T_j^s x)$$
$$\leqslant h_{ij}^N M < \varepsilon \qquad (4)$$

于是当 $n, m, q \geqslant N\max\{p_i, p_j\}$ 时
$$d(T_i^m x, T_i^q x) \leqslant d(T_i^m x, T_j^n x) + d(T_j^n x, T_i^q x) \leqslant 2\varepsilon$$

Banach 压缩不动点定理

故 $\{T_i^n x\}_{n=1}^{\infty}$ 是 X 中的 Cauchy 序列. 因 X 完备, 设
$$T_i^n x \to x^* \in X, n \to \infty$$
于是对给定的 $\varepsilon > 0$, 存在正整数 N_1, 当 $n \geqslant N_1$ 时有
$$d(T_i^n x, x^*) < \varepsilon$$
于是当 $n \geqslant \max\{N \cdot \max(p_i, p_j), N_1\}$ 时, 由式(4)得
$$d(T_j^n x, x^*) \leqslant d(T_j^n x, T_i^n x) + d(T_i^n x, x^*) < 2\varepsilon$$
故 $\{T_j^n x\}$ 也收敛于 x^*. 于是由 T_i, T_j 的连续性知 x^* 是 T_i, T_j 的公共不动点. 由于当 T_i 取定后, T_j 可以是任意的, 因此得知 x^* 是 $\{T_n\}_{n=1}^{\infty}$ 的公共不动点.

下证 x^* 是 $\{T_n\}_{n=1}^{\infty}$ 的唯一公共不动点.

设 y^* 是 $\{T_n\}_{n=1}^{\infty}$ 的另一公共不动点, 于是对任意的 $i, j \in \mathbf{Z}_+, i \neq j$ 有
$$d(y^*, x^*) = d(T_i^{p_i} y^*, T_j^{p_j} x^*)$$
$$\leqslant h_{ij} \cdot \max_{\substack{0 \leqslant r \leqslant p_i \\ 0 \leqslant s \leqslant p_j}} \{d(T_i^r y^*, T_j^s x^*)\}$$
$$= h_{ij} d(y^*, x^*)$$
由上式即得 $x^* = y^*$.

现再证, 如果 $p_i = 1, i = 1, 2, \cdots$, 则 $T_i, i = 1, 2, \cdots$ 的连续性可以取消.

事实上, 对任意的 $i, j \in \mathbf{Z}_+$ 和任一 $x \in X$, 由前面的证明知 $\{T_i^n x\}$ 和 $\{T_j^n\}$ 都收敛于 $x^* \in X$. 于是
$$d(T_i x^*, x^*) \leqslant d(T_i x^*, T_j^n x) + d(T_j^n x, x^*)$$
$$\leqslant h_{ij} \max\{d(x^*, T_j^{n-1} x), d(x^*, T_i^n x),$$
$$d(T_j^{n-1} x, T_i x^*)\} + d(T_j^n x, x^*)$$
于上式两端让 $n \to \infty$, 即得
$$d(T_i x^*, x^*) \leqslant h_{ij} d(x^*, T_i x^*)$$
即 $x^* = T_i x^*$, 同理可证 $x^* = T_j x^*$. 由于 $i, j \in \mathbf{Z}_+$ 的任意性, 得知 x^* 是 $\{T_n\}_{n=1}^{\infty}$ 的公共不动点. x^* 是 $\{T_n\}$

第 4 章 张石生论压缩型映象的不动点定理

的唯一公共不动点,仿上一样可证.

定理证毕.

注 1 这里我们应该指出,前面讨论的三类压缩型映象(161),(162),(163)是较为广泛的.例如第(162)类映象就包含(3),(9),(16),(19),(25),(32),(35),(41),(48)等 9 类映象为特例;又如第(1)至(48)类压缩型映象中除前述的 9 类映象和(2),(7),(14),(18),(23),(30),(34),(39),(46)类映象外都是第(161)类映象的特例;再如第(163)类映象就包含(81),(90),(97),(106),(113)和(122)类映象为特例.因此,定理 1,3,4 和 5 分别统一和发展了前述很多类映象的结果.

4.7 非线性压缩型映象的不动点定理(一)

前面已经定义了 164 类压缩型映象和映象对的概念,并对其中某些类型的不动点的存在性问题做了讨论.但就这 164 类映象右端的比较尺度函数而论,本质上是线性的.因此,在右端的比较尺度函数是线性的意义下,我们可以把它们视为"线性型的压缩映象".近年来,由于非线性泛函分析的发展,寻求新的,右端比较尺度函数为非线性的压缩型映象,不仅从理论的角度,而且从应用的角度来说,都具有重要的意义.

最近 Singh,Meade[1],Matkowski[1],Browder[1],Husain,Sehgal[1],Kwapisz[1],丁协平[1,2]及作者的文章[7,8,9,10,11,13,14]等分别利用一些较为一般的单调函数做比较尺度函数,研究映象、映象对及映象

序列的不动点和公共不动点问题,使前面所述的,关于压缩型映象的不动点理论得到较大的发展.

下面我们仅列出几个较为一般和较为典型的结果.

定理 1(Bose[1]) 设 X 是一致凸的 Banach 空间,$K \subset X$ 是一非空闭凸集.设 $S,T:K \to K$ 是两个映象,使得对一切 $x,y \in K$

$$(165) \quad \|Sx-Ty\| \leqslant \Phi(\|x-y\|, \|x-Sx\|, \|y-Ty\|,$$
$$\|y-Sx\|, \|x-Ty\|)$$

其中 $\Phi: \mathbf{R}_+^5 \to \mathbf{R}_+$ 是上半连续函数,并且对每一变量是不减的,这里及以后记 $\mathbf{R}_+ = (0,\infty)$,而且对一切 $t > 0$ 满足下面的条件:

(i) $\Phi(t,t,t,\alpha t,0) \leqslant \beta t, \Phi(t,t,t,0,\alpha t) \leqslant \beta t$,这里当 $\alpha = 2$ 时,$\beta = 1$,当 $\alpha < 2$ 时,$\beta < 1$;

(ii) $\Phi(t,0,\alpha t,t,t) < t$ 当 $\alpha < 2$ 时,则存在一点 $u \in K$,使得:

(a) $Su = Tu = u$;

(b) u 也是 S 和 T 的唯一不动点;

(c) 对任一 $x_0 \in K$,由下面的方式定义的序列 $\{x_n\}_{n=1}^{\infty}$

$$x_1 = Sx_0, x_2 = Tx_1, x_3 = Sx_2, \cdots$$

收敛于 u.

为了证明定理,我们不加证明的引入下面的结论.

众所周知,如果 X 是一致凸的 Banach 空间,则 X 的凸性模 $\delta:(0,2] \to (0,1]$

$$\delta(\varepsilon) = \inf\{1 - \frac{1}{2}\|x+y\|:x,y \in X,$$
$$\|x\| = \|y\| = 1, \|x-y\| \geqslant \varepsilon\}$$

第 4 章 张石生论压缩型映象的不动点定理

是严格增的且 $\lim\limits_{\varepsilon \to 0} \delta(\varepsilon) = 0, \delta(2) = 1$. (见 K. Iséki[1])
我们用 η 表 δ 的逆,于是当 $t < 1$ 时,显然 $\eta(t) < 2$.

为了证明定理,我们还需以下引理.

引理 1(Goebel et al[1]) 设 X 是一致凸 Banach 空间,$B(0,r)$ 是 O 为心,r 为半径的闭球,若 $x_1, x_2, x_3 \in B(0,r)$ 且

$$\|x_1 - x_2\| \geq \|x_2 - x_3\| \geq e > 0$$
$$\|x_2\| \geq \left(1 - \frac{1}{2}\delta\left(\frac{e}{r}\right)\right)r$$

则

$$\|x_1 - x_3\| \leq \eta\left(1 - \frac{1}{2}\delta\left(\frac{e}{r}\right)\right)\|x_1 - x_2\|$$

定理 1 的证明 设 $x_0 \in K, \{x_n\}$ 为 (c) 中所定义的序列. 令

$$d_n = \|x_n - x_{n+1}\|$$

现证

$$d_n \leq d_{n-1}, n = 1, 2, \cdots \tag{1}$$

由(165),当 n 为奇数时,有

$$d_n = \|Sx_{n-1} - Tx_n\|$$
$$\leq \Phi(d_{n-1}, d_{n-1}, d_n, 0, \|x_{n-1} - x_{n+1}\|) \tag{2}$$

当 n 为偶数时,有

$$d_n = \|Tx_{n-1} - Sx_n\|$$
$$\leq \Phi(d_{n-1}, d_n, d_{n-1}, \|x_{n-1} - x_{n+1}\|, 0) \tag{3}$$

因

$$\|x_{n-1} - x_{n+1}\| \leq d_{n-1} + d_n$$

故有

$$d_n \leq \begin{cases} \Phi(d_{n-1}, d_{n-1}, d_n, 0, d_{n-1} + d_n), & \text{当 } n \text{ 为奇数时} \\ \Phi(d_{n-1}, d_n, d_{n-1}, d_{n-1} + d_n, 0), & \text{当 } n \text{ 为偶数时} \end{cases}$$

Banach 压缩不动点定理

如对某一 $n, d_n > d_{n-1}$. 则
$$d_{n-1} + d_n = \alpha d_n$$
其中 α 是某一数 $\alpha \in (0,2)$. 又因 Φ 对每一变量是不减的,故
$$d_n \leqslant \begin{cases} \Phi(d_n, d_n, d_n, 0, \alpha d_n), & \text{如 } n \text{ 是奇的} \\ \Phi(d_n, d_n, \alpha d_n, \alpha d_n, 0), & \text{如 } n \text{ 是偶的} \end{cases}$$
于是由条件(i)得
$$d_n \leqslant \beta d_n, \beta < 1$$
这就证明了式(1). 因此,设 $d_n \to e \geqslant 0$.

现证 $e = 0$. 设相反, $e > 0$. 不失一般性,设 $\theta \in K$. 令
$$r' = \overline{\lim_{n \to \infty}} \| x_n \|$$
我们可以假定 $r' \neq 0$. 现选择 $r > r'$, 使得
$$r \left(1 - \frac{1}{2} \delta \left(\frac{e}{r} \right) \right) < r'$$
显然存在正整数的序列 $\{n_i\}_{i=0}^{\infty}$, 使得对任意 $j \in \{n_i\}$, 有
$$\| x_j \| \geqslant r \left(1 - \frac{1}{2} \delta \left(\frac{e}{r} \right) \right), \forall n \geqslant n_0, \| x_n \| \leqslant r$$
故由引理 1 得出,对任意 $j \in \{n_i\}$
$$\| x_{j-1} - x_{j+1} \| \leqslant \eta \left(1 - \frac{1}{2} \delta \left(\frac{e}{r} \right) \right) \| x_{j-1} - x_j \|$$
$$= \alpha_1 \| x_{j-1} - x_j \| \tag{4}$$
其中
$$\alpha_1 = \eta \left(1 - \frac{1}{2} \delta \left(\frac{e}{r} \right) \right) < 2$$
这由凸性可知. 因 $d_j \leqslant d_{j-1}$, 故由式(2),(3),(4)
$$d_j \leqslant \begin{cases} \Phi(d_{j-1}, d_{j-1}, d_{j-1}, 0, \alpha_1 d_{j-1}), & \text{当 } j \in \{n_i\} \text{ 且为奇数} \\ \Phi(d_{j-1}, d_{j-1}, d_{j-1}, \alpha_1 d_{j-1}, 0), & \text{当 } j \in \{n_i\} \text{ 且为偶数} \end{cases}$$

第 4 章　张石生论压缩型映象的不动点定理

但在每种情形都有
$$d_j \leqslant \beta_1 d_{j-1}, \text{对某一 } \beta_1 < 1 \tag{5}$$
注意到 β_1 独立于 j. 如果 $\varepsilon > 0$ 充分小使得
$$\beta_1 (e + \varepsilon) < e$$
并选择 $j \in \{n_i\}$ 如是之大,使得
$$d_{j-1} \leqslant e + \varepsilon$$
于是式(5)给出 $d_j < e$. 这与 $d_n \downarrow e$ 矛盾. 故得 $e = 0$.

现考察序列 $\{x_{2^n}\}$,为方便起见记 $y_n = x_{2^n}$. 我们有
$$\|y_n - Sy_n\| \to 0$$
因 $y \in K$,定义
$$r(y) = \limsup \|y - y_n\|$$
易于证明 r 在 K 上是连续的和凸的,故是弱下半连续的,因而在某一点,比如 u,达到其下确界. 由一致凸性,易于证明 u 是唯一的.

现证 $Tu = u$. 因
$$\|Tu - y_n\| \leqslant \|Tu - Sy_n\| + \|y_n - Sy_n\|$$
且
$$r(Tu) \leqslant \limsup \|Tu - Sy_n\|$$
又
$$\|Tu - Sy_n\|$$
$$\leqslant \Phi(\|u - y_n\|, \|y_n - Sy_n\|, \|u - y_n\| + \|Tu - y_n\|, \|u - Sy_n\|, \|Tu - y_n\|)$$
于是
$$r(Tu)$$
$$\leqslant \limsup \Phi(\|u - y_n\|, \|y_n - Sy_n\|, \|u - y_n\| + \|Tu - y_n\|, \|u - Sy_n\|, \|Tu - y_n\|)$$
取子序列,由 Φ 的上半连续性,即得
$$r(Tu) \leqslant \Phi(r(u), 0, r(u) + r(Tu), r(u), r(Tu)) \tag{6}$$

Banach 压缩不动点定理

如 $Tu \neq u$，则
$$r(Tu) > r(u)$$
故由式(6) 给出
$$r(Tu) \leqslant \Phi(r(Tu), 0, \alpha_2 r(Tu), r(Tu), r(Tu))$$
其中的 α_2 是某一小于 2 的正数，这就与条件(ii) 发生矛盾. 故有 $Tu = u$.

现证 $Su = u$. 事实上，由(i) 有
$$\|Su - u\| = \|Su - Tu\|$$
$$\leqslant \Phi(0, \|u - Su\|, 0, \|u - Su\|, 0)$$
$$< \|u - Su\|$$
故必 $u = Su$.

为了证明结论(a),(b)，我们还需证明：如果存在 $v \in K$，使得 $v = Sv$ 或 $v = Tv$，则 v 必与 u 相合. 为确定起见，设 $v = Tv$，且 $v \neq u$. 则由(ii) 得
$$\|u - v\|$$
$$= \|Su - Tv\|$$
$$\leqslant \Phi(\|u - v\|, 0, 0, \|u - v\|, \|u - v\|)$$
$$< \|u - v\|$$
矛盾. 故结论(a),(b) 成立.

为证(c)，我们只要指出
$$\omega(u) = \limsup \|u - x_n\| = 0$$
事实上，当 n 为奇时，有
$$\|u - x_{n+1}\| = \|Su - Tx_n\|$$
$$\leqslant \Phi(\|u - x_n\|, 0, d_n, \|u - x_n\|,$$
$$\|u - x_{n+1}\|)$$
当 n 为偶时，有
$$\|u - x_{n+1}\| = \|Tu - Sx_n\|$$
$$\leqslant \Phi(\|u - x_n\|, d_n, 0,$$

第4章 张石生论压缩型映象的不动点定理

$$\|u-x_{n+1}\|, \|u-x_n\|)$$

取子序列,由 Φ 的上半连续性,即得

$$\omega(u) \leqslant \Phi(\omega(u), 0, 0, \omega(u), \omega(u))$$

如果 $\omega(u) \neq 0$,由(ii)和上式即得 $\omega(u) < \omega(u)$ 矛盾. 故必 $\omega(u) = 0$.

定理证毕.

推论1 设 X 和 K 满足定理1的条件,设 $S, T: K \to K$ 是满足下述条件的两个映象

$$\|Sx - Ty\| \leqslant a\|x-y\| + b(\|x-Sx\| + \|y-Ty\|) + c(\|x-Ty\| + \|y-Sx\|), \forall x, y \in K$$

其中 $a, b, c \geqslant 0, c \neq 0$,且 $a + 2b + 2c \leqslant 1$. 则:

(a_1) S, T 有一公共不动点 u;

如果再设 $b \neq 0$,则:

(b_1) u 是 S, T 的唯一公共不动点;而且也分别是 S 和 T 的唯一不动点;

(c_1) 对任一 $x_0 \in K$,由下式定义的序列 $\{x_n\}_{n=1}^{\infty}$

$x_1 = Sx_0, x_2 = Tx_1, \cdots, x_{2n} = Tx_{2n-1}, x_{2n+1} = Sx_{2n}, \cdots$

强收敛于 u.

证 设

$$\Phi(t_1, t_2, t_3, t_4, t_5) = at_1 + bt_2 + bt_3 + ct_4 + ct_5$$

因 $c \neq 0$,Φ 显然满足(i);但 $b=0$ 时则不满足(ii). 不过我们注意到证明定理1时第一次使用条件(ii)是在证明 $u = Tu$ 时. 如果 $b = 0$,由于我们这里假定 Φ 是严格增的,因此证明 $u = Tu$ 时就可用此一事实来代替,即由式(6)有

$$r(Tu) \leqslant ar(u) + c(r(u) + r(Tu))$$

如果 $Tu \neq u$,则

Banach 压缩不动点定理

$$r(Tu) > r(u)$$

故得

$$r(Tu) < (a+2c)r(Tu)$$

这与 $a+2c \leqslant 1$ 矛盾. 故 $Tu = u$.

其余的可仿照定理 1 的证明进行. 证毕.

下面的两个定理可由定理 1 直接得出：

定理 2 设 X, K 满足定理 1 中的条件, 设 μ 是满足定理 1 中的条件 (i), (ii) 的一切上半连续函数 $\Phi:$ $\mathbf{R}_{+5} \to \mathbf{R}_+$ 的集合. 设 $\mathscr{F}$ 是这样的映象族, 它映 K 到 K, 而且对任一对 $S, T \in \mathscr{F}$, 存在 $\Phi = \Phi(S, T) \in \mu$, 使得式 (165) 成立. 则：

(a) 存在唯一 $u \in K$, 使得 $Tu = u, \forall T \in \mathscr{F}$;

(b) u 是任一 $T \in \mathscr{F}$ 的唯一不动点；

(c) 对任一对 $S, T \in \mathscr{F}$, 由定理 1 中所定义的序列都收敛于 u.

定理 3 设 X, μ, K 满足定理 2 中的条件. 设 $\mathscr{F}$ 是这样的映象族, 它映 K 到 K, 而且对任一对 $S, T \in \mathscr{F}$, 存在正整数 $m = m(S, T), n = n(S, T)$ 和一 $\Phi = \Phi(S, T) \in \mu$, 使得下之条件被满足

$$\|S^m x - T^n y\|$$
$$\leqslant \Phi(\|x-y\|, \|x-S^m x\|, \|y-T^n y\|,$$
$$\|y-S^m x\|, \|x-T^n y\|), \forall x, y \in K$$

则定理 2 的结论仍成立.

证 令

$$S_1 = S^m, T_1 = T^n$$

则 S_1, T_1 满足定理 1 的条件, 故存在唯一 $u \in K$, 使得

$$S^m u = T^n u$$

且 u 是每一 S^m 和 T^n 的唯一不动点.

第4章 张石生论压缩型映象的不动点定理

因
$$S^m(Su) = S(S^m u) = Su$$
故 Su 是 S^m 之一不动点,故 $u = Su$. 同理可证 $Tu = u$. 定理其余部分的证明,是显然的.

定理证毕.

以下我们来讨论另外一类型映象的不动点定理,它属于 Matkowski[1],且是 Guseman[1],Iséki[1],和 Khazanchi[1] 中主要结果的推广.

我们需用到下面的引理.

引理 2 设 $\gamma(t):[0,\infty) \to [0,\infty]$ 是不减的,则对每一 $t > 0$,由 $\lim_{n\to\infty} \gamma^n(t) = 0$,即得 $\gamma(t) < t$,这里 $\gamma^n(t)$ 表 $\gamma(t)$ 的第 n 次迭代函数.

证 设对某一 $t_0 > 0$,有
$$\gamma(t_0) \geqslant t_0$$
于有由 γ 的单调性,知
$$\gamma^n(t_0) \geqslant t_0, n = 1, 2, \cdots$$
因而 $0 \geqslant t_0$. 矛盾. 由此矛盾,即得证引理的结论.

定理 4(Matkowski[1]) 设 (X,d) 是一完备的度量空间,设 $T:X \to X$ 是满足下之条件的映象:

对每一 $x \in X$,存在正整数 $n = n(x)$ 使得
$$(166) d(T^n x, T^n y) \leqslant \Phi(d(x, T^n x), d(x, T^n y), d(x, y),$$
$$d(T^n x, y), d(T^n y, y)), \forall x, y \in X$$
其中函数 $\Phi:[0,\infty)^5 \to [0,\infty)$ 满足下面的条件:

1. Φ 对每一变量是不减的;
2. $\lim_{t\to\infty}(t - \gamma(t)) = \infty$,这里 $\gamma(t) = \Phi(t,t,t,2t,2t)$;
3. $\lim_{n\to\infty} \gamma^n(t) = 0, \forall t > 0$.

则 T 有唯一不动点 $x^* \in X$,而且对每一 $x \in X$,

Banach 压缩不动点定理

迭代序列 $\{T^k x\}_{k=1}^{\infty}$ 收敛于 x^*.

证 首先我们证明对每一 $x \in X$,轨道 $O_T(x, 0, \infty) = \{T^i x\}_{i=0}^{\infty}$ 是有界的.

为此我们固定一 $x \in X$ 和一整数 $s: 0 \leqslant s < n = n(x)$. 令
$$u_k = d(x, T^{kn+s}x), k = 0, 1, 2, \cdots$$
$$h = \max\{u_0, d(x, T^n x)\}$$
由 2 存在常数 $c > h$,使得
$$t - \gamma(t) > h, t \geqslant c$$
由 c 的选择知 $u_0 < c$. 假设存在正整数 j,使得
$$u_j \geqslant c$$
显然我们可以假定 $u_i < c, \forall i < j$. 故由三角不等式
$$d(T^n x, T^{(j-1)n+s}x) \leqslant d(x, T^n x) + u_{j-1} < 2u_j$$
$$d(T^{jn+s}x, T^{(j-1)n+s}x) \leqslant u_j + u_{j-1} < 2u_j$$
现引用条件(166)和 1,即得
$$u_j = d(x, T^{jn+s}x)$$
$$\leqslant d(T^n x, T^n T^{(j-1)n+s}x) + d(x, T^n x)$$
$$\leqslant \Phi(u_j, u_j, 2u_j, 2u_j) + h$$
$$= \gamma(u_j) + h$$
即 $u_j - r(u_j) \leqslant h$,这与 c 的选择矛盾. 故
$$u_j < c, j = 0, 1, 2, \cdots$$
因而轨道 $O_T(x; 0, \infty)$ 是有界的.

现取 $x_0 \in X$,并令 $n_0 = n(x_0)$. 定义序列 $\{x_k\}$ 如下
$$x_{k+1} = T^{n_k} x_k, n_k = n(x_k), k = 0, 1, 2, \cdots \quad (7)$$
显然 $\{x_k\}$ 是轨道 $O_T(x; 0, \infty)$ 的子序列. 下证 $\{x_k\}$ 是一 Cauchy 序列.

设 k 和 i 是任意的正整数. 由式(7)有
$$x_{k+i} = T^{n_{k+i-1} + \cdots + n_k} x_k$$

第4章 张石生论压缩型映象的不动点定理

记
$$s_0 = n_{k+i-1} + \cdots + n_k$$
于是由条件(166)
$$\begin{aligned}
&d(x_k, x_{k+i})\\
&= d(x_k, T^{s_0} x_k)\\
&= d(T^{n_{k-1}} x_{k-1}, T^{s_0 + n_{k-1}} x_{k-1})\\
&\leqslant \Phi(d(x_{k-1}, T^{n_{k-1}} x_{k-1}), d(x_{k-1}, T^{s_0 + n_{k-1}} x_{k-1}),\\
&\quad d(x_{k-1}, T^{s_0} x_{k-1}), d(T^{n_{k-1}} x_{k-1}, T^{s_0} x_{k-1}),\\
&\quad d(T^{s_0 + n_{k-1}} x_{k-1}, x_{k-1}))\\
&\leqslant \gamma(\sup_{q \in \{T^s x_{k-1}\}_{s=0}^{\infty}} d(x_{k-1}, q)) \quad\quad (8)
\end{aligned}$$

仿上一样可证,当 $q \in \{T^s x_{k-1}\}_{s=0}^{\infty}$ 时,有
$$d(x_{k-1}, q) \leqslant \gamma(\sup_{u \in \{T^s x_{k-2}\}_{s=0}^{\infty}} d(x_{k-2}, u))$$

把上式代入式(8)得
$$\begin{aligned}
d(x_k, x_{k+i}) &\leqslant \gamma^2(\sup_{u \in \{T^s x_{k-2}\}_{s=0}^{\infty}} d(x_{k-2}, u)) \leqslant \cdots\\
&\leqslant \gamma^k(\sup_{u \in \{T^s x_0\}_{s=0}^{\infty}} d(x_0, u))
\end{aligned}$$

因轨道 $\{T^s x_0\}_{s=0}^{\infty}$ 有界,故于上式两端让 $k \to \infty$,由条件3,即知 $\{x_k\}$ 是 X 中的Cauchy序列.不失一般性,设
$$x_k \to x_* \in X$$
令 $n = n(x_*)$,现证 $T^n x_* = x_*$.

假设有 $\varepsilon = d(T^n x_*, x_*) > 0$. 利用与前面一样的讨论,可证
$$\lim_{k \to \infty} d(T^n x_k, x_k) = 0$$
由引理2,存在 k_0,当 $k \geqslant k_0$ 时,有
$$d(x_*, x_k) \leqslant \frac{1}{4}(\varepsilon - \gamma(\varepsilon)), d(T^n x_k, x_k) \leqslant \frac{1}{4}(\varepsilon - \gamma(\varepsilon))$$
故有

Banach 压缩不动点定理

$$\varepsilon = d(T^n x_*, x_*)$$
$$\leqslant d(T^n x_*, T^n x_k) + d(T^n x_k, x_k) + d(x_k, x_*)$$
$$\leqslant \Phi(d(x_*, T^n x_*), d(x_*, T^n x_*), d(x_*, x_k),$$
$$d(T^n x_*, x_k), d(T^n x_k, x_*)) + \frac{1}{2}(\varepsilon - \gamma(\varepsilon))$$
$$\tag{9}$$

因
$$d(x_*, T^n x_k) \leqslant d(x_*, x_k) + d(x_k, T^n x_k)$$
$$d(T^n x_*, x_k) \leqslant d(T^n x_*, x_*) + d(x_*, x_k)$$

当 $k \geqslant k_0$ 时,得
$$d(x_*, T^n x_k) \leqslant \frac{1}{2}(\varepsilon - \gamma(\varepsilon)) < \varepsilon$$
$$d(T^n x_*, x_k) \leqslant 2\varepsilon$$

于是由式(9)得
$$\varepsilon \leqslant \Phi(\varepsilon, \varepsilon, \varepsilon, 2\varepsilon, 2\varepsilon) + \frac{1}{2}(\varepsilon - \gamma(\varepsilon))$$
$$= \frac{1}{2}(\varepsilon + \gamma(\varepsilon)) < \varepsilon$$

矛盾. 由此矛盾,即知 $T^n x_* = x_*$.

设存在一点 $y_* \in X, x_* \neq y_*$, 使得
$$T^n y_* = y_*, n = n(x_*)$$

则由(166)及引理 2
$$d(x_*, y_*) = d(T^n x_*, T^n y_*)$$
$$\leqslant \Phi(0, d(x_*, y_*), d(x_*, y_*),$$
$$d(x_*, y_*), 0)$$
$$\leqslant \gamma(d(x_*, y_*)) < d(x_*, y_*)$$

矛盾. 因而得知 x_* 是 T^n 的唯一不动点.

但因 $Tx_* = T^n Tx_*$, 故由 x_* 的唯一性得
$$x_* = Tx_*.$$

第4章　张石生论压缩型映象的不动点定理

x_* 是 T 的唯一不动点至为显然.

为了证明对任一 $x \in X$，迭代序列 $\{T^k x\}_{k=1}^{\infty}$ 收敛于 x_*. 现任取 $x \in X$，对任一整数 $s: 0 \leqslant s < n(x_*) = n$，并令

$$d_k = d(x_*, T^{kn+s}x), k=0,1,2\cdots$$

若有某一 $k, d_k > d_{k-1}$，则由(166)和1,3得知

$$d_k = d(T^n x_*, T^n T^{(k-1)n+s} x)$$
$$\leqslant \Phi(0, d_k, d_{k-1}, d_{k-1}, d(T^{kn+s}x, T^{(k-1)n+s}x))$$
$$\leqslant \Phi(d_k, d_k, d_k, d_k, 2d_k) \leqslant \gamma(d_k) < d_k$$

矛盾. 因而得知

$$d_k \leqslant d_{k-1}, k=1,2,\cdots$$

从而有

$$d_k \leqslant \Phi(d_{k-1}, d_{k-1}, d_{k-1}, d_{k-1}, 2d_{k-1})$$
$$\leqslant \gamma(d_{k-1}) \leqslant \cdots \leqslant \gamma^k(d_0)$$

由3，得知 $d_k \to 0 (k \to \infty)$.

定理得证.

4.8　非线性压缩型映象的不动点定理(二)

现在我们讨论更为一般的非线性压缩型映象的不动点定理. 下面的结果统一和发展了 Fisher[1], Park, Rhoades[1], Ciric[2] 和 Rhoades[1] 中的某些重要的结果.

为叙述方便起见，我们引出下面的符号和引理.

设 (X, d) 是一完备的度量空间，设 T 是 $X \to X$ 的映象. 我们仍记

$$O_T(x; 0, \infty) = \{x_n = T^n x\}_{n=0}^{\infty}$$

Banach 压缩不动点定理

称为 T 在 x 处生成的轨道. 又对任意的正整数 $i,j, i \leqslant j$，记

$$O_T(x;i,j) = \{x_n = T^n x\}_{n=i}^{j}$$
$$O_T(x;i,\infty) = \{x_n = T^n x\}_{n=i}^{\infty}$$

对每一对 $x,y \in X$，我们记

$$O_T(x,y;0,\infty) = O_T(x;0,\infty) \bigcup O_T(y;0,\infty)$$

并称之为 T 在 x,y 处生成的轨道. 又对任意的正整数 $i,j, i \leqslant j$，记

$$O_T(x,y;i,j) = O_T(x;i,j) \bigcup O_T(y;i,j)$$
$$O_T(x,y;i,\infty) = O_T(x;i,\infty) \bigcup O_T(y;i,\infty)$$

设 $A \subset X$ 是任一子集仍记

$$\delta(A) = \sup_{x,y \in A} d(x,y)$$

以下处处假定 (X,d) 是一完备的度量空间，T 是 $X \to X$ 的映象，在定理 1 到定理 5 中处处假定对每一 $x \in X, \delta(O_T(x;0,\infty)) < \infty$，其中出现的函数 $\Phi(t)$，假定满足下面的条件 (Φ_1)：

(Φ_1) $\Phi:[0,\infty) \to [0,\infty)$ 对 t 是不减的和右连续的，而且对一切 $t > 0, \Phi(t) < t$.

引理 1（张[14]）设 $\Phi(t)$ 满足条件 (Φ_1)，则：

$1°$ 对每一 $t > 0, \Phi^n(t) \to 0 (n \to \infty)$，这里 $\Phi^n(t)$ 表 $\Phi(t)$ 的第 n 次迭代函数；

$2°$ 对任一满足下之条件的非负实数列 $\{t_n\}$

$$t_{n+1} \leqslant \Phi(t_n), n = 1, 2, \cdots$$

有 $\lim_{n \to \infty} t_n = 0$.

$3°$ 对任一实数 $t \in [0,\infty)$ 如满足 $t \leqslant \Phi(t)$ 就有 $t = 0$.

证 $1°$ 由条件 (Φ_1) 知，对每一 $t > 0, \Phi(t) < t$，故

第4章 张石生论压缩型映象的不动点定理

$$\Phi^n(t) \leqslant \Phi^{n-1}(t) \leqslant \cdots \leqslant \Phi(t) < t$$

由 $\Phi(t)$ 的右连续性,得

$$\lim_{n\to\infty}\Phi^n(t)=\lim_{n\to\infty}\Phi(\Phi^{n-1}(t))=\Phi(\lim_{n\to\infty}\Phi^{n-1}(t))$$

令

$$\bar{t}=\lim_{n\to\infty}\Phi^n(t)$$

由上式得

$$\bar{t}=\Phi(\bar{t})$$

如 $\bar{t}>0$. 则应有

$$\bar{t}=\Phi(\bar{t})<\bar{t}$$

矛盾. 故 $\bar{t}=0$,即

$$\lim_{n\to\infty}\Phi^n(t)=0$$

2° 由假设有

$$t_{n+1}\leqslant\Phi(t_n)\leqslant\Phi^2(t_{n-1})\leqslant\cdots\leqslant\Phi^n(t_1)$$

于上式两端取极限,并利用结论 1° 得

$$\lim_{n\to\infty}t_n=0$$

3° 于 2° 中取 $t_n=t, n=1,2,\cdots$,即得 $t=0$.

引理 1 得证.

定理 1(张[5]) 设 $T:X\to X$ 是一连续映象,设对每一 $x\in X$,存在与之相应的正整数 $p(x)$,使得
(167) $\delta(O_T(x;p(x),\infty))\leqslant\Phi(\delta(O_T(x;0,\infty)))$
其中 Φ 是满足条件(Φ_1)的函数,则对任一 $x_0\in X$,迭代序列 $\{x_n=T^n x_0\}_{n=0}^{\infty}$ 收敛于 T 的不动点.

证 对任一 $x_0\in X$,考虑 T 在 x_0 的轨道 $O_T(x_0;0,\infty)$. 由定理的假定,对 x_0 存在正整数 $p(x_0)$ 使得

$$\delta(O_T(x_0;p(x_0),\infty))\leqslant\Phi(\delta(O_T(x_0;0,\infty)))$$

现定义正整数列 $\{k(j)\}_{j=0}^{\infty}$ 如下

$$\begin{cases}k(0)=p(x_0)\\ k(j+1)=k(j)+p(x_{k(j)}),j=0,1,2,\cdots\end{cases} \quad (1)$$

于是由(167)得
$$\delta(O_T(x_0;k(j+1),\infty))$$
$$=\delta(O_T(x_0;k(j)+p(x_{k(j)}),\infty))$$
$$=\delta(O_T(x_{k(j)};p(x_{k(j)}),\infty))$$
$$\leqslant \Phi(\delta(O_T(x_{k(j)};0,\infty)))$$
$$=\Phi(\delta(O_T(x_0;k(j),\infty))),j=0,1,2,\cdots \quad (2)$$

根据定理的假定,对任一 $x_0 \in X$ 有
$$\delta(O_T(x_0;k(0),\infty)) < \infty$$

于是由引理1和式(2)可得
$$\lim_{j\to\infty}\delta(O_T(x_0;k(j),\infty))=0$$

上式表明序列 $\{x_n = T^n x_0\}$ 是 X 中的 Cauchy 序列,设
$$x_n \to x_* \in X$$

由 T 的连续性且 $x_n = Tx_{n-1}$,取极限故
$$x_* = Tx_*$$

定理证毕.

定理 2 设 $T:X \to X$ 是连续映象,又设对每一 $x \in X$, 存在正整数 $p(x)$, 使得对任意的 $x, y \in X$
$$\delta(O_T(x,y;p(x)+p(y),\infty))$$
$$\leqslant \Phi(\delta(O_T(x,y;0,\infty)))$$

其中 Φ 满足条件 (Φ_1).

则定理1的结论仍成立.

证 由假设对任一对 $x_0, y_0 \in X$, 存在正整数 $p(x_0), p(y_0)$, 使得
$$\delta(O_T(x_0,y_0;p(x_0)+p(y_0),\infty))$$
$$\leqslant \Phi(\delta(O_T(x_0,y_0;0,\infty))) \quad (3)$$

现定义正整数列 $\{k(j)\}_{j=0}^{\infty}$
$$\begin{cases} k(0) = p(x_0) + p(y_0) \\ k(j+1) = k(j) + p(\widetilde{x_j}) + p(\widetilde{y_j}), j=0,1,2,\cdots \end{cases}$$
$$(4)$$

134

第 4 章 张石生论压缩型映象的不动点定理

其中 $\widetilde{x}_j = T^{k(j)} x_0, \widetilde{y}_j = T^{k(j)} y_0$.

于是仿照定理 1 一样可证,对每一 $j: j = 0,1,2,\cdots$

$$\delta(O_T(x_0,y_0;k(j+1),\infty))$$
$$\leqslant \Phi(\delta(O_T(x_0,y_0;k(j),\infty))) \qquad (5)$$
$$\delta(O_T(x_0,y_0;k(0),\infty)) < \infty$$

由式(5)和引理 1 得

$$\lim_{j \to \infty} \delta(O_T(x_0,y_0;k(j),\infty)) = 0$$

仿照定理 1 一样可证 $\{x_n = T^n x_0\}$ 是 X 中的 Cauchy 序列,而且 $\{x_n\}$ 的极限 x_* 就是 T 的不动点.

定理证毕.

注 定理 2 可以推广到任意 n 元点组的情形.

引理 2 设 $T: X \to X$,设 $\Phi: [0,\infty) \to [0,\infty)$ 是不减的函数.则下列二条件等价.

1° 存在某一正整数 p,使对一切 $x \in X$
$$\delta(O_T(x;p,\infty)) \leqslant \Phi(\delta(O_T(x;0,\infty)))$$

2° 存在正整数 p,使对一切 $x \in X$ 和一切非负整数 k
$$d(T^p x, T^{p+k} x) \leqslant \Phi(\delta(O_T(x;0,\infty)))$$

证 显然,如果 1° 成立必 2° 成立.反之,设 2° 成立,于是对任意的非负整数 $r,s: r \leqslant s$ 有
$$d(T^{p+r} x, T^{p+s} x) = d(T^p T^r x, T^{p+s-r} T^r x)$$
$$\leqslant \Phi(\delta(O_T(T^r x;0,\infty)))$$
$$\leqslant \Phi(\delta(O_T(x;0,\infty)))$$

故得
$$\delta(O_T(x;p,\infty)) = \sup_{r,s \geqslant 0} d(T^{p+r} x, T^{p+s} x)$$
$$\leqslant \Phi(\delta(O_T(x;0,\infty)))$$

引理得证.

由定理 1 和引理 2 即得下之

135

Banach 压缩不动点定理

定理 3 设 $T:X \to X$ 是一连续映象,设存在正整数 p,使得对一切 $x \in X$ 和一切非负整数 k 下之任一条件成立,则定理 1 的结论仍成立

(169) $\delta(O_T(x;p,\infty)) \leqslant \Phi(\delta(O_T(x;0,\infty)))$

(170) $d(T^p x, T^{p+k} x) \leqslant \Phi(\delta(O_T(x;0,\infty)))$

其中 Φ 满足条件(Φ_1).

定理 4(张[5]) 设 $T:X \to X$ 是一连续映象,设存在正整数 p,q,使得对一切 $x,y \in X$ 有

(171) $d(T^p x, T^q y) \leqslant \Phi(\delta(O_T(x,y;0,\infty)))$

其中 Φ 满足条件(Φ_1). 则 T 在 X 中存在唯一不动点,而且对任一 $x_0 \in X$,迭代序列 $\{x_n = T^n x_0\}$ 收敛于这一不动点.

证 不失一般性可设 $p \geqslant q$. 于是对任一 $x \in X$ 和任意的非负整数 k,令 $y = T^{p+k-q} x$,于是由(171)

$$d(T^p x, T^{p+k} x) \leqslant \Phi(\delta(O_T(x, x_{p-q+k};0,\infty)))$$
$$= \Phi(\delta(O_T(x;0,\infty))), \forall k \geqslant 0$$

由定理 3 对任一 $x_0 \in X$,迭代序列 $\{x_n = T^n x_0\}$ 收敛于 T 的不动点.

现证 T 在 X 中的不动点的唯一性.

设 $x,y \in X$ 是 T 的二不动点,于是

$$d(x,y) = d(T^p x, T^q y)$$
$$\leqslant \Phi(\delta(O_T(x,y;0,\infty)))$$
$$= \Phi(d(x,y))$$

由引理 1,即得 $x = y$.

定理得证.

注 这里我们需要指出,当 $p,q \geqslant 2$ 时,T 的连续性条件是必须的. 这仍由例 4.6.1 可以看出.

当 $p = q = 1$ 时我们有下面的结果

第4章 张石生论压缩型映象的不动点定理

定理 5 设 T 是 $X \to X$ 的映象. 设对一切 $x, y \in X$ 有

(172) $\quad d(Tx, Ty) \leqslant \Phi(\delta(O_T(x, y; 0, \infty)))$

其中 Φ 满足条件 (Φ_1),则定理 4 的结论成立.

证 为了证明定理的结论,我们只需指出:对一切 $x_0 \in X$,迭代序列 $\{T^n x_0\}$ 的极限 x_* 是 T 的不动点. 事实上,因

$$T^n x_0 \to x_*$$

故对任给的 $\varepsilon > 0$,存在正整数 N,当 $n \geqslant N$ 时,有

$$d(T^n x_0, x_*) < \varepsilon$$

于是对任意的正整数 m 和 $n > N$,有

$$\begin{aligned}
&d(x_*, T^m x_*) \\
&\leqslant d(x_*, T^n x_0) + d(T^m x_*, T^n x_0) \\
&\leqslant \varepsilon + \Phi(\delta(O_T(T^{m-1} x_*, T^{n-1} x_0; 0, \infty))) \\
&\leqslant \varepsilon + \Phi(\max\{2\varepsilon, \delta(O_T(x_*; 0, \infty)) + \varepsilon\})
\end{aligned}$$

(6)

由 Hegedüs[1] 知

$$\delta(O_T(x_*; 0, \infty)) = \sup_{m \geqslant 0} d(x^*, T^m x_*) \quad (7)$$

故由式(6),对 m 取上确界,并注意式(7)及式(6)中 ε 的任意性得

$$\delta(O_T(x_*; 0, \infty)) \leqslant \Phi(\delta(O_T(x_*; 0, \infty)))$$

由引理 1,即得

$$x_* = T x_*$$

定理证毕.

前面我们在 Φ 满足条件 (Φ_1) 及 $\delta(O_T(x; 0, \infty)) < \infty, \forall x \in X$ 等条件下得出了一些不动点定理. 现在我们在 Φ 满足下面的条件 $(\Phi_2), (\Phi_3)$ 的情况下,讨论映象 $T: X \to X$ 的不动点的存在性问题:

Banach 压缩不动点定理

(Φ_2)　$\Phi(t):[0,\infty) \to [0,\infty)$ 对 t 不减；

(Φ_3)　对任一实数 $\alpha \in [0,\infty)$，存在数
$$u = u(\alpha) \in [0,\infty)$$
使得对一切满足次之不等式的 $t \in [0,\infty)$
$$t \leqslant \alpha + \Phi(t)$$
都有 $t \leqslant u$，而且 $\lim\limits_{n \to \infty} \Phi^n(u) = 0$。

定理 6（张[5]）　设 $T:X \to X$ 是连续映象，设对每一 $x \in X$，存在正整数 $p(x)$，使得对一切非负整数 k，有

(173)　　　　$\delta(O_T(x;p(x),p(x)+k))$
$$\leqslant \Phi(\delta(O_T(x;0,p(x)+k)))$$

其中 Φ 是满足条件 (Φ_2)，(Φ_3) 的函数.

则定理 1 的结论仍成立。

证　由假定对任一 $x_0 \in X$，存在 $p(x_0)$，使得对一切非负整数 m 有
$$\delta(O_T(x_0;p(x_0),p(x_0)+m))$$
$$\leqslant \Phi(\delta(O_T(x_0;0,p(x_0)+m)))$$

现定义正整数序列 $\{k(j)\}_{j=0}^{\infty}$ 如下
$$\begin{cases} k(0) = p(x_0) \\ k(j+1) = k(j) + p(x_{k(j)}) \end{cases}, j=0,1,2,\cdots$$

由条件 (173)，可证下面的不等式成立
$$\delta(O_T(x_0;k(j+1),k(j+1)+m))$$
$$\leqslant \Phi(\delta(O_T(x_0;k(j),k(j+1)+m))), \forall m \geqslant 0 \quad (7)$$

$$\delta(O_T(x_0;k(j),k(j+1)+m))$$
$$\leqslant \delta(O_T(x_0;k(j),k(j+1))) + \Phi(\delta(O_T(x_0;k(j),$$
$$k(j+1)+m))), \forall m \geqslant 0 \quad (8)$$

于式 (8) 中取 $j=0$ 得

第4章 张石生论压缩型映象的不动点定理

$$\delta(O_T(x_0,k(0),k(1)+m))$$
$$\leqslant \delta(O_T(x_0;k(0),k(1))) + \Phi(\delta(O_T(x_0;k(0),$$
$$k(1)+m))), \forall m \geqslant 0 \qquad (9)$$

令 $\alpha = \delta(O_T(x_0;k(0),k(1)))$. 于是由式(9),存在
$$u = u(\alpha) \in [0,\infty)$$
使得对每一非负整数 m
$$\delta(O_T(x_0;k(0),k(1)+m)) \leqslant u \qquad (10)$$
由于式(10)中对任意的非负整数 m 都成立,故有
$$\delta(O_T(x_0;k(0),\infty)) \leqslant u \qquad (11)$$
同理由于式(7)中对任意非负整数 m 都成立,故有
$$\delta(O_T(x_0;k(j+1),\infty))$$
$$\leqslant \Phi(\delta(O_T(x_0;k(j),\infty))), j=0,1,2,\cdots \qquad (12)$$
现于式(12)中取 $j=0$,由式(11)得知
$$\delta(O_T(x_0;k(1),\infty)) \leqslant \Phi(u)$$
又于式(12)中取 $j=1$,由上式得
$$\delta(O_T(x_0;k(2),\infty)) \leqslant \Phi^2(u)$$
一般由归纳法可证
$$\delta(O_T(x_0;k(n),\infty)) \leqslant \Phi^n(u), n=0,1,2,\cdots$$
由条件(Φ_4)得
$$\lim_{n \to \infty} \delta(O_T(x_0;k(n),\infty)) = 0$$
上式表明序列$\{T^n x_0\}$是 X 中的 Cauchy 序列,设
$$T^n x_0 \to x_* \in X$$
由 T 的连续性得知 x_* 是 T 的不动点.

定理证毕.

由定理6可得下面的结果.

定理7 设 $T:X \to X$ 连续,设对任意 $x \in X$,存在与之相应的正整数 $p(x)$,使得对一切 $x,y \in X$ 和任

意的非负整数 k

(174) $\delta(O_T(x,y;p(x)+p(y),p(x)+p(y)+k))$
$\leqslant \Phi(\delta(O_T(x,y;0,p(x)+p(y)+k)))$

其中 Φ 满足条件 $(\Phi_2),(\Phi_3)$. 则定理 6 的结论仍成立.

用类似于定理 1 的证明方法我们还可得出下面的一个关于映象对的公共不动点定理.

定理 8 设 $S,T:X \to X$ 是连续的映象对. 设对每一 $x \in X, \delta(O_T(x;0,\infty)) < \infty, \delta(O_S(x;0,\infty)) < \infty$. 再设对每一 x, 存在正整数 $p(x),q(x)$, 使得对任意的 $x,y \in X$, 有

(175) $\delta(O_T(x;p(x),\infty),O_S(y;q(y),\infty))$
$\leqslant \Phi(\delta(O_T(x;0,\infty),O_S(y;0,\infty)))$

其中 Φ 满足条件 (Φ_1), 又 $\delta(A,B) = \sup\limits_{x \in A, y \in B} d(x,y)$.

则对任一 $x_0 \in X$, 序列 $\{T^n x_0\}$ 和序列 $\{S^n x_0\}$ 都收敛于 T 和 S 的唯一公共不动点 x_*, 而且 x_* 也分别是 S 和 T 的唯一不动点.

在结束本节之际, 我们还应指出 4.6 节定理 3 可作如下的推广.

定理 9(张[19]) 设 (X,d) 是紧致度量空间, 设 $T:X \to X$ 是连续的映象, 且满足条件: 存在正整数 p,q 使对一切 $x,y \in X, x \neq y$ 有

(176) $d(T^p x, T^q y) < \delta(O_T(x,y;0,\infty))$

则 T 在 X 内存在唯一的不动点 x_*, 而且对任一 $x_0 \in X$, 迭代序列 $\{T^n x_0\}$ 收敛于 x_*.

4.9 压缩型映象的逆问题

前面我们已经定义了 176 类压缩型映象和映象

第4章 张石生论压缩型映象的不动点定理

对.从这些定义本身可以清楚地知道,其中每一类都是经典的 Banach 压缩映象的推广.人们自然要问,这些映象间除了前述的关系外,还有没有更本质的内在联系?如果有,这种联系又是什么?

关于这一问题,1975 年 Rosenholtz 在他的工作[1]中证明了一个逆现象,即当 (X,d) 是紧致度量空间时,则在与度量 d 拓扑等价的度量下,第(3)类映象是 Banach 压缩映象(我们记得两个度量称为是拓扑等价的,如果它们生成同一的拓扑).1976 年 Janos 在他的工作[1]中又发现一个逆现象,当 (X,d) 是紧致度量空间时,在与 d 拓扑等价的度量下,连续的第(4)类映象也是 Banach 压缩映象.1980 年和 1981 年在作者的工作[3]和[1]中证明,在同样的条件下,在与 d 拓扑等价的度量下,连续的(2)~(32)类压缩型映象是 Banach 压缩映象.上述的这些结果表明,尽管(2)~(32)类压缩映象,形式不同,名称各异,但在一定条件,和在等价度量意义下,它们本质上是属于第(1)类的 Banach 压缩映象.

在一定条件下,在等价度量意义下,不仅(1)~(32),而且(161),(162),(171),(176),从本质上来说与 Banach 映象都属于同种类型的映象.

为了证明这一事实,我们不加证明地引出下面的结果.

引理 1(Leader[1]) 设 (X,d) 是一完备的度量空间,$T:X \to X$ 是一连续映象,则在 X 上存在等价度量 d^* 使得 T 关于 d^* 是 X 上的 Banach 压缩映象的充分必要条件是:

1° 对每一 $x \in X, T^n(x) \to x_*$ (T 的不动点);

Banach 压缩不动点定理

$2°$ 在 x_* 的某一邻域内 $T^n(x) \to x_*$ 是一致的.

定理 1 设 (X,d) 是一完备的度量空间,设 T 是 X 的连续自映象.若下之一条件成立:

$1°$ (X,d) 是一紧致度量空间;

$2°$ T 是紧致映象,且 X 是有界的.

则(161),(162),(171),(176) 类映象在与 d 拓扑等价的度量 d^* 下都是第 (1) 类的 Banach 映象.

证 因 (161),(162),(171) 都是 (176) 的特例.我们仅就第 (176) 类映象证明在定理的条件下,在等价度量意义下,它是 Banach 压缩映象.为此我们就 (X,d) 满足条件 $1°$ 的情形证明,至于满足条件 $2°$ 则可类似的证明.

因 (X,d) 是紧致度量空间,T 是 X 到 X 的连续的第 (176) 类映象,故存在紧子集 $Y \subset X$,使得
$$T(X) \subset Y$$
因而有
$$Y \supset T(Y) \supset \cdots \supset T^n(Y) \supset \cdots$$
令
$$A = \bigcap_{n=0}^{\infty} T^n(Y)$$
显然 A 是 X 之一非空紧集,而且 T 把 A 映成 A,现证 A 只含一点,比如 x_*.设不然 A 不只含一点,故 A 的直径 $\delta(A) > 0$.于是存在二元 $x_1, x_2 \in A$,使得
$$\delta(A) = d(x_1, x_2)$$
又因 T 把 A 映成 A,故必存在二元 $y_1, y_2 \in A$,使得
$$x_1 = T^p y_1, x_2 = T^q y_2$$
这里 p,q 是第 (176) 类映象定义中的正整数.于是有
$$\delta(A) = d(x_1, x_2) = d(T^p y_1, T^q y_2)$$
$$< \delta(O_T(y_1, y_2; 0, \infty))$$

第4章 张石生论压缩型映象的不动点定理

$$\leqslant \delta(A)$$

矛盾. 由此矛盾知

$$d(x_1,x_2)=\delta(A)=0$$

即 $x_1=x_2$. 这就证明了 A 是一元集, 比如 $A=\{x_*\}$. 显然 x_* 是 T 的唯一不动点. 又从上面的证明过程中实际上已证明对任一 $x_0 \in X$, 迭代序列 $\{T^n x_0\}$ 收敛于 x_*.

任取 x_* 的邻域 $U \subset X$, 故

$$T^{n+1}(U) \subset T^{n+1}(X) \subset T^n(Y), n=0,1,2,\cdots$$

我们已证

$$\delta(T^n(Y)) \to 0, n \to \infty$$

故

$$T^n(U) \to 0, n \to \infty$$

因而得知在 U 内 $T^n(x) \to x_*$ 是一致的. 故引理 1 条件被满足, 结论成立.

定理得证.

定理 2 设 (X,d) 是一完备的度量空间, 设 T 是 X 的连续自映象, 设 U 是 (X,d) 之一有界闭球, 使得 $T:U \to U$. 则 (161), (171) 两类映象在与 d 拓扑等价的度量下, 也是第 (1) 类的 Banach 压缩映象.

证 因 (161) 类映象是第 (171) 类映象的特例, 故我们仅就 (171) 类证之.

不妨设第 (171) 类映象定义中的正整数 $p \geqslant q$. 于是对任一 $x \in U$, 和任意的非负整数 k, 令

$$y=T^{p+k-q}x$$

于是由条件 (171) 可得

$$d(T^p x, T^{p+k} x) \leqslant \Phi(\delta(O_T(x;0,\infty)))$$

引用引理 2, 上式等价于

Banach 压缩不动点定理

$$\delta(O_T(x;p,\infty)) \leqslant \Phi(\delta(O_T(x;0,\infty))) \quad (1)$$

由归纳法易于证明,对一切 $x \in U$ 有

$$\delta(O_T(x;(j+1)p,\infty))$$
$$\leqslant \Phi(\delta(O_T(x;jp,\infty))), j=0,1,2,\cdots \quad (2)$$

由三角不等式易知

$$\delta(O_T(x;p,\infty))$$
$$\leqslant \delta(O_T(x;p,2p)) + \delta(O_T(x;2p,\infty))$$

由式(2),即得

$$\delta(O_T(x;p,\infty)) \leqslant \delta(O_T(x;p,2p)) +$$
$$\Phi(\delta(O_T(x;p,\infty))) \quad (3)$$

因 T 连续,故 $T^p, T^{p+1}, \cdots, T^{2p}$ 亦连续,另由定理 4 知 T 在 U 中存在唯一不动点 x_*. 而且对任一 $x_0 \in U$,迭代序列 $\{T^n x_0\}$ 收敛于 x_*. 于是对任给的正数 $\frac{M}{2}$,必存在

$$\eta > 0, 0 < \eta < \frac{M}{2}$$

使得对一切

$$x \in V = \{x \in U : d(x, x_*) < \eta\}$$

和对一切 $i, i = p, p+1, \cdots, 2p$,有

$$d(T^i x, x_*) = d(T^i x, T^i x_*) \leqslant \frac{M}{2}$$

因而对一切 $x, y \in V$ 和一切 $i, j = p, p+1, \cdots, 2p$ 有

$$d(T^i x, T^j y) \leqslant d(T^i x, x_*) + d(T^j y, x_*)$$
$$\leqslant \frac{M}{2} + \frac{M}{2} = M$$

于是有

$$\sup_{x \in V} \delta(O_T(x;p,2p)) \leqslant M \quad (4)$$

现于式(2)和(3)中对 $x \in V$ 取上确界,易于知道

$$\sup_{x \in V} \delta(O_T(x; (j+1)p, \infty))$$
$$\leqslant \Phi(\sup_{x \in V} \delta(O_T(x; jp, \infty))), j = 0, 1, 2, \cdots \quad (5)$$
$$\sup_{x \in V} \delta(O_T(x; p, \infty))$$
$$\leqslant M + \Phi(\sup_{x \in V} \delta(O_T(x; p, \infty))) \quad (6)$$

因 U 是 X 中的有界闭球,故
$$\sup_{x \in V} \delta(O_T(x; p, \infty)) < \infty$$
于是由 4.8 节引理 $1(2°)$ 和式 (5) 即知
$$\lim_{j \to \infty} \sup_{x \in V} \delta(O_T(x; jp, \infty)) = 0$$
于是对任给的 $\varepsilon > 0$,存在正整数 n_0,当 $i, j \geqslant n_0$ 时,对一切 $x \in U$,一致地有
$$d(T^i x, T^j x) < \frac{\varepsilon}{2}$$
于上式让 $j \to \infty$,因而当 $i \geqslant n_0$ 时,对一切 $x \in U$,一致地有
$$d(T^i x, x_*) \leqslant \frac{\varepsilon}{2}$$
故引理 1 的条件满足,因而定理的结论由引理 1 得之.

定理证毕.

本节的结果表明,如果映象 $T: (X, d) \to (X, d)$ 相对于完备度量 d 不是压缩的,则仍有可能找到另一完备的等价度量 d^*,相对于这一度量 T 是压缩的.

4.10 关于一个抽象的压缩映象原理

根据 kwapisz[1] 我们引进如下的定义和符号:
设 $(G, \leqslant)$ 是满足以下条件的半序空间:
(G1) 0 是 G 的最小元,即 $0 \leqslant u, \forall u \in G$.

(G2) 对任意的 $u,v \in G$,上确界 $\sup(u,v)$ 存在且属于 G.

(G3) 在 G 中定义加法运算"+": $G \times G \to G$ 具有如下性质:对任意的 $u,v,w \in G$ 有:

(a) $u+v=v+u, (u+v)+w=u+(v+w), u+0=u$;

(b) 由 $u \leqslant v$ 可得 $u+w \leqslant v+w$;

(c) 由 $u+v=w$ 可得 $u \leqslant w$.

(G4) 对 G 中的不增序列 $\{u_n\}$,即 $u_{n+1} \leqslant u_n, n=1,2,\cdots$,定义极限运算,记为 $u_n \downarrow u$ 或 $\lim\limits_{n\to\infty} u_n = u$ 具有如下性质:

(a) $u_n = u, n=1,2,\cdots$,则 $u_n \downarrow u$;

(b) $u_n \downarrow u, v_n \downarrow v$,则 $u_n + v_n \downarrow u+v$;

(c) $u_n \downarrow u, v_n \downarrow v$,且 $u_n \leqslant v_n, n=1,2,\cdots$,则 $u \leqslant v$.

设 X 是满足以下条件的抽象空间:

(X1) 定义一函数 $r: X \times X \to G$,具有如下性质:

(a) $r(x,y) = 0 \Leftrightarrow x = y$;

(b) $r(x,y) = r(y,x), \forall x,y \in X$;

(c) $r(x,y) \leqslant r(x,z) + r(z,y), \forall x,y,z \in X$,

我们称 $r(x,y)$ 为 x,y 之间的距离函数.

(X2) (X,r) 是完备的,即对 X 中序列 $\{x_n\}$,如存在 $u_i \in G, n=1,2,\cdots$,使得 $u_n \downarrow 0$,且

$$r(x_{n+p}, x_n) \leqslant u_n, n, p = 1, 2, \cdots$$

(称这样的序列 $\{x_n\}$ 为 X 中的 Cauchy 序列),则极限存在.

定义 1 X 中的序列 $\{x_n\}$ 具有以下性质:存在 $u_n \in G, n=1,2,\cdots$,使 $u_n \downarrow 0$,且存在 x_0 有

$$r(x_n, x_0) \leqslant u_n, n=1,2,\cdots$$

第4章 张石生论压缩型映象的不动点定理

则称序列$\{x_n\}$的极限为x_0,记为
$$\lim_{n\to\infty} x_n = x_0 \text{ 或 } x_n \to x_0$$

定理1 设$\{T_i\}$是X到X的映象序列,若存在正整数序列$\{m_i\}$,使对一切的正整数i,j和一切的$x,y \in X$有

(177) $\quad r(T_i^{m_i}(x), T_j^{m_j}(y))$
$$\leqslant \mathscr{A}(\sup\{r(x,y),$$
$$r(x, T_i^{m_i}(x)), r(y, T_j^{m_j}(y)),$$
$$r(x, T_j^{m_j}(y)), r(y, T_i^{m_i}(x))\})$$

其中$\mathscr{A}$是G到G的映象,并且有如下的性质:

(**A1**) $\mathscr{A}$是不减的,即$u \leqslant v$可得$\mathscr{A}(u) \leqslant \mathscr{A}(v)$,右连续的,即$u_n \downarrow u$,可得$\mathscr{A}(u_n) \downarrow \mathscr{A}(u)$.

(**A2**) 对任一$q \in G$,均存在$u_0 \in G$,使得:

(a)u_0是集合$\{u \in G : u \leqslant q + \mathscr{A}(u)\}$的上界;

(b)$\lim_{n\to\infty}\mathscr{A}^n(u_0) = 0$,其中$\mathscr{A}^n$是$\mathscr{A}$的$n$次迭代,$n=1,2,\cdots$,则在$X$中存在唯一不动点$x_* \in X$,使得
$$T_i(x_*) = x_*, i = 1, 2, \cdots$$

而且对任一$x_0 \in X$,序列
$$x_n = T_n^{m_n}(x_{n-1}), n = 1, 2, \cdots \tag{1}$$

收敛于x_*.

证 首先证明由式(1)定义的序列$\{x_n\}$是X中的Cauchy序列,事实上,对任意的正整数i,j有

$r(x_i, x_j) = r(T_i^{m_i}(x_{i-1}), T_j^{m_j}(x_{j-1}))$ (2)
$$\leqslant \mathscr{A}(\sup\{r(x_{i-1}, x_{j-1}), r(x_{i-1}, x_i),$$
$$r(x_{j-1}, x_j), r(x_{i-1}, x_j), r(x_{j-1}, x_i)\})$$

故对任意的正整数$m < n$,由假设条件(**A1**)和式(2)得
$$\sup_{m \leqslant i,j \leqslant n} r(x_i, x_j) \leqslant \mathscr{A}(\sup_{m-1 \leqslant i,j \leqslant n} r(x_i, x_j)) \tag{3}$$

可是对任一 $n, n=1,2,\cdots$，有

$$0 \leqslant \sup_{0 \leqslant i,j \leqslant n} r(x_i, x_j)$$
$$= \sup\{\sup_{1 \leqslant i,j \leqslant n} r(x_i, x_j), \sup_{1 \leqslant j \leqslant n} r(x_0, x_j)\}$$
$$\leqslant r(x_0, x_1) + \sup_{1 \leqslant i,j \leqslant n} r(x_i, x_j) (\text{由}(3) \text{取} m=1)$$
$$\leqslant r(x_0, x_1) + \mathscr{A}(\sup_{0 \leqslant i,j \leqslant n} r(x_i, x_j))$$

根据假设条件（**A**2），取 $q = r(x_0, x_1)$，则存在 $u_0 \in G$，对任何 $n, n=1,2,\cdots$，由上式得

$$\sup_{0 \leqslant i,j \leqslant n} r(x_i, x_j) \leqslant u_0$$

在式（3）中取 $m=1$，利用上式得

$$\sup_{1 \leqslant i,j \leqslant n} r(x_i, x_j) \leqslant \mathscr{A}(u_0), n=2,3,\cdots$$

反复使用式（3），利用数学归纳法可得

$$\sup_{m \leqslant i,j \leqslant n} r(x_i, x_j) \leqslant \mathscr{A}^n(u_0), n=m+1, m+2, \cdots$$

把上式改写成

$$r(x_{m+p}, x_m) \leqslant \mathscr{A}^n(u_0), m, p=1,2,\cdots$$

根据（**A**2）（b）有

$$\lim_{m \to \infty} \mathscr{A}^n(u_0) = 0$$

故 $\{x_n\}$ 是 X 中的 Cauchy 序列，由 X 的完备性，设

$$\lim_{n \to \infty} x_n = x_* \in X \qquad (4)$$

现证 x_* 是 $T_i^{m_i}(i=1,2,\cdots)$ 的不动点. 为此，先证一个引理.

引理 1 设 $u \in G$，使得 $u \leqslant \mathscr{A}(u)$，则 $u=0$.

证 由（**A**2）（a）知，对 $q=0$，存在 $u_1 \in G$，使得 $u \leqslant u_1$. 利用 $\mathscr{A}$ 的不减性可得

$$u \leqslant \mathscr{A}(u) \leqslant \mathscr{A}(u_1)$$

再利用归纳法，可得

$$u \leqslant \mathscr{A}^n(u_1), n=1,2,\cdots$$

第4章 张石生论压缩型映象的不动点定理

于是由假设条件(**A**2)(b)知
$$\lim_{n\to\infty}\mathscr{A}^n(u_1)=0$$
又由(G4)和上式知 $u \leqslant 0$,故 $=0$.

引理得证.

现在继续证明定理1的结论.

由式(4)可设 $v_n \in G, n=1,2,\cdots$,使 $v_n \downarrow 0$,且
$$r(x_n, x_*) \leqslant v_n, n=1,2,\cdots$$
再令
$$w_i = r(x_*, T_i^{m_i}(x_*)), i=1,2,\cdots$$
利用距离 r 的性质,及条件(177)和 $\mathscr{A}$ 的不减性得
$$w_i \leqslant r(x_*, x_n) + r(x_n, T_i^{m_i}(x_*))$$
$$\leqslant v_n + r(T_n^{m_n}(x_{n-1}), T_i^{m_i}(x_*))$$
$$\leqslant v_n + \mathscr{A}(\sup\{r(x_{n-1}, x_*), r(x_{n-1}, x_n),$$
$$r(x_*, T_i^{m_i}(x_*)), r(x_{n-1}, T_i^{m_i}(x_*)), r(x_*, x_n)\})$$
$$\leqslant v_n + \mathscr{A}(\sup\{v_{n-1}, v_{n-1}+v_n, w_i, v_{n-1}+w_i, v_n\})$$
$$\leqslant v_n + \mathscr{A}(v_{n-1} + v_n + w_i), n=2,3,\cdots$$
于上式令 $n \to \infty$,并应用(G4)得
$$w_i \leqslant \mathscr{A}(w_i), i=1,2,\cdots$$
再由引理1得 $w_i=0$,即
$$r(x_*, T_i^{m_i}(x_*))=0$$
故得
$$T_i^{m_i}(x_*)=x_*, i=1,2,\cdots$$
现在证明 x_* 是 $T_i, i=1,2,\cdots$ 的不动点.因
$$r(T_i x_*, x_*) = r(T_i^{m_i}(T_i x_*), T_i^{m_i}(x_*))$$
$$\leqslant \mathscr{A}(\sup\{r(T_i x_*, x_*),$$
$$r(T_i x_*, T_i x_*), r(x_*, x_*),$$
$$r(T_i x_*, x_*), r(x_*, T_i x_*)\})$$
$$= \mathscr{A}(r(T_i x_*, x_*))$$

由引理 1,得
$$r(T_i x_*, x_*) = 0$$
故
$$T_i x_* = x_*, i = 1, 2, \cdots$$

另由定理的条件易证 x_* 是 $\{T_i\}$ 的唯一的公共不动点.

定理证毕.

注 1 若 G 是全序空间,则定理 1 的条件(**A**1)中把 $\mathscr{A}(u)$ 满足右连续性条件取消,定理 1 的结论仍成立.

4.11 某些应用

在本节,我们将应用本章前述的某些结果研究 Volterra 积分方程、微分方程解的存在性和唯一性问题;研究线性算子区域不变性和可逆性问题;讨论 Banach 空间中抽象的隐函数(反函数)的存在性定理,以及研究单调算子的某些问题.

1. 非线性 Volterra 积分方程和微分方程解的存在性和唯一性

我们忆及,Banach 空间 E 上的两个范数 $|\cdot|_*$,$\|\cdot\|$ 称为是等价的,如果存在正常数 m, M,使得
$$m \|x\| \leqslant |x|_* \leqslant M \|x\|, \forall x \in E$$
因此一映象 $T: E \to E$ 按 E 中某种范数满足 Lipschitz 条件,则必按 E 中任一等价范数满足 Lipschitz 条件. 根据这一事实,在 Banach 空间中研究满足 Lipschitz 条件的映象时,为使问题简化,我们常常可以选择一种

第 4 章 张石生论压缩型映象的不动点定理

等价范数,使该映象按此种等价范数成为一压缩映象. 下面的讨论就阐明了这种思想.

定理 1 设 $k:[0,a] \times [0,a] \times \mathbf{R} \to \mathbf{R}$ 连续,并且满足 Lipschitz 条件:即对一切的 $(s,t) \in [0,a] \times [0,a]$ 和一切的 $x,y \in \mathbf{R}$ 有

$$|k(t,s,x) - k(t,s,y)| \leqslant L |x-y|$$

这里 $\mathbf{R} = (-\infty, \infty), 0 < a < \infty$. 则对任一 $v(t) \in C[0,a]$,方程

$$u(t) = v(t) + \int_0^t k(t,s,u(s))\mathrm{d}s, 0 \leqslant t \leqslant a \quad (1)$$

在 $C[0,a]$ 中有唯一解,而且对任一 $u_0(t) \in C[0,a]$. 由下式定义的序列 $\{u_n(t)\}_{n=0}^{\infty}$

$$u_{n+1}(t) = v(t) + \int_0^t k(t,s,u_n(s))\mathrm{d}s \quad (2)$$

在 $[0,a]$ 上一致地收敛于方程(1)的唯一解.

证 设在 $C[0,a]$ 上除赋以上确界范数 $\|\cdot\|$

$$\|x\| = \sup_{0 \leqslant t \leqslant a} |x(t)|, \forall x(t) \in C[0,a]$$

外,还赋以范数

$$|x|_* = \max_{0 \leqslant t \leqslant a} \mathrm{e}^{-Lt} |x(t)|, \forall x(t) \in C[0,a]$$

显然这两种范数都是完备的,而且它们是等价的. 因为有

$$\mathrm{e}^{-La} \|x\| \leqslant |x|_* \leqslant \|x\|$$

现定义积分算子 $T: C[0,a] \to C[0,a]$ 如下

$$Tx(t) = v(t) + \int_0^t k(t,s,x(s))\mathrm{d}s, 0 \leqslant t \leqslant a \quad (3)$$

显然积分方程(1)在 $C[0,a]$ 中有唯一解,等价于积分算子 T 在 $C[0,a]$ 中有唯一不动点.

现证 T 按范数 $|\cdot|_*$ 是压缩的. 事实上,我们有

$$|Tg - Th|_*$$

Banach 压缩不动点定理

$$\leqslant \max_{0\leqslant t\leqslant a} e^{-Lt} \int_0^t \mid k(t,s,g(s)) - k(t,s,h(s)) \mid ds$$

$$\leqslant L \max_{0\leqslant t\leqslant a} e^{-Lt} \int_0^t \mid g(s) - h(s) \mid ds$$

$$= L \max_{0\leqslant t\leqslant a} e^{-Lt} \int_0^t e^{Ls} e^{-Ls} \mid g(s) - h(x) \mid ds$$

$$\leqslant L \mid g - h \mid_* \max_{0\leqslant t\leqslant a} e^{-Lt} \int_0^t e^{Ls} ds$$

$$= L \mid g - h \mid_* \max_{0\leqslant t\leqslant a} e^{-Lt} \cdot \frac{e^{Lt} - 1}{L}$$

$$\leqslant (1 - e^{-La}) \mid g - h \mid_*$$

因 $(1 - e^{-La}) < 1$. 故映象 $T:C[0,a] \to C[0,a]$ 是压缩的. 于是由 Banach 压缩映象原理得知 T 在 $C[0,a]$ 中存在唯一不动点 $u(t)$, 而且迭代序列 (2) 依范数 $\mid \cdot \mid_*$, 从而也依范数 $\parallel \cdot \parallel$ 一致收敛于该不动点.

定理证毕.

注 1 如果我们采用的是范数 $\parallel \cdot \parallel$, 而不是范数 $\mid \cdot \mid_*$, 那么仅当映象 T 看成是 $C[0,\lambda] \to C[0,\lambda]$, 这里 $\lambda < \min\left\{a, \dfrac{1}{L}\right\}$ 的映象时才是压缩的. 这样, 当 $a > \dfrac{1}{L}$ 时, 采用上确界范数 $\parallel \cdot \parallel$, 我们只能判断方程 (1) 在 $[0,a]$ 的子区间上解的唯一性. 但是当采用的是等价范数 $\mid \cdot \mid_*$ 时, 我们实际上已证明方程 (1) 在整个区间 $[0,a]$ 上解的唯一性.

定理 2 设 $f:[0,a] \times \mathbf{R} \to \mathbf{R}$ 连续, 且满足 Lipschitz 条件, 即对任一 $s \in [0,a], x, y \in \mathbf{R}$, 有

$$\mid f(s,x) - f(s,y) \mid \leqslant L \mid x - y \mid$$

则初值问题

$$\frac{du}{ds} = f(s,u), u(0) = 0 \tag{4}$$

第4章 张石生论压缩型映象的不动点定理

有唯一的定义在$[0,a]$上的解.

证 在方程(1)中取
$$k(t,s,u)=f(s,u), v(t)=0$$
于是方程(1)变成
$$u(t)=\int_0^t f(s,u(s))\mathrm{d}s \tag{5}$$
根据积分学的基本定理,方程(5)等价于初值问题(4).故定理2的结论,由定理1得之.

定理证毕.

下面我们讨论 Banach 空间中抽象的非线性 Volterra 积分方程解的存在性和唯一性问题.

设$(E,\|\cdot\|_E)$是一 Banach 空间,$C([0,a];E)(C([0,a]\times[0,a]\times E,E))$表定义在$[0,a]([0,a]\times[0,a]\times E)$上,而取值于$E$的一切连续函数所成的空间.在$C([0,a];E)$中赋以上确界范数
$$\sup_{0\leqslant t\leqslant a}\|x(t)\|_E=\|x\|_c$$
则$C([0,a];E)$是一 Banach 空间.

定理3 设$k_i(t,s,x), i=1,2$满足条件

(i) $k_i(t,s,x)\in C([0,a]\times[0,a]\times E;E), i=1,2$,且
$$\sup_{t,s\in[0,a]}\|k_i(t,s,x)\|_E<\infty, i=1,2$$

(ii) 存在正整数p,q,使得对一切$t,s\in[0,a]$和一切$x(s),y(s)\in C([0,a];X)$,有
$$\|k_1(t,s,T_1^{p-1}x(s))-k_2(t,s,T_2^{q-1}y(s))\|_E$$
$$\leqslant L\max\{\|T_1^r x(s)-T_2^u y(s)\|_E : 0\leqslant r\leqslant p,$$
$$0\leqslant u\leqslant q\}, 其中 L>0 \tag{6}$$
$$T_i^n x(t)=x_0(t)+\int_0^t k_i(t,s,T_i^{n-1}x(s))\mathrm{d}s$$

Banach 压缩不动点定理

$$i=1,2; n=1,2,\cdots \quad (7)$$

则方程组

$$\begin{cases} x(t)=x_0(t)+\int_0^t k_1(t,s,x(s))\mathrm{d}s \\ y(t)=y_0(t)+\int_0^t k_2(t,s,y(s))\mathrm{d}s \end{cases} \quad (8)$$

有唯一公共解 $x_*(t)$, 而且 $x_*(t)$ 是方程组中每一方程的唯一解.

证 在 $C([0,a];E)$ 中引入等价范数 $|\cdot|_*$

$$\mathrm{e}^{-La}\|x\|_c \leqslant |x|_* \leqslant \|x\|_c$$

于是有

$$|T_1^p x(t) - T_2^q y(t)|_*$$
$$= \max_{0 \leqslant t \leqslant a} \mathrm{e}^{-Lt} \left\| \int_0^t [k_1(t,s,T_1^{p-1}x(s)) - k_2(t,s,T_2^{q-1}y(s))]\mathrm{d}s \right\|_E$$
$$\leqslant \max_{0 \leqslant t \leqslant a} \int_0^t \mathrm{e}^{L(s-t)} \max_{0 \leqslant s \leqslant a}\{\mathrm{e}^{-Ls} \cdot L \cdot \max[\|T_1^r x(s) - T_2^u y(s)\|_X : 0 \leqslant r \leqslant p, 0 \leqslant u \leqslant q]\}\mathrm{d}s$$
$$\leqslant L \cdot \max\{|T_1^r x(t) - T_2^u y(t)|_* : 0 \leqslant r \leqslant p, 0 \leqslant u \leqslant q\} \cdot \max_{0 \leqslant t \leqslant a} \int_0^t \mathrm{e}^{L(s-t)} \mathrm{d}s$$
$$\leqslant (1-\mathrm{e}^{-La}) \cdot \max\{|T_1^r x(t) - T_2^u y(t)|_* : 0 \leqslant r \leqslant p, 0 \leqslant u \leqslant q\}$$

另外在条件(i)下, $T_i, i=1,2$ 是 $C([0,a];E)$ 上的连续自映象. 故本定理的结论由 4.6 节定理 4 得之.

定理证毕.

由定理 3 易知下面的结论成立.

定理 4 设 $(E, \|\cdot\|_E)$ 是一实 Banach 空间, 设 Ω 是映 $[0,a] \times [0,a] \times E \to E$ 的映象族, 满足条件:

(i) 对每一 $k \in \Omega, k \in C([0,a] \times [0,a] \times E; E)$

第4章 张石生论压缩型映象的不动点定理

且

$$\sup_{\substack{t,s\in[0,a]\\ x\in E}}\|k(t,s,x)\|_E<\infty$$

(ii) 存在 $n:\Omega\to \mathbf{Z}_+$（正整数集）和 $L>0$，使得对一切 $t,s\in[0,a]$ 和一切 $x(t),y(t)\in C([0,a];E)$，对一切相异对 $k_1,k_2\in\Omega$，有

$$\|k_1(t,s,T_1^n(k_1)^{-1}x(s))-k_2(t,s,T^n(k_2)^{-1}y(s))\|_E$$
$$\leqslant L\max\{\|T_1^r x(s)-T_2^u y(s)\|_E:0\leqslant r\leqslant n(k_1),$$
$$0\leqslant u\leqslant n(k_2)\}$$

其中

$$T_i^m x(t)=x_0(t)+\int_0^t k_i(t,s,T_i^{m-1}x(s))\mathrm{d}s, i=1,2$$
$$m=1,2,\cdots$$

则非线性 Volterra 积分方程族

$$x_\alpha(t)=x_0(t)+\int_0^t k_\alpha(t,s,x_\alpha(s))\mathrm{d}s, k_\alpha\in\Omega,\alpha\in\sigma$$

其中 σ 表一指标集，σ 与 Ω 有相同的势，有唯一公共解

$$x_*(t)\in C([0,a];E)$$

而且 $x_*(t)$ 也是方程族中每一方程的唯一解.

2. 线性算子区域的不变性和可逆性问题的讨论

设 E 是一 Banach 空间，X 是 E 之一子集合，设 F 是 X 到 E 的映象（不必为线性算子）. 我们把映象

$$f(x)=x-Fx: X\to E$$

称为 F 的相伴场. 特别当 F 是 Banach 压缩映象时，则称 f 为与 F 相应的压缩场.

关于压缩场我们有下面一个重要的结果.

定理5 设 E 是一 Banach 空间，设 U 是 E 中之一开集，设 $F:U\to E$ 是一具压缩常数 $h\in(0,1)$ 的压缩映象，$f=I-F$ 是相应于 F 的压缩场. 则：

(a) $f: U \to E$ 是一开映象,特别 $f(U)$ 是 E 中的开集;

(b) f 是 U 到 $f(U)$ 的一个同胚.

证 为证明 f 是一开映象,我们只要证明对任一 $u \in U$,当 $B(u,r)$(表以 u 为心,r 为半径的开球)$\subset U$ 时,则
$$B(f(u),(1-h)r) \subset f(B(u,r))$$
为此,任取
$$y_n \in B(f(u),(1-h)r)$$
并定义映象
$$G: B(u,r) \to E$$
为
$$G(y) = y_0 + F(y)$$
故也是具压缩常数 $h < 1$ 的压缩映象,且
$$\|G(u) - u\| = \|y_0 + Fu - u\|$$
$$= \|y_0 - f(u)\|$$
$$< (1-h)r$$
于是由 4.3 节推论 1,存在 $u_0 \in B(u,r)$,使得
$$u_0 = y_0 + Fu_0, \text{即} f(u_0) = y_0$$
从而
$$B(f(u),(1-h)r) \subset f(B(u,r))$$
这就证明了 $f: U \to E$ 是一开映象. 特别 $f(U)$ 是 E 中的开集.

为证结论(b),我们注意,若 $u,v \in U$,则
$$\|f(u) - f(v)\| \geq \|u - v\| - \|Fu - F(v)\|$$
$$\geq (1-h)\|u - v\|$$
故 f 是内射的. 又因 $f: U \to f(U)$ 是一连续的开双射,故它是一同胚.

第4章 张石生论压缩型映象的不动点定理

定理证毕.

推论 1 设 E 是一 Banach 空间,$F:E\to E$ 是一压缩映象. 则压缩场 $f=I-F$ 是 E 到 E 的同胚.

证 由定理 5,我们只要证明 $f(E)=E$. 任给 $y_0\in E$,则映象 $G(x)=y_0+F(x):E\to E$ 为压缩的,故 G 在 E 中存在唯一不动点,比如 x_0,即 $y_0=f(x_0)$.

推论证毕.

下面我们应用压缩映象的不动点定理讨论线性算子区域的不变性和可逆性问题,我们先从下面两个简单的结果开始.

引理 1 设 E 是 Banach 空间,$T:E\to E$ 是一线性算子,如果 $\|I-T\|<1$,则 T 是可逆的,且

$$\|T^{-1}\|\leqslant\frac{1}{(1-\|I-T\|)} \qquad (9)$$

证 因

$$\|(I-T)(x-y)\|$$
$$\leqslant\|I-T\|\cdot\|x-y\|,\forall x,y\in E$$

故 $I-T:E\to E$ 是压缩的. 于是由推论 1,映象

$$I-(I-T)=T$$

是一个同胚,故可逆,另外,从下式

$$1=\|TT^{-1}\|=\|T^{-1}-T^{-1}(I-T)\|$$
$$\geqslant\|T^{-1}\|-\|T^{-1}\|\cdot\|I-T\|$$

即得不等式(9).

结论得证.

引理 2 设 E 是一 Banach 空间,$T:E\to E$ 是一可逆的线性算子. 则对每一满足下式的线性算子 S

$$\|T-S\|<\frac{1}{\|T^{-1}\|} \qquad (10)$$

都是可逆的,并且

Banach 压缩不动点定理

$$\|S^{-1}\| \leqslant \frac{\|T^{-1}\|}{1-\|I-ST^{-1}\|}$$

证 因 T 是可逆的，如能证明 $J=ST^{-1}$ 是可逆的，则 $S=JT$，且 $S^{-1}=T^{-1}J^{-1}$，结论即得证.

因
$$\begin{aligned}\|I-J\| &= \|I-ST^{-1}\| \\ &= \|(T-S)T^{-1}\| \\ &\leqslant \|T-S\| \cdot \|T^{-1}\| \\ &< 1\end{aligned}$$

于是由引理 1 即知 J 可逆. 又 S^{-1} 的范数估计式由式 (9) 可得.

引理证毕.

定理 6 设 E 是一 Banach 空间, $L(E,E)$ 表映 E 到 E 的一切有界线性算子的 Banach 空间. 设 $\mathscr{A}$ 是 $L(E,E)$ 中全体可逆算子的集合. 设 $Inv:\mathscr{A}\to\mathscr{A}$ 是这样的映象，它把每一 $T\in\mathscr{A}$ 变成 T^{-1}. 则 $\mathscr{A}$ 在 $L(E,E)$ 中是开的，而且 Inv 是 $\mathscr{A}$ 到其自身的同胚.

证 由引理 2，对每一 $T\in\mathscr{A}$，开球 $B\left(T,\dfrac{1}{2\|T^{-1}\|}\right)$ 也包含于 $\mathscr{A}$ 中，故 $\mathscr{A}$ 是 $L(E,E)$ 中的开集. 现证 Inv 在任意给定的 $T\in\mathscr{A}$ 处连续. 事实上，当 $S\in B\left(T,\dfrac{1}{2\|T^{-1}\|}\right)$ 时，由引理 2 知 $S\in\mathscr{A}$，且

$$\|I-ST^{-1}\|<\frac{1}{2}$$

故
$$\begin{aligned}&\|S^{-1}-T^{-1}\|\\ &=\|T^{-1}(T-S)S^{-1}\|\\ &\leqslant \frac{\|T^{-1}\|^2}{(1-\|I-ST^{-1}\|)\cdot\|T-S\|}\end{aligned}$$

$$\leqslant 2\|T^{-1}\|^2 \cdot \|T-S\|$$

故 Inv 的连续性得证.

其次因 $Inv^0 Inv = I$,故得知 Inv 是一个同胚.

定理证毕.

下面的结果对线性微分算子的"先验估计"具有重要的意义.

定理 7(Schauder 不变量定理) 设 E, X 是两个 Banach 空间,$S, T: E \to X$ 是两个线性算子,S 可逆,设存在 $m > 0$,使得对每一 $t \in [0,1]$,算子 $L_t = S + tT$ 满足

$$\|L_t x\|_X \geqslant m\|x\|_E, \forall x \in E$$

则 L_t 对一切 $t \in [0,1]$ 是可逆的,特别 $S+T$ 是可逆的.

证 先证若一算子 L_{t_0} 是可逆的,则对任一 $t \in G_{t_0}$

$$G_{t_0} = \{t: |t-t_0| < \frac{m}{\|T\|}\}, 这里 t_0 \in [0,1]$$

算子 L_t 也是可逆的. 事实上,因

$$L_t = S + t_0 T + (t-t_0)T = L_{t_0} + (t-t_0)T$$

故

$$L_{t_0}^{-1} L_t = I + (t-t_0) L_{t_0}^{-1} T$$

因

$$\|L_{t_0} x\|_X \geqslant m\|x\|_E, \forall x \in E$$

故有

$$\|L_{t_0}^{-1}\| \leqslant \frac{1}{m}$$

于是对一切 $t \in G_{t_0}$ 有

$$\|(t-t_0)L_{t_0}^{-1}T\| \leqslant |t-t_0| \cdot \frac{1}{m}\|T\| < 1$$

故由引理 1 知 $L_{t_0}^{-1}L_t$ 是可逆的,从而 L_t 是可逆的.

现考察集合
$$G=\{t\in[0,1]:L_t \text{ 是可逆的}\}$$
由上面的证明 G 是一开集.另由假定 $L_0=S$ 是可逆的,因而得知 $G=[0,1]$.

定理得证.

3. 反函数定理

作为另一应用,我们来考察 Banach 空间中的反函数定理.

定理 8 设 E 是一 Banach 空间,$U\subset E$ 是一开集,并且 $f:U\to E$ 是 C^1 类映象.再设对某一 $x_0\in U$,Fréchet-微分 $Df(x_0)$ 是 $E\to E$ 的同胚.则存在 x_0 的一邻域 V 和 $f(x_0)$ 的一邻域 W,使得:

(i) 对每一 $x\in V$,$Df(x):E\to E$ 是可逆的;

(ii) $f\mid V:V\to W$ 是 V 到 W 上的同胚;

(iii) 对每一 $w\in W$,$f\mid V$ 的逆 $g:W\to V$ 是可微的,而且 $Dg(w)=[Df(g(w))]^{-1}$;

(iv) W 到 $L(E,E)$ 的映象 $w\to Dg(w)$ 是连续的.

证 先考察 $x_0=0,f(0)=0$ 和 $Df(0)=I$ 的特殊情形.因可逆算子的集合在 $L(E,E)$ 中是开的,又由于 $D(f(0))$ 可逆,$x\to Df(x)$ 连续,故存在一开球 $B\subset U,0\in B$,使得,$Df(x)$ 在 B 上是可逆的.

现定义映象 $F:B\to E$ 为
$$Fx=x-f(x)$$
故 F 是 C^1 类映象,且
$$DF(0)=I-Df(0)=0$$
因 F 连续可微,故存在一球 $B_1\subset B,0\in B_1$,使得
$$M=\sup\{\parallel Df(x)\parallel:x\in B_1\}<\frac{1}{2}$$

第 4 章 张石生论压缩型映象的不动点定理

于是由中值定理,对一切 $x_1, x_2 \in B_1$,有
$$\| Fx_1 - Fx_2 \| \leqslant M \| x_1 - x_2 \|$$
$$\leqslant \frac{1}{2} \| x_1 - x_2 \|$$

故 $F: B_1 \to E$ 是压缩的. 于是由定理 5,映象 f 是 B_1 到 $f(B_1)$ 的同胚. 取 $V = B_1, W = f(B_1)$,结论 (i),(ii) 得证.

现证结论 (iii). 设 $g: W \to V$ 是 $f|V$ 的逆. 给定 $y, b \in W$,设
$$g(b) = a, g(y) = x$$
并记 $Df(a) = T$. 因 f 在 a 处可微,故有
$$f(x) - f(a) = T(x-a) + \phi(x, a) \quad (11)$$
其中 $\phi(x, a)$ 满足条件:当 $\| x - a \| \to 0$ 时
$$\frac{\phi(x, a)}{\| x - a \|} \to 0$$
把 T^{-1} 作用于式 (11) 的两端,并注意到 $f(x) = y, f(a) = b$,即得
$$T^{-1}(y - b) = g(y) - g(b) + T^{-1}\phi(g(y), g(b))$$
为了证明结论 (iii),只要证明当 $\| y - b \| \to 0$ 时
$$K = \frac{\| T^{-1}\phi(g(y), g(b)) \|}{\| y - b \|} \to 0$$
事实上,当 $x, a \in V$ 时,由前面的证明得知
$$\| x - a \| - \| f(x) - f(a) \| \leqslant \| F(x) - F(a) \|$$
$$\leqslant \frac{1}{2} \| x - a \|$$
故有
$$\| x - a \| \leqslant 2 \| f(x) - f(a) \| \quad (12)$$
另因 $g|w: W \to V$ 是一双射映象,于是由式 (12) 得知

$$K$$
$$\leqslant \frac{\|T^{-1}\| \cdot \|\phi(g(y),g(b))\|}{\|g(y)-g(b)\|} \cdot \frac{\|g(y)-g(b)\|}{\|y-b\|}$$
$$\leqslant 2\|T^{-1}\| \cdot \frac{\|\phi(g(y),g(b))\|}{\|g(y)-g(b)\|}$$
$$= 2\|T^{-1}\| \cdot \frac{\|\phi(x,a)\|}{\|x-a\|}$$

当 $\|y-b\| \to 0$ 时,由 g 的连续性,有 $\|x-a\| \to 0$. 故 $K \to 0$.

(iii) 得证.

为证(iv). 我们注意到 $Dg(w)$ 是三个连续映象 Inv, Df, g 的合成,故它在 W 上连续.

综合上述,我们在 $x_0 = 0, f(0) = 0, Df(0) = I$ 的条件下证明了定理的结论. 至于一般的情形,我们只要考察函数 $h(x) = [Df(x_0)]^{-1}(f(x+x_0) - f(x_0))$ 即可.

定理证毕.

4. 关于单调映象的某些问题

设 E 是一 Banach 空间,E^* 是其对偶. 一集 $A \subset E \times E^*$ 称为单调的,如果

$(x_1 - x_2, y_1 - y_2) \geqslant 0, \forall [x_i, y_i] \in A, i = 1, 2$

$E \times E^*$ 的单调子集称为极大单调的,如果它不真含于 $E \times E^*$ 的其他任意的单调子集中.

如果 A 是 E 到 E^* 的单值映象. 则单调性条件变成

$(Ax_1 - Ax_2, x_1 - x_2) \geqslant 0, \forall x_1, x_2 \in D(A)$

单值映象 $A: E \to E^*$ 称为强单调映象,如果

$(Ax - Ay, x - y)$
$\geqslant c\|x-y\|^2, \forall x, y \in D(A), c > 0$

第4章 张石生论压缩型映象的不动点定理

显然每一强单调映象是内射的.

定理 9 设 H 是一 Hilbert 空间,U 是 H 之一开集. 设 $f:U \to H$ 是 Lipschitz 的强单调映象,即存在正常数 M 和 C,使得

$$\|fx - fy\| \leqslant M\|x - y\|, \forall x,y \in U$$
$$(fx - fy, x - y) \geqslant C\|x - y\|^2, \forall x, y \in U$$

则(i)f 是一开映象,特别 $f(U)$ 是 H 中的开集;

(ii)f 是 U 到 $f(U)$ 上的同胚.

证 显然,只需证对于充分小的 $\lambda > 0$,映象 λf 是一压缩场即可.事实上,对给定的 $\lambda > 0$,当 $x, y \in U$ 时有

$$\|(I - \lambda f)x - (I - \lambda f)y\|^2$$
$$= \|x - y\|^2 + \lambda^2 \|fx - fy\|^2 - 2\lambda(fx - fy, x - y)$$
$$\leqslant \|x - y\|^2 + M^2\lambda^2\|x - y\|^2 - 2\lambda C\|x - y\|^2$$
$$= (1 + M^2\lambda^2 - 2\lambda C)\|x - y\|^2$$

当 $0 < \lambda < \dfrac{2C}{M^2}$ 时,则

$$1 + M^2\lambda^2 - 2\lambda C < 1$$

故 $I - \lambda f$ 是一压缩映象,λf 为一压缩场.于是定理的结论由定理 5 得之.

定理证毕.

注 2 应用本章的某些结果研究 Banach 空间中的非线性积分－微分方程和非线性泛函方程解的存在性和唯一性问题,这里不再赘述.有兴趣的读者,可看参考资料,例如[5],[6],[17],[49].

参 考 资 料

[1] D. F. Bailey[1], J. London Math. Soc. 41, 1966, 101-106.

[2] S. Banach[1]. Théorie des opérations linéaires, New York, 1955.

[3] R. M. Bianchini[1]. Boll. Un. Mat. Ital. 1972, 5(4):103-108.

[4] S. C. Bose[1]. J London Math. Soc. (2), 1978, 18: 151-156.

[5] F. Browder[1]. Nonlinear Analysis TMA, V. 3, 1979, 657-661.

[6] L. B. Ciric[1]. Publ. Inst. Math. (Beograd)(N. S). 12(26), 1971, 19-26.

[7] L. B. Ciric[2], Proc. Amer. Math. Soc. 45, 1974, 267-273.

[8] S. K. Chatterjea[1]. C. R. Acad. Bulgare Sci. 1972, 25: 727-730.

[9] M. Edelstein[1]. Proc. Amer. Math. Soc. 1961, 12, 7-10.

[10] B. Fisher[1]. Proc. Amer. Math. Soc. V. 75. №2, 1979, 321-325.

[11] B. Fisher[2]. Glasgow Math. J. 1980, 21, 165-167.

[12] K. Goebel, W. A. Kirk, T. N. Shimi[1], Boll. Un. Mat. Ital. (4), 1973, 7, 67-75.

[13] V. K. Gupta, P. Srivastava[1]. Yokahama Math.

J. ,1971,19,91-95.

[14] L. F. Guseman,Jr[1]. Proc. Amer. Math. Soc. , 1970,26,615-618.

[15] G. E. Hardy. T. D. Rogers[1]. Canad. Math. Bull. ,1973,16,201-206.

[16] M. Hegedüs[1]. Acta Sci. Math. ,1980,42,87-89.

[17] S. A. Husain,V. M. Sehgal[1]. Math. Japonica, V. 25,№1,1980,27-30.

[18] K. Iséki[1]. Bull. Austral. Math. Soc. ,10,1974, 365-370.

[19] L. Janos[1]. Proc. Amer. Math. Soc. V. 61,№1, 1976,171-175.

[20] R. Kannan[1],Amer. Math. Monthly,1969,76, 405-408.

[21] R. Kannan[2]. Boll. Un. Mat. Ital,4(5),1972, 26-42.

[22] R. Kannan[3]. Proc. Amer. Math. Soc. V. 38, №1,1973,111-118.

[23] L. Khazanchi[1]. Math. Japonica,1974,19, 283-289.

[24] K. Kuratowski[1]. Topologie,Warszawa,1958.

[25] M. Kwapisz[1]. Nonlinear Analysis TMA,V. 3, №3,1979,293-302.

[26] Cheng-Ming Lee[1]. Trans. Amer. Math. Soc. V. 226,1977,147-159.

[27] S. Leader[1],Pacific J. Math. 69,1977,461-466.

[28] S. Massa[1]. Boll. Un. Mat. Ital. (4)7(1973),151-155.

[29] J. Matkowski[1],Proc. Amer Math. Soc. V. 62,

No2,1977,344-348.

[30] P. R. Meyers[1]. Res. Nat. Bur. Standards Sect. B71B,1967,73-76.

[31] S. Park, B. E. Rhoades, Acta Sci. Math. 42,1980, 299-304.

[32] F. Rakotch[1], Proc. Amer. Amer Math. Soc. 13,1962, 459-465.

[33] B. Ray[1], Nanta Math, 7,1974, 86-92.

[34] B. Ray, B. E. Rhoades[1], Pacific J. Math. V. 71, No2,1977,517-520.

[35] S. Reich[1]. Canad. Math, Bull. 14,1971, 121-124.

[36] S. Reich[2]. Boll. Un. Mat. Ital(4)4,1971,1-11.

[37] B. E. Rhoades[1]. Trans. Amer. Math. Soc. V. 226,1977,257-290.

[38] B. E. Rhoades[2]. Noties Amer. Math. Soc. 24,1977, A-427.

[39] I. Rosenholtz[1]. Proc. Amer. Math. Soc. V. 53, No1,1975,213-218.

[40] D. Roux, P. Socrdi[1]. Accad. Naz. Lincei Rend. Cl. Sci. Fix Mat. Natur. (8)52,1972,682-688.

[41] V. M. Sehgal[1]. J. London Math. Soc., (2)5, 1972,571-576.

[42] S. P. Singh[1]. Yokahama Math. J., 17,1969,61-64.

[43] K. L. Singh[1]. J. Math. Anal. Appl. 72,1979, 283-290.

[44] S. P. Singh[1]. B. A. Meade, Bull. Austral Math. Soc. 16,1977,49-53.

第4章 张石生论压缩型映象的不动点定理

[45] C. L. Yen[1]. Tamkang J. Math. ,3,1972,95-96.

[46] T. Zamflrescu[1]. Atti Acad. Naz. Lincei Rend. Cl. Sci. Fis. Mat. Natur. (8)52,1972,832-834.

[47] 丁协平[1]. 科学通报,27(4),1982,370-373.

[48] 丁协平[2]. 数学学报,24(1),1981,69-83.

[49] 丁协平[3]. 数学汇刊,3(1),1982,56-61.

[50] 张石生[1]. 四川大学学报,1981,1,45-67.

[51] 张石生[2]. 科学通报,21(6),1976,272-275.

[52] 张石生[3]. 四川大学学报,1980,2,55-66.

[53] 张石生[4]. 数学年刊,3(2),179-184.

[54] 张石生[5]. 四川大学学报,1982,2,17-27.

[55] 张石生[6]. 四川大学学报,1979,4,39-51.

[56] 张石生,陈绍仲[7]. 数学年刊,2(4),1981,437-444.

[57] 张石生,丁协平[8]. 科学通报(数理化专辑),1980,57-61.

[58] 张石生[9]. 四川大学学报,1981,3,31-45.

[59] Shih-sen Chang[10], Nonlinear Analysis TMA. V. 5,№2,1981,113-122.

[60] Shih-sen Chang[11]. Proc. Amer. Math. Soc. V. 83,№3,1981,645-652.

[61] 张石生[12]. 数学物理学报,1983,2,197-200.

[62] 张石生,陈绍仲[13]. 应用数学学报,5(3),1982,300-309.

[63] Shih-Sen Chang[14]. Math. Japonica,V. 26,№1,1981,121-129.

[64] 张石生[15]. 数学汇刊,3(1),1982,1-13.

[65] 张石生[16]. 自然杂志,5(11),1982,873.

[66] 张石生[17]. 四川大学学报,1981,2,21-32.
[67] 张石生[18]. 数学研究与评论,2(3),1982, 127-135.
[68] 张石生. 数学研究与评论,3(2),1983,123-130; 3(4),1983,97-102.
[69] 张石生,康世焜,陈云龙. 成都科学技术大学学报,1982,№3,41-48.

Banach 不动点定理的应用

第 5 章

Banach 不动点定理,作为出现在分析的各个不同分支中的存在和唯一性定理的共同源泉,无疑是非常重要的. 就这种意义来看,这个定理也深刻地说明了:泛函分析方法有统一各个数学分支的威力. 当然,也说明不动点定理在分析中的有效利用.

5.1 Banach 不动点定理

T 是映集合 X 到 X 的一个映射,如果有 $x \in X$ 使得
$$Tx = x$$
在(T 之下保持不变)也就是 x 的象 Tx 与 x 重合,则称 x 为映射 T 的一个不动点.

Banach 压缩不动点定理

例如,平移没有不动点;平面绕定点的旋转有一个不动点(旋转中心). **R** 到 **R** 的映射,$x \to x^2$,有两个不点(0 和 1),而从 **R**^{2} 到 ξ_1 轴上的投影 $(\xi_1,\xi_2) \to \xi_1$,则有无穷多个不动点(ξ_1 轴上的所有点).

Banach 不动点定理是关于某种映射的不动点的存在与唯一性定理,它也给出了一个逐步逼近不动点(往往是实际问题的解)的构造性过程. 这个过程叫作迭代过程. 据定义,它是这样的一个方法,在给定的集合 X 中任选一点 x_0,然后按关系式

$$x_{n+1} = Tx_n, n = 0,1,2,\cdots$$

依次计算出序列 $x_0, x_1, x_2 \cdots$. 也就是选定任一 x_0 之后,逐次确定

$$x_1 = Tx_0, x_2 = Tx_1, \cdots$$

几乎在每个应用数学分支中,都应用迭代程序. 收敛性的证明和误差的估计也常常能从 Banach 不动点定理得到(或者用更难些的不动点定理). Banach 定理给出了一类所谓压缩映射的不动点的存在(和唯一)的充分条件. 关于压缩的定义如下:

定义 1(压缩) 设 $X = (X,d)$ 是一个度量空间. 映射 $T:X \to X$ 被称为在 X 上是压缩的,若存在一个正实数 $\alpha < 1$,使得对所有的 $x,y \in X$ 都有

$$d(Tx,Ty) \leqslant \alpha d(x,y), \alpha < 1 \qquad (1)$$

从几何上来看,也就是说对任何两点 x,y,它们象之间的距离比它们之间的距离要近些. 更确切地讲,就是比值 $d(Tx,Ty)/d(x,y)$ 不得超过一个严格小于 1 的正数 α.

定理 1(Banach 不动点定理或压缩定理) 假定 $X = (X,d)$ 是一个非空的完备度量空间,$T:X \to X$ 是

第 5 章　Banach 不动点定理的应用

在 X 上压缩的映射. 则 T 恰好有一个不动点.

证 我们先构造一个序列 $\{x_n\}$,并证明它是一个柯西序列,从而在完备的空间 X 中是收敛的. 然后证明它的极限点 x 就是 T 的一个不动点. 最后证明这个不动点是唯一的. 这就是整个证明的思路.

我们任选 $x_0 \in X$,定义"迭代序列"$\{x_n\}$ 如下
$$x_0, x_1 = Tx_0, x_2 = Tx_1, \cdots, x_n = T^n x_0, \cdots \quad (2)$$
显然,它是 x_0 反复在 T 作用下的象的序列. 由(1)和(2)可以推出 $\{x_n\}$ 是柯西序列
$$\begin{aligned}
d(x_{m+1}, x_m) &= d(Tx_m, Tx_{m-1}) \\
&\leqslant \alpha d(x_m, x_{m-1}) \\
&= \alpha d(Tx_{m-1}, Tx_{m-2}) \\
&\leqslant \alpha^2 d(x_{m-1}, x_{m-2}) \\
&\vdots \\
&\leqslant \alpha^m d(x_1, x_0)
\end{aligned} \quad (3)$$

因此,利用三角不等式及几何级数求和公式,对于 $n > m$ 便可得到
$$\begin{aligned}
d(x_m, x_n) &\leqslant d(x_m, x_{m+1}) + d(x_{m+1}, x_{m+2}) + \cdots + \\
&\quad d(x_{n-1}, x_n) \\
&\leqslant (\alpha^m + \alpha^{m+1} + \cdots + \alpha^{n-1}) d(x_0, x_1) \\
&= \alpha^m \frac{1-\alpha^{n-m}}{1-\alpha} d(x_0, x_1)
\end{aligned}$$

由于 $0 < \alpha < 1$,分子中的 $1-\alpha^{n-m} < 1$,故有
$$d(x_m, x_n) \leqslant \frac{\alpha^m}{1-\alpha} d(x_0, x_1), n > m \quad (4)$$

在不等式右端,$0 < \alpha < 1$ 及 $d(x_0, x_1)$ 是固定的数,所以只要取 m 充分大(且 $n > m$),则 $d(x_m, x_n)$ 便可任意的小. 这就证明了 $\{x_m\}$ 是一个柯西序列. 由于 X 是完备的,所以它是收敛的,不妨设 $x_m \to x$. 我们将证明这

Banach 压缩不动点定理

个极限 x 就是映射 T 的不动点.

由三角不等式和式(1),可推得
$$d(x, Tx) \leqslant d(x, x_m) + d(x_m, Tx)$$
$$\leqslant d(x, x_m) + \alpha d(x_{m-1}, x)$$

由于 $x_m \to x$,所以当 m 充分大时
$$d(x, x_m) + \alpha d(x_{m-1}, x)$$

可以任意的小(小于任意预先指定的 $\varepsilon > 0$). 从而推出
$$d(x, Tx) = 0$$

故有 $x = Tx$. 这便证明了 x 是 T 的一个不动点.

因为若有
$$Tx = x \text{ 及 } T\tilde{x} = \tilde{x}$$

则由式(1)可得到
$$d(x, \tilde{x}) = d(Tx, T\tilde{x}) \leqslant \alpha d(x, \tilde{x})$$

由于 $\alpha < 1$,这就意味着 $d(x, \tilde{x}) = 0$. 因此,有 $x = \tilde{x}$,说明 T 的不动点是唯一的. 从而证明了定理.

推论 1(迭代,误差界) 在定理 1 的条件下,迭代序列(2)对任意的 $x_0 \in X$ 都收敛到 T 的唯一不动点 x,且有一个先验的误差估计
$$d(x_m, x) \leqslant \frac{\alpha^m}{1-\alpha} d(x_0, x_1) \tag{5}$$

及一个后验的误差估计
$$d(x_m, x) \leqslant \frac{\alpha}{1-\alpha} d(x_{m-1}, x_m) \tag{6}$$

证 从定理的证明很容易看出第一个论断是正确的. 对不等式(4)两端关于 $n \to \infty$ 求极限便得以(5). 至于(6),先在(5)中取
$$m = 1, x_0 = y_0, x_1 = y_1$$

便得到

第 5 章 Banach 不动点定理的应用

$$d(y_1,x) \leqslant \frac{\alpha}{1-\alpha}d(y_0,y_1)$$

再取 $y_0 = x_{m-1}$,因而

$$y_1 = Ty_0 = Tx_{m-1} = x_m$$

代入上式便得到(6).

先验误差界(5)可在计算之初根据给定的精度要求用来估计需要计算的步数. 式(6)可用于中间步骤或计算结束的估计,它至少有如式(5)一样的精度,还可能更好些;见思考问题 8.

从应用数学的观点来看,定理所要求的条件有时不能完全满足,经常会出现这样的情况:映射 T 不是在整个 X 上都是压缩的,而只是在 X 的子集 Y 上是压缩的. 然而,若 Y 是闭的,也是完备的. 所以 T 在 Y 上有一个不动点 x. 像前边一样造迭代序列 $x_m \to x$,不过这里要对初始点 x_0 的选取施加适当的限制,以保证 x_m 都落在 Y 中. 一个典型而具有实用价值的结论是下面的定理.

定理 2(球上的压缩) 设 T 是从完备度量空间 $X = (X,d)$ 到它自己的一个映射,并且 T 在闭球 $Y = \{x \mid d(x,x_0) \leqslant r\}$ 上是压缩的,即对所有的 $x,y \in Y$ 满足(1). 此外,还假定

$$d(x_0,Tx_0) < (1-\alpha)r \qquad (7)$$

则迭代序列(2)收敛到 $x \in Y$,这个 x 是 T 的一个不动点,且是 T 在 Y 中的唯一不动点.

证 我们只需证明迭代序列 $\{x_m\}$ 及 x 都落在 Y 中就够了. 在(4)中令 $m=0$ 并把 n 改为 m,则有

$$d(x_0,x_m) \leqslant \frac{1}{1-\alpha}d(x_0,x_1)$$

再利用(7)便得到

Banach 压缩不动点定理

$$d(x_0, x_m) < r$$

因此所有的 x_m 都落在 Y 中. 由于 $x_m \to x$, 并且 Y 是闭的, 故 $x \in Y$. 其他断言可从定理 1 的证明中得到.

为了后面的应用, 读者可以对下述事实给出一个简单的证明.

引理 1(连续性) 度量空间 X 上的压缩映射 T 是一个连续映射.

思 考 问 题

1. 在初等几何里找出一些映射例子, 分别满足(a) 有唯一的不动点; (b) 有无穷个不动点.

2. 设 $X = \{x \in \mathbf{R} \mid x \geqslant 1\} \subset \mathbf{R}$, 并用 $Tx = \dfrac{1}{2}x + \dfrac{1}{x}$ 定义映射 $T: X \to X$. 证明 T 是一个压缩映射, 并求出最小的 α.

3. 举例说明定理 1 中空间的完备性条件是根本的, 并且是不可缺少的.

4. 重要的是, 当 $x \neq y$ 时定理 1 中的条件(1) 不能换成 $d(Tx, Ty) < d(x, y)$. 要看出为什么, 只要考虑 $X = \{x \mid 1 \leqslant x < +\infty\}$, 取实直线上通常意义的度量, 再用 $Tx = x + \dfrac{1}{x}$ 定义 $T: X \to X$, 证明: 当 $x \neq y$ 时, 有

$$\mid Tx - Ty \mid < \mid x - y \mid$$

但映射 T 没有不动点.

5. 当 $x \neq y$ 时, 若 $T: X \to X$ 满足 $d(Tx, Ty) < d(x, y)$ 并且 T 有一个不动点, 证明这个不动点是唯一的. 这里只要求 (X, d) 是一个度量空间.

6. 若 T 是压缩的, 证明 $T^n (n \in N)$ 也是压缩的, 若 T^n 对 $n > 1$ 是压缩的, 证明: T 未必是压缩的.

第 5 章 Banach 不动点定理的应用

7. 证明引理 1.

8. 证明式(5)给出的误差界形成一个真正单调递减的序列. 证明: 式(6)至少与式(5)一样的好.

9. 证明: 在定理 2 的条件下, 有先验误差估计 $d(x_m,x) < \alpha^m r$ 及后验误差估计(6).

10. 在分析中, 迭代序列 $x_n = g(x_{n-1})$ 收敛的一个常用的充分条件是, g 是连续可微的, 并且
$$|g'(x)| \leqslant \alpha < 1$$
用 Banach 不动点定理来验证它.

11. 为了求已知方程 $f(x) = 0$ 的一个近似数值解, 将方程化成 $x = g(x)$ 的形式, 然后选初始值 x_0 并计算
$$x_n = g(x_{n-1}), n = 1, 2, \cdots$$
假定 g 在某一区间 $J = [x_0 - r, x_0 + r]$ 上是连续可微的, 并且在 J 上满足 $|g'(x)| \leqslant \alpha < 1$ 以及
$$|g(x_0) - x_0| < (1-\alpha)r$$
证明: $x = g(x)$ 在 J 上有唯一的解 x, 迭代序列 $\{x_m\}$ 收敛到这个解 x, 并且有误差估计
$$|x - x_m| < \alpha^m r, \quad |x - x_m| \leqslant \frac{\alpha}{1-\alpha}|x_m - x_{m-1}|$$

12. 若 f 在区间 $J = [a,b]$ 上是连续可微的, 并且 $f(a) < 0, f(b) > 0, 0 < k_1 \leqslant f'(x) \leqslant k_2 (x \in J)$; 利用定理 1, 构造一个求解方程 $f(x) = 0$ 的迭代程序. 采用 $g(x) = x - \lambda f(x)$, λ 是适当选定的.

13. 考察解 $f(x) = x^3 + x - 1 = 0$ 的一个迭代程序: (a)证明一种可能性是
$$x_n = g(x_{n-1}) = (1 + x_{n-1}^2)^{-1}$$
选取 $x_0 = 1$ 并执行三步. $|g'(x)| < 1$? (见问题 10)证明这个迭代过程可用图 1 说明; (b) 用(5)估计误差; (c) 我们可把 $f(x) = 0$ 写成 $x = 1 - x^3$. 这种形式适合迭代吗? 用 $x_0 = 1$, $x_0 = 0.5, x_0 = 2$ 试验一下, 看看会出现什么问题.

Banach 压缩不动点定理

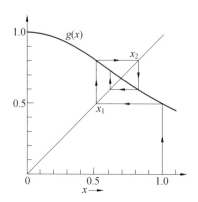

图 1　问题 13(a) 中的迭代

14. 证明求解问题 13 中的方程的另一个迭代程序是
$$x_n = x_{n-1}^{1/2}(1+x_{n-1}^2)^{-1/2}$$
选取 $x_0 = 1$ 并定出 x_1, x_2, x_3. 收敛加快的原因是什么？（实根是 0.682 328, 6 位有效数字）

15. (牛顿法) 设 f 是区间 $[a,b]$ 上的一个实值且两次连续可微的函数, $\hat{x}$ 是 f 在 (a,b) 内的一个单根（零点）. 证明: 下述牛顿法
$$x_{n+1} = g(x_n), g(x_n) = x_n - \frac{f(x_n)}{f'(x_n)}$$
是 $\hat{x}$ 的某一邻域内的压缩映射（所以对充分靠近 $\hat{x}$ 的任一 x_0, 这一迭代序列都是收敛到 $\hat{x}$ 的.）

16. (方根) 证明: 计算给定正数 c 的方根的一个迭代程序是
$$x_{n+1} = g(x_n) = \frac{1}{2}(x_n + \frac{c}{x_n})$$
其中 $n = 0, 1, \cdots$. 从问题 10 能得以什么条件？从 $x_0 = 1$ 出发, 计算出 $\sqrt{2}$ 的近似值 x_1, x_2, x_3, x_4.

17. 设 $T: X \to X$ 是完备度量空间上的一个压缩, 所以 (1) 是成立的. 由于舍入误差和其他方面的原因, 我们常常必须用

第5章 Banach不动点定理的应用

映射 $S: X \to X$ 代替 T,这个映射 S 使得对一切 $x \in X$ 都有
$$d(Tx, Sx) \leqslant \eta, \eta > 0, 适当的$$
用归纳法证明,对任一 $x \in X$ 有
$$d(T^m x, S^m x) \leqslant \eta \frac{1-\alpha^m}{1-\alpha}, m = 1, 2, \cdots$$

18. 问题 17 中的映射 S 可能没有不动点;但在实际上对某一个 n,S^n 常常有一不动点 y.用问题 17 证明:从 y 到 T 的不动点 x 的距离满足
$$d(x, y) \leqslant \frac{\eta}{1-\alpha}$$

19. 在问题 17 中,设 $x = Tx$ 和 $y_m = S^m y$.用(5)和问题 17 证明
$$d(x, y_m) \leqslant \frac{1}{1-\alpha}[\eta + \alpha^m d(y_{01} S y_0)]$$
这个公式在应用中有什么重要意义?

20. (李卜希兹条件)对于映射 $T:[a,b] \to [a,b]$,若存在常数 k,使得对一切 $x, y \in [a, b]$ 有
$$|Tx - Ty| \leqslant k|x - y|$$
则称 T 在 $[a, b]$ 上是满足李卜希兹条件的,k 叫作一个李卜希兹常数.(a) T 是一个压缩映射吗?(b) 若 T 是连续可微的,证明:T 满足一个李卜希兹条件.(c) 试问(b)的逆成立吗?

5.2 Banach定理在线性方程方面的应用

Banach 不动点定理在用迭代法求解线性代数方程组方面有重要的应用,并且也为收敛性和误差界提供了充分条件.

为了更好地理解,首先回顾一下:解这种方程组有各种直接法(若计算机的字长没有限制的话,用这种方法经过有限多次算术运算是能够得到精确解的.);大

Banach 压缩不动点定理

家最熟悉的一种方法是高斯消去法(消去法的大致过程在中学就曾教过). 然而, 迭代法或间接法, 对特殊的方程组可能更为有效, 例如, 方程组是稀疏的情况, 也就是说, 方程个数很多, 但只有很少的非零系数.(振动问题, 网络问题, 偏微分方程的差分逼近等都常常归结为稀疏的方程组.) 再者, 常用的直接法要求大约 $n^3/3$ 次算术运算(n 是方程的个数, 也是未知数的个数) 而对于大的 n, 舍入误差可能变得很大, 而在迭代方法中, 由舍入(或者因疏忽)而造成的误差可以加以遏制. 实际上, 经常用迭代法去改进由直接法求得的解.

为了应用 Banach 定理, 我们需要一个完备的度量空间和在其上的一个压缩映射. 所以我们取所有 n 元实序组

$$x=(\xi_1,\cdots,\xi_n), y=(\eta_1,\cdots,\eta_n), z=(\zeta_1,\cdots,\zeta_n)$$

等的集合 X, 在其上定义度量 d 为

$$d(x,z) = \max_j |\xi_j - \zeta_j| \qquad (1)$$

则 $X=(X,d)$ 是完备的.

在 X 上用

$$y = Tx = Cx + b \qquad (2)$$

定义 $T:X \to X$, 其中 $C=(c_{jk})$ 是一个固定的 $n \times n$ 的实方阵, $b \in X$ 是一个固定的矢量. 在本节中, 所涉及的矢量一律视为列矢量, 因为要符合矩阵乘法的通常约定.

在什么条件下, T 是一个压缩映射? 把(2)按分量写出, 便有

$$\eta_j = \sum_{k=1}^n c_{jk}\xi_k + \beta_j, j=1,2,\cdots,n$$

其中 $b=(\beta_j)$. 令 $w=(\omega_j)=Tz$, 因而从(1) 和(2) 可得

第 5 章 Banach 不动点定理的应用

到
$$d(\boldsymbol{y},\boldsymbol{w}) = d(T\boldsymbol{x},T\boldsymbol{z})$$
$$= \max_j |\eta_j - \omega_j|$$
$$= \max_j \left|\sum_{k=1}^n c_{jk}(\xi_k - \zeta_k)\right|$$
$$\leqslant \max_j |\xi_j - \zeta_j| \max_j \sum_{k=1}^n |c_{jk}|$$
$$= d(\boldsymbol{x},\boldsymbol{z}) \max_j \sum_{k=1}^n |c_{jk}|$$

可以看出,它也能被写成 $d(\boldsymbol{y},\boldsymbol{w}) \leqslant \alpha d(\boldsymbol{x},\boldsymbol{z})$,其中

$$\alpha = \max_j \sum_{k=1}^n |c_{jk}| \tag{3}$$

因而 5.1 节定理 1 给出了如下定理:

定理 1(线性方程) 若含有 n 个方程和 n 个未知数 $\xi_1,\xi_2,\cdots,\xi_n$(x 的分量)的线性方程组

$$\boldsymbol{x} = \boldsymbol{C}\boldsymbol{x} + \boldsymbol{b}, \boldsymbol{C} = (c_{jk}), \boldsymbol{b} \text{ 给定} \tag{4}$$

满足

$$\sum_{k=1}^n |c_{jk}| < 1, j=1,2,\cdots,n \tag{5}$$

则它恰好有一个解 x. 这个解可以通过求迭代序列 $\{(x^{(0)},x^{(1)},x^{(2)},\cdots)\}$ 的极限而得到,其中 $x^{(0)}$ 是任意取的,并且

$$x^{(m+1)} = \boldsymbol{C}x^{(m)} + b, m=0,1,\cdots \tag{6}$$

误差界是

$$d(x^{(m)},x)$$
$$\leqslant \frac{\alpha}{1-\alpha} d(x^{(m-1)},x^{(m)})$$
$$\leqslant \frac{\alpha^m}{1-\alpha} d(x^{(0)},x^{(1)}) \tag{7}$$

Banach 压缩不动点定理

条件(5)对收敛性是充分的. 由于它是对 C 的各行元素的绝对值求和, 所以又把条件(5)叫作行和判据. 若在 X 上取另外的度量代替式(1), 则将得到另外的条件. 在思考问题 7 和 8 中包括了两个实用上很重要的情况.

相对于实际上采用的方法, 定理 1 又是如何呢? 通常把含有 n 个方程和 n 个未知数的线性方程组写成为

$$Ax = c \tag{8}$$

其中 A 是 n 阶的方阵. 在 $\det A \neq 0$ 时, 关于(8)的很多迭代法都是把 A 写成 $A = B - G$, 其中 B 是一个适当的非奇异矩阵. 则(8)变成

$$Bx = Gx + c$$

或

$$x = B^{-1}(Gx + c)$$

这就给出了迭代格式(6), 其中取

$$C = B^{-1}G, b = B^{-1}c \tag{9}$$

下面用两个标准的方法来说明它, 一种方法是雅可比迭代, 它有很大的理论意义, 而另一种方法是高斯-赛德尔迭代, 在应用数学中得到广泛的应用.

雅可比迭代　这种迭代方法是用

$$\xi_j^{(m+1)} = \frac{1}{a_{jj}}(\gamma_j - \sum_{\substack{k=1 \\ k \neq j}}^{n} a_{jk}\xi_k^{(m)}), j = 1, 2, \cdots, n \tag{10}$$

来定义的, 其中 $c = \{\gamma_j\}$ 就是(8)中的矢量 c, 并且还假定对 $j = 1, 2, \cdots, n$ 都有 $a_{jj} \neq 0$. 这个迭代是根据关于 ξ_j 解(8)中的第 j 个方程而提出的. 要验证(10)能够被写成(6)的形式是不难的, 只要令

$$C = -D^{-1}(A - D), b = D^{-1}c \tag{11}$$

其中 $\boldsymbol{D} = \mathrm{diag}(a_{jj})$ 是对角矩阵, $\boldsymbol{D}$ 的非零元就是 $\boldsymbol{A}$ 的主对角元.

应用到式(11)中的 $\boldsymbol{C}$ 所得到的条件(5),对于雅可比迭代的收敛是充分的. 由于式(11)中的 $\boldsymbol{C}$ 相对来说比较简单,能够直接用 $\boldsymbol{A}$ 的元素来表示条件(5). 关于雅可比迭代的行和判据是

$$\sum_{\substack{k=1\\k\neq j}}^{n} \left|\frac{a_{jk}}{a_{jj}}\right| < 1, j = 1, 2, \cdots, n \qquad (12)$$

或

$$\sum_{\substack{k=1\\k\neq j}}^{n} |a_{jk}| < |a_{jj}|, j = 1, 2, \cdots, n \qquad (12^*)$$

粗略地讲,这就表明:若 $\boldsymbol{A}$ 的主对角元足够大,则便能保证迭代的收敛.

值得注意的是,在雅可比迭代中, $x^{(m+1)}$ 的某些分量已经可以立即有效地使用但却没有使用,而仍按程序继续计算其余的分量,也就是说,待一个迭代循环的结束,才把新的近似解的所有分量一同引进下一个循环. 我们把这一事实说成是:雅可比迭代是一个同时校正的方法.

高斯－赛德尔迭代　这是一个逐次校正的方法,在这种迭代过程的每一时刻,把当时计算出的已知新分量都被用到紧接着的计算中去. 这种方法是用

$$\xi_j^{(m+1)} = \frac{1}{a_{jj}}\left(\gamma_j - \sum_{k=1}^{j-1} a_{jk}\xi_k^{(m+1)} - \sum_{k=j+1}^{n} a_{jk}\xi_k^{(m)}\right) \quad (13)$$

来定义的,其中 $j = 1, 2, \cdots, n$,并且仍假定对所有的 j, $a_{jj} \neq 0$.

把矩阵 $\boldsymbol{A}$ 分解成(图2)下式能得到式(13)的矩阵形式

Banach 压缩不动点定理

$$A = -L + D - U$$

其中 D 就是雅可比迭代中的 D，而 L 和 U 分别是下三角阵和上三角阵，并且它们的主对角元都是零，而负号是为了方便才写出的. 可以想象出，式(13)中的每个方程分别用 a_{jj} 去乘，则可写成

$$Dx^{(m+1)} = c + Lx^{(m+1)} + Ux^{(m)}$$

或

$$(D - L)x^{(m+1)} = c + Ux^{(m)}$$

再用 $(D-L)^{-1}$ 乘上式两端便得到(6)，其中

$$C = (D-L)^{-1}U, b = (D-L)^{-1}c \qquad (14)$$

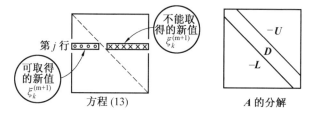

图 2　高斯－赛德尔公式(13)和(14)的解释

相对式(14)中 C 的条件(5)，对于高斯－赛德尔迭代的收敛是充分的. 由于 C 比较复杂，留下的实际问题是要求得一个较简单的条件，它能保证式(5)的有效性就够了. 我们不加证明地指出，式(12)是充分的，但还有更好的条件.

思 考 问 题

1. 验证(11)和(14).
2. 考虑方程组

$$5\xi_1 - \xi_2 = 7$$

第 5 章 Banach 不动点定理的应用

$$-3\xi_1 + 10\xi_2 = 24$$

(a) 求出精确解；(b) 应用雅可比迭代. C 满足(5)吗？从 $x^{(0)} = (1,1)^T$ 出发,计算 $x^{(1)}, x^{(2)}$ 及关于 $x^{(2)}$ 的误差界(7),并与 $x^{(2)}$ 的实际误差进行比较；(c) 再应用高斯－赛德尔迭代法执行(b)中的计算.

3. 考虑方程组

$$\begin{aligned}
\xi_1 - 0.25\xi_2 - 0.25\xi_3 &= 0.50 \\
-0.25\xi_1 + \xi_2 - 0.25\xi_4 &= 0.50 \\
-0.25\xi_1 + \xi_3 - 0.25\xi_4 &= 0.25 \\
-0.25\xi_2 - 0.25\xi_3 + \xi_4 &= 0.25
\end{aligned}$$

(这种形式的方程出现在偏微分方程的数值解中.)(a) 从 $x^{(0)} = (1,1,1,1)^T$ 出发,应用雅可比迭代并执行三步,把近似解与精确解 $\xi_1 = \xi_2 = 0.875, \xi_3 = \xi_4 = 0.625$ 加以比较；(b) 再应用高斯－赛德尔迭代,按(a)中要求进行计算和比较.

4. **盖尔斯果林(Gersgorin)定理** 若 λ 是方阵 $C = (c_{jk})$ 的一个特征值,则对某个 $j(1 \leqslant j \leqslant n)$ 有

$$|c_{jj} - \lambda| \leqslant \sum_{\substack{k=1 \\ k \neq j}}^n |c_{jk}|$$

(C 的特征值是对某个 $x \neq 0$ 满足 $Cx = \lambda x$ 的数 λ.)(a) 证明可把(4)写成 $Kx = b$,其中 $K = I - C$,并且盖氏定理与(5)合在一起蕴涵着 K 没有零特征值(故 K 是非奇异的,即 $\det K \neq 0$, $Kx = b$ 有唯一的解.)(b) 证明(5)和盖氏定理合在一起蕴涵着(6)中的 C 的谱半径小于1(可以证明它是迭代收敛的充分必要条件, C 的谱半径定义为 $\max_j |\lambda_j|, \lambda_1, \lambda_2, \cdots, \lambda_n$ 为 C 的特征值.)

5. 下面的方程组

$$\begin{aligned}
2\xi_1 + \xi_2 + \xi_3 &= 4 \\
\xi_1 + 2\xi_2 + \xi_3 &= 4 \\
\xi_1 + \xi_2 + 2\xi_3 &= 4
\end{aligned}$$

是这样的一个例子：对它用雅可比迭代则发散,而用高斯－赛德尔迭代则收敛. 从 $x^{(0)} = 0$ 出发,验证雅可比迭代的发散性,

Banach 压缩不动点定理

并执行高斯－赛德尔迭代的前几步，可得到这种迭代似乎收敛到精确解 $\xi_1 = \xi_2 = \xi_3 = 1$ 的印象.

6. 总认为高斯－赛德尔迭代比雅可比迭代要好些，似乎是有道理的. 其实，这两种方法是不好比较的. 这有点使人感到意外. 例如，对于方程组

$$\begin{aligned} \xi_1 + \xi_3 &= 2 \\ -\xi_1 + \xi_2 &= 0 \\ \xi_1 + 2\xi_2 - 3\xi_3 &= 0 \end{aligned}$$

应用雅可比迭代是收敛的，而用高斯－赛德尔迭代则发散. 从问题 4(b) 中所说的充要条件来推导这两个事实.

7. (列和判据) 对于式(1)中的度量有条件(5). 若在 X 上定义度量 d_1 为

$$d_1(x, z) = \sum_{j=1}^n |\xi_j - \zeta_j|.$$

证明：代替(5)而得到条件

$$\sum_{j=1}^n |c_{jk}| < 1, \quad k = 1, 2, \cdots, n \tag{15}$$

8. (平方和判据) 对于式(1)中的度量有条件(5). 若在 X 上定义欧几里得度量 d_2 为

$$d_2(x, z) = \left[\sum_{j=1}^n (\xi_j - \zeta_j)^2 \right]^{1/2}.$$

证明：代替(5)而得到条件

$$\sum_{j=1}^n \sum_{k=1}^n c_{jk}^2 < 1 \tag{16}$$

9. (雅可比迭代) 证明：对于雅可比迭代收敛的充分条件 (5), (15) 和 (16) 分别取

$$\sum_{\substack{k=1 \\ k \neq j}}^n \left| \frac{a_{jk}}{a_{jj}} \right| < 1, \quad \sum_{\substack{j=1 \\ j \neq k}}^n \left| \frac{a_{jk}}{a_{kk}} \right| < 1, \quad \sum_{j=1}^n \sum_{\substack{k=1 \\ k \neq j}}^n \frac{a_{jk}^2}{a_{jj}^2} < 1.$$

10. 找一个矩阵 C 满足(5), 但既不满足(15)也不满足(16).

第 5 章　Banach 不动点定理的应用

5.3　Banach 定理在微分方程方面的应用

Banach 不动点定理的最有意义的应用还是关于函数空间的. 我们将会看到, 这个定理给出了微分方程和积分方程的存在和唯一性定理.

事实上, 在这一节我们研究显式的一阶常微分方程

$$x' = f(t,x),\quad ' = \frac{\mathrm{d}}{\mathrm{d}t} \tag{1a}$$

这个方程再加上初始条件

$$x(t_0) = x_0 \tag{1b}$$

便构成一个初值问题, 其中 t_0 和 x_0 是给定的实数.

我们将利用 Banach 定理来证明著名的皮卡(Picard)定理, 这个定理虽说在同类定理中不是最强的, 但在常微分方程的理论中却起着不可忽视的作用. 处理问题的思路是很简单的: 先将方程(1)改写成一个积分方程, 从而定义了一个映射 T. 并且在定理的条件下推出 T 是一个压缩映射, 其不动点就成为原问题的解.

皮卡的存在与唯一性定理(常微分方程)　设 f 在矩形域(图 3)

$$R = \{(t,x) \mid |t-t_0| \leqslant a, |x-x_0| \leqslant b\}$$

上是连续的, 因而在 R 上也是有界的, 不妨设对一切 $(t,x) \in R$ 有(图 4)

$$|f(t,x)| \leqslant c, \text{对一切}(t,x) \in R \tag{2}$$

还假定 f 相对于其第二个变量在 R 上满足一个李卜希

185

Banach 压缩不动点定理

兹条件,即存在一个常数 k(李卜希兹常数)使得对 $(t,x),(t,v) \in R$ 有

$$|f(t,x) - f(t,v)| \leqslant k|x-v| \quad (3)$$

则初始问题(1)有唯一的解,这个解在区间 $[t_0-\beta, t_0+\beta]$ 上存在,其中①

$$\beta < \min\left\{a, \frac{b}{c}, \frac{1}{k}\right\} \quad (4)$$

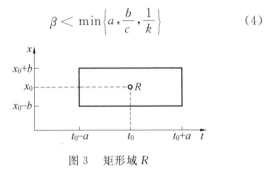

图 3 矩形域 R

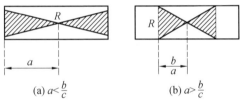

图 4 不等式(2)的几何解释,其中(a)比较小的 c,(b)比较大的 c. 解曲线一定落在阴影区域内. 而该区域是由直线 $b = \pm ca$ 所界定的.

证 设 $C(J)$ 是这样的一个度量空间:其元素为区间 $J = [t_0-\beta, t_0+\beta]$ 上的所有实值连续函数,其上的度量 d 为

---

① 在经典的证明中,$\beta < \min\{a, \frac{b}{c}\}$,这个结果更好些. 只要对我们的证明稍作改动,便可得到这一结果.

第5章 Banach不动点定理的应用

$$d(x,y) = \max_{t \in J} |x(t) - y(t)|$$

$C(J)$ 是完备的. 所有满足

$$|x(t) - x_0| \leqslant c\beta \tag{5}$$

的函数 $x \in C(J)$ 构成 $C(J)$ 的一个子空间,记之为 $\widetilde{C}$. 不难证明 $\widetilde{C}$ 在 $C(J)$ 中是闭的(见思考问题6),所以知 $\widetilde{C}$ 是完备的.

通过积分,式(1)能够被写为 $x = Tx$,其中 $T: \widetilde{C} \to \widetilde{C}$ 是用

$$Tx(t) = x_0 + \int_{t_0}^{t} f(\tau, x(\tau)) \mathrm{d}\tau \tag{6}$$

来定义的. 实际上,由式(4)知

$$c\beta < b$$

所以 T 对一切 $x \in \widetilde{C}$ 都有定义,故若 $\tau \in \widetilde{C}$,便有 $\tau \in J$ 及 $(\tau, x(\tau)) \in R$,而由于 f 在 R 上连续,所以积分(6)存在. 欲证 T 是 $\widetilde{C}$ 到 $\widetilde{C}$ 的映射,利用式(6)和式(2)可得到

$$|Tx(t) - x_0| = \left|\int_{t_0}^{t} f(\tau, x(\tau)) \mathrm{d}\tau\right|$$
$$\leqslant c|t - t_0| \leqslant c\beta$$

我们来证明 T 在 $\widetilde{C}$ 是一个压缩映射. 根据李卜希兹条件(3)

$$|Tx(t) - Tv(t)|$$
$$= \left|\int_{t_0}^{t} [f(\tau, x(\tau)) - f(\tau, v(\tau))] \mathrm{d}\tau\right|$$
$$\leqslant |t - t_0| \max_{\tau \in J} k |x(\tau) - v(\tau)|$$
$$\leqslant k\beta d(x, v)$$

Banach 压缩不动点定理

由于最后一个表示式与 t 无关，所以关于左端取最大值有

$$d(Tx, Tv) \leqslant \alpha d(x, v), \alpha = k\beta$$

而由式（4）看出 $\alpha = k\beta < 1$，所以 T 确实是 $\widetilde{C}$ 上的一个压缩映射。因而从 5.1 节定理 1 推出 T 有唯一的不动点 $x \in \widetilde{C}$，即有满足 $x = Tx$ 且在 J 上连续的的函数 x。把 $x = Tx$ 根据式（6）写出，便有

$$x(t) = x_0 + \int_{t_0}^{t} f(\tau, x(\tau)) d\tau \qquad (7)$$

由于 $(\tau, x(\tau)) \in R$，f 在其上连续，故式（7）是可微的。因此 x 也是可微的且满足式（1）。反之，式（1）的每个解一定满足式（7）。这就完成了证明。

Banach 定理也蕴涵着，式（1）的解 x 是皮卡迭代序列 $\{x_0, x_1, x_2 \cdots\}$ 的极限，迭代格式是

$$x_{n+1}(t) = x_0 + \int_{t_0}^{t} f(\tau, x_n(\tau)) d\tau \qquad (8)$$

其中 $n = 0, 1, \cdots$。然而，用这种方法求式（1）的近似解及相应的误差界的实用性是相当有限的，因为迭代过程包含了积分运算。

最后我们指出，可以证明 f 的连续性对于问题（1）的解的存在性是一个充分条件（但不必要），但对唯一性不是充分的。李卜希兹条件是充分的（如皮卡定理证明的那样），但不是必要的。欲详细了解，可看 $E \cdot$ 英斯（$E. L. Ince$，1956）的书，它包含了关于皮卡定理的历史注释及经典的证明，读者可以把我们的证明与经典的证明加以比较。

第5章 Banach不动点定理的应用

思 考 问 题

1. 若 f 的偏导数 $\dfrac{\partial f}{\partial x}$ 在矩形域 R（见皮卡定理）上存在且连续，证明：f 关于第二个变量在 R 中满足一个李卜希兹条件.

2. 证明：函数 $f(t,x) = |\sin x| + t$ 在整个 tx 平面上关于 x 满足李卜希兹条件，但当 $x = 0$ 时，它的偏导数 $\dfrac{\partial f}{\partial x}$ 不存在. 这说明什么样的事实？

3. 由 $f(t,x) = |x|^{\frac{1}{2}}$ 所定义的 f 满足李卜希兹条件吗？

4. 找出初值问题 $tx' = 2x, x(t_0) = x_0$ 的全部初始条件，使得 (a) 没有解；(b) 有一个以上的解；(c) 有唯一的精确解.

5. 解释为什么要提出 (4) 中的限制
$$\beta < \frac{b}{c}, \beta < \frac{1}{k}$$

6. 证明：皮卡定理证明中的 $\widetilde{C}$ 在 $C(J)$ 中是闭的.

7. 证明：在皮卡定理中，代替常数 x_0 我们能够取满足 $y_0(t_0) = x_0$ 的任一其他函数 $y_0 \in \widetilde{C}$ 作为迭代的初始函数.

8. 把皮卡迭代 (8) 应用到 $x' = 1 + x^2, x(0) = 0$. 验证 x_3 所包含的 $t, t^2, \cdots, t^5$ 的项是和精确解所包含的这些项一样.

9. 证明：$x' = 3x^{2/3}, x(0) = 0$ 有无穷多解 x
$$x(t) = \begin{cases} 0, & t < c \\ (t-c)^3, & t \geq c \end{cases}$$
其中 $c > 0$ 是任一常数. 方程右端的 $3x^{\frac{2}{3}}$ 满足李卜希兹条件吗？

10. 证明：初值问题
$$x' = |x|^{\frac{1}{2}}, x(0) = 0$$
的解为 $x_1 = 0$ 及 $x_2 = \dfrac{t|t|}{4}$. 这与皮卡定理矛盾吗？求其他的

Banach 压缩不动点定理

解.

5.4　Banach 定理在积分方程方面的应用

最后,作为积分方程的存在与唯一性定理的一个来源,再一次考虑 Banach 不动点定理. 形如

$$x(t) - \mu \int_a^b K(t,\tau) x(\tau) \mathrm{d}\tau = v(t) \qquad (1)$$

的积分方程叫作第二类的弗雷德霍姆方程[①]. 其中 $[a,b]$ 是给定的区间,x 是定义在$[a,b]$上的未知函数, μ 是一个参数. 方程的核 K 是定义在正方形区域 $G = [a,b] \times [a,b]$(图 5 所示)上的已知函数,而 v 是$[a,b]$上的给定函数.

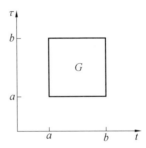

图 5　积分方程(1)的核 k 的定义域 G 这里假定 a 和 b 都是正的

[①] 由于方程有 $x(t)$ 一项存在. 我们便能够应用迭代法求方程的近似解. 没有这一项的方程

$$\int_a^b k(t,\tau) x(\tau) \mathrm{d}\tau = v(t)$$

叫作第一类的弗雷德霍姆(Fredholm)方程.

第 5 章 Banach 不动点定理的应用

积分方程能够放在各种函数空间上来研究. 在这一节,我们把(1) 放在 $C[a,b]$ 上,而 $C[a,b]$ 是定义在区间 $J=[a,b]$ 上的所有连续函数空间,其上的度量 d 这

$$d(x,y)=\max_{t\in J}|x(t)-y(t)| \qquad (2)$$

为了计划用 Banach 定理,$C[a,b]$ 是完备的这一点很重要. 我们假定 $v\in C[a,b]$ 并且 K 在 G 上是连续的,则 K 在 G 上是一个有界函数,不妨设对一切 $(t,\tau)\in G$ 有

$$|K(t,\tau)|\leqslant C, \text{对一切}(t,\tau)\in G \qquad (3)$$

显然,可把(1) 写成 $x=Tx$,其中

$$Tx(t)=v(t)+\mu\int_a^b k(t,\tau)x(\tau)d\tau \qquad (4)$$

由于 v 和 k 都是连续的,所以公式(4) 定义了一个算子 $T:C[a,b]\to C[a,b]$. 现在我们对 μ 施加一个限制,使得 T 成为一个压缩映射. 从(2) 到(4) 可以推出

$$\begin{aligned}
d(Tx,Ty)&=\max_{t\in J}|Tx(t)-Ty(t)|\\
&=|\mu|\max_{t\in J}|\int_a^b K(t,\tau)[x(\tau)-y(\tau)]d\tau|\\
&\leqslant|\mu|\max_{t\in J}\int_a^b|K(t,\tau)||x(\tau)-y(\tau)|d\tau\\
&\leqslant|\mu|c\max_{\sigma\in J}|x(\sigma)-y(\sigma)|\int_a^b d\tau\\
&=|\mu|c(b-a)d(x,y)
\end{aligned}$$

这就能够写成 $d(Tx,Ty)\leqslant\alpha d(x,y)$,其中

$$\alpha=|\mu|c(b-a)$$

可以看出,若

$$|\mu|<\frac{1}{c(b-a)} \qquad (5)$$

则 T 成为一个压缩算子 $(\alpha<1)$. 从而由 Banach 不动点定理可以得到:

定理 1(弗雷德霍姆积分方程) 假若式(1)中的 K 和 v 分别在 $J \times J$ 和 $J = [a,b]$ 上是连续的,且 μ 满足(5),其中 c 是(3)中定义的.则方程(1)在 J 上有唯一的解 x.并且函数 x 是迭代序列 $\{x_0, x_1, \cdots\}$ 的极限,其中 x_0 是 J 上的任一连续函数,而对于 $n = 0, 1, 2, \cdots$

$$x_{n+1}(t) = v(t) + \mu \int_a^b K(t,\tau) x_n(\tau) \mathrm{d}\tau \qquad (6)$$

现在我们来考虑沃尔泰拉积分方程

$$x(t) - \mu \int_a^t K(t,\tau) x(\tau) \mathrm{d}t = u(t) \qquad (7)$$

式(1)和式(7)之间的差别是,在式(1)中的积分上限 b 是常数,而式(7)中的积分上限是变量.这是很本质的.事实上,对 μ 不加任何限制,便能得到下面的存在与唯一性定理.

定理 2(沃尔泰拉积分方程) 假若式(7)中的 v 在 $[a,b]$ 上是连续的,而核 K 在 $t\tau$ 平面中的三角形区域 R 上是连续的,其中 R 由 $a \leqslant \tau \leqslant t, a \leqslant t \leqslant b$ 给定,见图 6.则(7)在 $[a,b]$ 上对每个 μ 都有唯一的解 x.

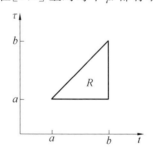

图 6　定理 2 中的三角形区域 R,这里取 a, b 都是正的

证 方程(7)能够写成

$$x = Tx$$

其中的算子 $T:C[a,b] \to C[a,b]$ 被定义为
$$Tx(t) = v(t) + \mu \int_a^t K(t,\tau) x(\tau) \mathrm{d}\tau \quad (8)$$
由于 K 在 R 上是连续的,而 R 是闭的和有界的,故 K 在 R 上是有界的,不妨设对一切 $(t,\tau) \in R$ 有
$$|K(t,\tau)| \leqslant c$$
因而利用式(2)对一切 $x,y \in C[a,b]$ 可得到
$$|Tx(t) - Ty(t)|$$
$$= |\mu| \left| \int_a^t K(t,\tau)[x(\tau) - y(\tau)] \mathrm{d}\tau \right|$$
$$\leqslant |\mu| cd(x,y) \int_a^t \mathrm{d}\tau$$
$$= |\mu| c(t-a) d(x,y) \quad (9)$$
利用归纳法可以证明
$$|T^m x(t) - T^m y(t)| \leqslant |\mu|^m c^m \frac{(t-a)^m}{m!} d(x,y) \quad (10)$$
对于 $m=1$,它就是式(9). 假定式(10)对任一 m 皆成立,则从式(8)可得到
$$|T^{m+1} x(t) - T^{m+1} y(t)|$$
$$= |\mu| \left| \int_a^t K(t,\tau)[T^m x(\tau) - T^m y(\tau)] \mathrm{d}\tau \right|$$
$$\leqslant |\mu| c \int_a^t |\mu|^m c^m \frac{(\tau-a)^m}{m!} \mathrm{d}\tau d(x,y)$$
$$= |\mu|^{m+1} c^{m+1} \frac{(t-a)^{m+1}}{(m+1)!} d(x,y)$$
这就完成了对式(10)的归纳证明.

对式(10)的右端利用 $t-a \leqslant b-a$ 加以放大,再对左端关于 $t \in J$ 取最大值,便得到
$$d(T^m x, T^m y) \leqslant \alpha_m d(x,y)$$

Banach 压缩不动点定理

其中

$$\alpha_m = |\mu|^m c^m \frac{(b-a)^m}{m!}$$

对任一固定的 μ,只要 m 足够大,便有 $\alpha_m < 1$.因此相应的 T^m 在 $C[a,b]$ 上是压缩的.定理 2 中的断言便能从下述引理推出.

引理 1(不动点) 设 $T: X \to X$ 是完备度量空间 $X = (X,d)$ 上的一个映射,并假定对某一个正整数 m,T^m 是一个压缩的映射.则 T 有唯一的不动点.

证 据假设,$B = T^m$ 是 X 上的一个压缩,又据 Banach 不动点定理(5.1 节定理 1),B 有唯一的不动点 $\hat{x}$,即 $B\hat{x} = \hat{x}$.因此 $B^n \hat{x} = \hat{x}$.Banach 定理也意味着对每个 $x \in X$ 都有

$$B^n x \to \hat{x}, n \to \infty$$

特别取 $x = T\hat{x}$,由于 $B^n = T^{n \cdot m}$,因而有

$$\hat{x} = \lim_{n \to \infty} B^n T\hat{x}$$
$$= \lim_{n \to \infty} T B^n \hat{x}$$
$$= \lim_{n \to \infty} T\hat{x}$$
$$= T\hat{x}$$

这说明 $\hat{x}$ 也是 T 的一个不动点.由于 T 的每个不动点也是 B 的不动点,所以 T 不能有一个以上的不动点.这就完成了证明.

最后还要注意,沃尔泰拉方程也能看作为一个特殊的弗雷德霍姆方程,只要把积分核在正方形区域 $G = [a,b] \times [a,b]$ 的 $\tau > t$ 部分(图 5 和 6)定义为零就行了,不过在对角线 ($\tau = t$) 上的点可能不连续.

第 5 章 Banach不动点定理的应用

思 考 问 题

1. 选取 $x_0 = v$,用迭代法解积分方程
$$x(t) - \mu \int_0^1 e^{t-\tau} x(\tau) d\tau = v(t), \ |\mu| < 1$$

2. (非线性积分方程) 若 v 和 k 分别在 $[a,b]$ 上和 $G = [a,b] \times [a,b] \times R$ 上是连续的,并且 k 在 G 上满足李卜希兹条件
$$|k(t,\tau,u_1) - k(t,\tau,u_2)| \leqslant l|u_1 - u_2|$$
证明:非线性积分方程
$$x(t) - \mu \int_a^b k(t,\tau,x(\tau)) d\tau = v(t)$$
对任一满足 $|\mu| < 1/l(b-a)$ 的 μ 有唯一的解 x.

3. 理解积分方程也出现在微分方程的问题中是重要的. (a) 例如,可把初值问题
$$\frac{dx}{dt} = f(t,x), x(t_0) = x_0$$
写成一个积分方程,请指出它是哪一类的积分方程;(b) 证明包含二阶微分方程的初值问题
$$\frac{d^2 x}{dt^2} = f(t,x), x(t_0) = x_0, x'(t_0) = x_1$$
能够变换成一个 Volterra 积分方程.

4. (诺依曼级数) 用
$$Sx(t) = \int_a^b k(t,\tau) x(\tau) d\tau$$
定义算子 S,并令 $z_n = x_n - x_{n-1}$,证明(6)蕴涵着
$$z_{n+1} = \mu S z_n$$
选取 $x_0 = v$,证明(6)给出了诺依曼级数
$$x = \lim_{n \to \infty} x_n = v + \mu S v + \mu^2 S^2 v + \mu^3 S^3 v + \cdots$$

5. (a) 用诺依曼级数及(b) 用直接方法求解积分方程
$$x(t) - \mu \int_0^1 x(\tau) d\tau = 1$$

Banach 压缩不动点定理

6. 求解方程
$$x(t) - \mu \int_a^b cx(\tau) d\tau = \tilde{v}(t)$$

其中 c 是一个常数,请指出如何利用相应的诺依曼级数得到关于(1)的诺依曼级数的收敛性条件(5).

7. (迭代核,预解核)证明按问题 4 中的诺依曼级数,我们可记
$$(S^n v)(t) = \int_a^b k_{(n)}(t,\tau) v(\tau) d\tau, n = 2,3,\cdots$$

其中迭代核 $k_{(n)}$ 为

$$k_{(n)}(t,\tau)$$
$$= \int_a^b \cdots \int_a^b k(\tau,t_1) k(t_1,t_2) \cdots k(t_{n-1},\tau) dt_1 \cdots dt_{n-1}$$

故诺依曼级数可写成
$$x(t) = v(t) + \mu \int_a^b k(t,\tau) v(\tau) d\tau + \mu^2 \int_a^b k_{(2)}(t,\tau) v(\tau) d\tau + \cdots$$

或者用下面的预解核 $\tilde{k}$
$$\tilde{k}(t,\tau,\mu) = \sum_{j=0}^\infty \mu^j k_{(j+1)}(t,\tau), k_{(1)} = k$$

把它写成
$$x(t) = v(t) + \mu \int_a^b \tilde{k}(t,\tau,\mu) v(\tau) d\tau$$

8. 有趣的是问题 4 中的诺依曼级数,通过把 μ 的幂级数
$$x(t) = v_0(t) + \mu v_1(t) + \mu^2 v_2(t) + \cdots$$

代入到(1)也能够得到,只要逐项积分并比较系数就行了.证明它给出了
$$v_0(t) = v(t), v_n(t) = \int_a^b k(t,\tau) v_{n-1}(\tau) d\tau, n = 1,2,\cdots$$

假定 $|v(t)| \leqslant c_0$ 及 $|k(t,\tau)| \leqslant c$,证明
$$|v_n(t)| \leqslant c_0 [c(b-a)]^n$$

故(5)蕴涵着收敛性.

9. 利用问题 7 求解(1),其中 $a=0, b=2\pi$ 及

第 5 章　Banach 不动点定理的应用

$$k(t,\tau) = \sum_{n=1}^{N} a_n \sin nt \cos n\tau$$

10. 在(1)中设 $a = 0, b = \pi$，并且

$$k(t,\tau) = a_1 \sin t \sin 2\tau + a_2 \sin 2t \sin 3\tau$$

用预解核(见问题 7)写出方程的解.

5.5　隐函数定理及其某些应用

1. 隐函数定理

古典分析里有各种各样应用的重要定理之一,就是隐函数定理. 我们现在来证明,对数值函数无须做重大修改,就可以将这个定理移植到任意的 Banach 空间的映射上去.

定理 1　设 X, Y, Z 是 Banach 空间，U 是点 $(x_0, y_0) \in X \times Y$ 的一个邻域，而 F 是 U 到 Z 内的映射，具有下列性质：

1. F 在点 (x_0, y_0) 连续；
2. $F(x_0, y_0) = 0$；
3. 偏导数 $F'_y(x, y)$ 在 U 内存在且在点 (x_0, y_0) 连续，而算子 $F'_y(x_0, y_0)$ 有有界逆算子.

那么方程 $F(x, y) = 0$ 在点 (x_0, y_0) 的某一邻域内可解. 这可以确切地表述如下：

存在这样的 $\varepsilon > 0$ 和 $\delta > 0$ 以及这样的映射

$$y = f(x) \tag{1}$$

它在 $\|x - x_0\| < \delta$ 时有定义，在点 x_0 连续，并且满足 $\|x - x_0\| < \delta$ 和 $y = f(x)$ 的每一对 (x, y) 都满足方程

$$F(x, y) = 0 \tag{2}$$

Banach 压缩不动点定理

反之，满足方程(2)、条件 $\|x-x_0\| < \delta$ 和 $\|y-y_0\| \leqslant \varepsilon$ 的每一对 (x,y)，满足(1)。

证 用 $U_{(x)} \subset Y$ 表示对于给定的 x 使 $(x,y) \in U$ 的 y 的全体。我们将假定 $\|x-x_0\|$ 是这样的小，致使 $y_0 \in U_{(x)}$，并且考虑定义在 $U_{(x)}$ 上的映射 $A_{(x)}$

$$A_{(x)} y = y - [F'_y(x_0,y_0)]^{-1} F(x,y) \quad (3)$$

显然，方程

$$A_{(x)} y = y$$

等价于方程 $F(x,y) = 0$。

为了证明方程(3)的解存在，我们应用压缩映射原理。为了这个目的我们来证明，对于每一充分小的 $\varepsilon > 0$ 总可以找到这样的 $\delta > 0$，使得当 $\|x-x_0\| < \delta$ 时映射 $A_{(x)}$ 是一个压缩映射并且将球 $\|y-y_0\| \leqslant \varepsilon$ 变为它自己。我们从计算和估计映射 $A_{(x)}$ 的导数的范数着手。有

$$A'_{(x)}(y)$$
$$= I - [F'_y(x_0,y_0)]^{-1} F'_y(x,y)$$
$$= [F'_y(x_0,y_0)]^{-1} [F'_y(x_0,y_0) - F'_y(x,y)]$$

根据导数 F'_y 在点 (x_0,y_0) 的连续性，可以这样选取 ε 和 δ 使得

$$\|A'_{(x)}(y)\| \leqslant q < 1$$

根据有限增量公式，这个不等式表明，对于任何满足不等式 $\|x-x_0\| < \delta$ 的 x，由空间 Y 到球 $\|y-y_0\| \leqslant \varepsilon$ 上的映射 $A(x)$ 是个压缩映射。现在来估计 $\|A_{(x)} y_0 - y_0\|$。我们有

$$\|A_{(x)} y_0 - y_0\|$$
$$\leqslant \|[F'_y(x_0,y_0)]^{-1}\| \cdot \|F(x,y_0)\|$$
$$= \|[F'_y(x_0,y_0)]^{-1}\| \cdot$$

第 5 章　Banach 不动点定理的应用

$$\|F(x,y_0)-F(x_0,y_0)\|$$

由于映射 F 在点 (x_0,y_0) 的连续性,可以这样选取 δ,使后一表达式任意小.设 $\delta>0$ 充分小,使当 $\|x-x_0\|<\delta$ 时,有

$$\|A_{(x)}y_0-y_0\|<\varepsilon(1-q)$$

我们来验证,对于这样选取的 δ,映射 $A_{(x)}$ 将闭球 $\|y-y_0\|\leqslant\varepsilon$ 变为它自己.事实上,如果

$$\|x-x_0\|<\delta \text{ 和 } \|y-y_0\|\leqslant\varepsilon$$

那么由有限增量公式就得到

$$\|A_{(x)}y-y_0\|$$
$$\leqslant\|A_{(x)}y_0-y_0\|+\|A_{(x)}y-A_{(x)}y_0\|$$
$$\leqslant\varepsilon(1-q)+\sup_{0\leqslant\theta\leqslant 1}\|A'_{(x)}(y_0+\theta(y-y_0))\|\cdot\|y-y_0\|$$
$$\leqslant\varepsilon(1-q)+\varepsilon q=\varepsilon$$

这样,当 $\|x-x_0\|<\delta$ 时映射 $A_{(x)}$ 将闭球 $\|y-y_0\|\leqslant\varepsilon$ 变为它自己,且在该球上是一个压缩映射.这表示,在该球内存在一个唯一的不动点

$$y^*=f(x)$$

即满足下列等式的点

$$y^*=y^*-[F'_y(x_0,y_0)]^{-1}F(x,y^*)$$

因此根据定理的条件 3,有

$$F(x,y^*)=0$$

映射 f 就是所求的映射.事实上,方程(2)的正确性已经验证了.等式 $f(x_0)=y_0$ 可由映射 $A_{(x_0)}$ 的不动点的唯一性推出;而所构造的函数 f 的连续性,可从上面所进行的推理中量 ε 可以取得任意小推出.

注　不难证明,如果在定理 1 中假定映射 F 在邻域 U 内连续(而不是仅在点 (x_0,y_0) 连续),那么相应的映射 f 将在点 x_0 的某一邻域内连续.

下面的定理确定了由形如 $F(x,y)=0$ 的方程所定义的函数可微的条件.

定理 2　设满足定理 1 的条件,此外再设偏导数 F'_x 在 U 内存在,在点 (x_0,y_0) 连续. 于是映射 f 在点 x_0 可微且

$$f'(x_0)=-[F'_y(x_0,y_0)]^{-1}F'_x(x_0,y_0) \quad (4)$$

证　用 Λ 表示式(4)右端的表达式.它是由 X 到 Y 内的线性算子.我们来证明,这个算子是映射 f 在点 x_0 的导数,这意味着要证明:对于每一 $\varepsilon>0$ 存在这样的 $\delta>0$ 使得对于任何满足条件 $\|x-x_0\|<\delta$ 的 x,下面的不等式成立

$$\|f(x)-f(x_0)-\Lambda(x-x_0)\|<\varepsilon\|x-x_0\|$$
$$(5)$$

令 $f(x)=y$,再用 y_0 替换 $f(x_0)$,而算子 Λ 则用它的表达式(4)来替换,就有

$$f(x)-f(x_0)-\Lambda(x-x_0)$$
$$=y-y_0+[F'_y(x_0,y_0)]^{-1}F'_x(x_0,y_0)(x-x_0)$$
$$=[F'_y(x_0,y_0)]^{-1}\{F'_x(x_0,y_0)(x-x_0)+F'_y(x_0,y_0)(y-y_0)\}$$

但 $F(x,y)=F(x_0,y_0)=0$,因此借助于有限增量公式就得到这样的估计

$$\|f(x)-f(x_0)-\Lambda(x-x_0)\|$$
$$\leqslant\|[F'_y(x_0,y_0)]^{-1}\|\times$$
$$\|\{F(x,y)-F(x_0,y_0)-F'_x(x_0,y_0)(x-x_0)-F'_y(x_0,y_0)(y-y_0)\}\|$$
$$\leqslant\|[F'_y(x_0,y_0)]^{-1}\|\times$$
$$[\sup_{0<\theta,\theta_1<1}\|F'_x(x_0+\theta(x-x_0),y_0+\theta_1(y-y_0))-F'_y(x_0,y_0)\|\cdot\|x-x_0\|+$$

第 5 章　Banach 不动点定理的应用

$$\sup_{0<\theta,\theta_1<1} \| F'_y(x_0+\theta(x-x_0),y_0+$$
$$\theta_1(y-y_0))-F'_y(x_0,y_0)\| \cdot \| y-y_0 \|]$$
$$\leqslant \eta [\| x-x_0 \| + \| y-y_0 \|]$$

根据导数 F'_x 和 F'_y 的连续性,只要量 δ 充分小,就可以使上式中 η 变得任意小. 这样一来,我们得到了

$$\| f(x)-f(x_0)-\Lambda(x-x_0) \|$$
$$\leqslant \eta [\| x-x_0 \| + \| f(x)-f(x_0) \|]$$
$$\leqslant \eta [\| x-x_0 \| + \| \Lambda(x-x_0) \| +$$
$$\| f(x)-f(x_0)-\Lambda(x-x_0) \|]$$

由此对于充分小的 η 就得到

$$\| f(x)-f(x_0)-\Lambda(x-x_0) \|$$
$$\leqslant \eta(1-\eta)^{-1}(1+\| \Lambda \|)\| x-x_0 \|$$

而为了证明不等式 (5) 剩下只需这样选取 η, 使得 $\eta(1-\eta)^{-1}(1+\| \Lambda \|) \leqslant \varepsilon$. 定理得证.

现在我们来讨论隐函数定理的某些应用.

2. 微分方程解对初始数据的依赖性定理

考虑下列微分方程的柯西问题

$$\frac{dx}{dt}=f(t,x),x(t_0)=x_0 \qquad (6)$$

其中 $f(t,x)$ 和 x 是某一 Banach 空间 E 的元素. 问题 (6) 与积分方程

$$x(t)-x_0-\int_{t_0}^{t}f(\tau,x(\tau))d\tau=0 \qquad (7)$$

等价. 将这个方程写为 $F(x_0,x(t))=0$. 这样一来, F 是一个算子, 它将空间 E 与在 E 里取值的连续可微函数的空间 $C_E^1[t_0,t_1]$ 的直和, 映射到空间 $C_E^1[t_0,t_1]$ 内. 如果函数 $f(t,x)$ 连续且有对 (t,x) 的连续导数, 那么表达式

Banach 压缩不动点定理

$$x(t) - \int_{t_0}^{t} f(\tau, x(\tau)) d\tau$$

定义了一个将空间 $C_E^1[t_0, t_1]$ 变为自己的可微映射. 从而, $F(x_0, x(t))$ 也是对 $x(t)$ 可微的算子, 又因为 x_0 是出现在 $F(x_0, x(t))$ 中的一加项, 所以 F 在 $E \times C_E^1[t_0, t_1]$ 上是可微函数. 这个函数对 x 的微分为

$$F'_x h = h(t) - \int_{t_0}^{t} f'_x(\tau, x(\tau)) h(\tau) d\tau \qquad (8)$$

这个等式右端定义了一个将 $C_E^1[t_0, t_1]$ 映射为自己的算子. 这个算子是可逆算子. 事实上, 对任何函数 $y(t) \in C_E^1[t_0, t_1]$ 方程

$$F'_x h(t) = y(t)$$

或

$$h(t) - \int_{t_0}^{t} f'_x(\tau, x(\tau)) h(\tau) d\tau = y(t)$$

与附有初值条件为 $h(t_0) = y(t_0)$ 的微分方程

$$\frac{dh(t)}{dt} - f'_x(t, x(t)) h(t) = y'(t) \qquad (9)$$

等价.

方程(9)是一个含连续系数的线性方程, 因此根据熟知的定理, 这个方程在整个闭区间 $[t_0, t_1]$ 上有唯一解并且满足上面所指出的初值条件, 而这就表明算子 F'_x 的可逆性.

所得结果表明, 可以将隐函数定理应用于方程

$$F(x_0, x(t)) = 0$$

根据这个定理, 给定方程的解 $x = x(t)$ 可以视为可变初值 x_0 的函数: $x = x(t, x_0)$, 它以可微的形式依赖于 x_0. 特别是, 若取 E 为一有限维空间, 则我们就得到关于"微分方程组的解连续可微地依赖于初值条件"这

一通常的定理.

基于隐函数定理,用类似的方法就可以得到微分方程
$$\frac{\mathrm{d}x}{\mathrm{d}t}=f(t,x,\alpha)$$
之解可微地依赖于参数 α 的结论,只要它的右端是可微地依赖于 α.

3. 切流形. 刘斯切尔尼克(Люстерник)定理

作为隐函数定理的另一个应用,我们来研究下面的问题:设 $F(x)$,其中 $x=(x_1,x_2)$,是平面上的一个可微函数. 方程 $F(x)=0$ 确定了平面上某一曲线 C. 设 x_0 是这条曲线的一个点. 曲线 C 在给定点的切线,或者是定义为形如 x_0+th 的向量的全体,其中 h 是垂直于向量 $F'(x_0)$(即函数 F 在点 x_0 的梯度)的向量;或者是定义为点 x_0+th 的全体,这些点到曲线 C 的距离是 t 的高于一阶的无穷小. 刘斯切尔尼克定理的内容,是切线两种定义的等价性对于任意的 Banach 空间中的流形也是成立的. 我们现在引入为确切陈述相应的定理所必须的某些概念和记号.

设 X 和 Y 是 Banach 空间,而 F 是空间 X 到空间 Y 内的映射. 其次,设 M_0 是 X 里满足方程 $F(x)=0$ 的点的全体,而 $x_0 \in M_0$. 假定映射 F 在点 x_0 的某一邻域 U 内连续可微. 我们称映射 F 在点 x_0 是正则的,如果线性算子 $F'(x_0)$ 将空间 X 映射到全空间 Y.

用 T_0 表示满足条件 $F'(x_0)h=0$ 的元素 $h \in X$ 的全体,即 $T_0 = \operatorname{Ker} F'(x_0)$. 显然,$T_0$ 是 X 的子空间. 用 T_{x_0} 来表示这个子空间平移一向量 x_0,即流形 x_0+T_0. 称 T_{x_0} 为在点 x_0 与集 M_0 相切的线性流形. 下面的

定理成立.

定理 3(刘斯切尔尼克) 在上面所指出关于 F 的条件下,元素 x_0+h 属于切流形 T_{x_0} 的充要条件为:元素 x_0+th 到集 M_0 的距离是 t 的高于一阶的无穷小量.

这个定理在最优控制问题里起着非常重要的作用. 作为一种工具,就可以利用它将有名的求条件极值的拉格朗日乘子法,推广到 Banach 空间中极为广泛的极值问题上去.

这些问题的任何完全的阐述,都超出了本书的范围(关于这一问题,例如可以参看约飞(Иоффе)和季霍米洛夫(Тихомиров)合著的书《极值问题的理论》,莫斯科,科学出版社,1974). 我们仅限于对所谓的"可展"情形引入刘斯切尔尼克定理的证明. 在这种情形下刘斯切尔尼克定理几乎可以由隐函数定理直接推出. 具体地说,假定在其上定义了映射 F 的空间 X,可展为子空间 $T_0 = \operatorname{Ker} F'(x_0)$ 与某一空间 T_ξ 的直和

$$X = T_0 \oplus T_\xi$$

(必须指出,与 Hilbert 空间不一样,在 Banach 空间中,不是每一子空间都有直补子空间. 此外,可以证明,如果在空间 X 中每一线性子空间都有直补子空间,那么 X 是一个 Hilbert 空间.)

这时定理 3 的假设可以用下面更确切的方式来陈述.

定理 4 如果

$$X = T_0 \oplus T_\xi$$

而映射 $F: X \to Y$ 满足上面所指出的条件,那么存在这样一个从 M_0 中点 x_0 的邻域映射到 T_{x_0} 中同一点的邻域的同胚映射,使得彼此相对应的点之间的距离是比

第 5 章　Banach 不动点定理的应用

它们到点 x_0 的距离更高阶的无穷小量.

证　用 A 表示算子 $F'(x_0)$ 在子空间 T_ξ 上的限制,即

$$A\xi = F'(x_0)\xi, \text{若 } \xi \in T_\xi$$

我们来证明,A 将子空间 T_ξ 映射到全空间 Y 上. 事实上,根据条件 X 里的每一元素具有如下形式

$$x = h + \xi, h \in T_0, \xi \in T_\xi$$

因此

$$F'(x_0)x = F'(x_0)(h+\xi) = F'(x_0)\xi = A\xi \quad (10)$$

因为 $F'(x_0)h = 0$. 但根据条件 $F'(x_0)$ 将空间 X 映射到全空间 Y 上,而这表示,当 ξ 跑遍 T_ξ 时,$A\xi$ 跑遍全空间 Y. 其次,映射

$$A: T_\xi \to Y$$

是一一对应的,因为,如果 $A\xi_1 = A\xi_2$,即

$$F'(x_0)(\xi_1 - \xi_2) = 0$$

那么

$$\xi_1 - \xi_2 \in T_0$$

由此 $\xi_1 - \xi_2 = 0$. 这样,算子 A 是可逆的,而根据 Banach 定理逆算子 A^{-1} 是线性的并且是有界的.

若将每一元素 $x \in X$ 表示成

$$x = x_0 + h + \xi, h \in T_0, \xi \in T_\xi$$

则可以将定义流形 M 的方程 $F(x) = 0$ 改写成

$$\Phi(h, \xi) = F(x_0 + h + \xi) = 0$$

这个函数在点 $(0,0)$ 对应于第二变元 ξ 的增量 $\Delta\xi$ 的偏微分具有下述形式

$$\Phi'_\xi(0,0)\Delta\xi = F'(x_0)\Delta\xi = A\Delta\xi$$

算子 $A = \Phi'_\xi(0,0)$ 有逆算子,因此根据隐函数定理,方程 $\Phi(h, \xi) = 0$ 在点 $(0,0)$ 的某一邻域内与形如

Banach 压缩不动点定理

$$\xi = \psi(h)$$

的方程等价,这里 $\psi(h)$ 是一个满足条件 $\psi(0)=0$ 的可微映射.

我们证明了,每一充分靠近点 x_0 的点 $x \in M_0$ 具有下列形式

$$x = x_0 + h + \psi(h), h \in T_0, \psi(h) \in T_\xi$$

从而构造出映射

$$x_0 + h \leftrightarrow x_0 + h + \psi(h)$$

它将 T_{x_0} 中点 x_0 的某一邻域映射到 M_0 中同一点的邻域. 这个映射是一一对应的并且是连续的. 剩下只需证明,彼此对应的点之间的距离,即量 $\|\psi(h)\|$ 是 $\|h\|$ 的高阶无穷小量.

对等式 $\Phi(h, \psi(h)) = 0$ 微分,得

$$\Phi'_h(0,0)h + \Phi'_\xi(0,0)\psi'(0)h$$
$$= \Phi'_h(0,0)h + A\psi'(0)h = 0$$

由此

$$\psi'(0)h = -A^{-1}\Phi'_h(0,0)h = -A^{-1}F'(x_0)h = 0$$

因此等式

$$\psi(h) = \psi(0) + \psi'(0)h + o(\|h\|)$$

右端头两项都等于零,即

$$\psi(h) = o\|h\|$$

这就是所要求证的. 定理得证.

Banach 不动点方法在多重线性代数中的应用.

中国数学会前任理事长张恭庆的研究方向是泛函分析. 但他偶然发现不动点定理在研究张量的特征值中也有用.

一个 m 阶 n 维实张量 A 由 n^m 个元素组成

$$A = (a_{i_1 \cdots i_m}), a_{i_1 \cdots i_m} \in \mathbf{R}^1, 1 \leqslant i_1, \cdots, i_m \leqslant n$$

第 5 章 Banach 不动点定理的应用

2005 年,祁力群与林立恒独立地引进了张量特征值的概念. 设 $A = (a_{i_1 \cdots i_m}) \in \mathbf{R}^{[m,n]}$. 给定一个 n 向量 $x = (x_1, \cdots, x_n)$,定义另一个 n 向量

$$(Ax^{m-1})_i := (\sum_{i_2,\cdots,i_m=1}^{n} a_{ii_2\cdots i_m} x_{i_2} \cdots x_{i_m})_{1 \leqslant i \leqslant n}$$

再引进一个 n 向量 $x^{[m-1]} := (x_1^{m-1}, \cdots, x_n^{m-1})$.

定义 1 一对 $(\lambda, x) \in \mathbf{C} \times (\mathbf{C}^n \setminus \{\theta\})$,称为是 $A \in \mathbf{R}^{[m,n]}$ 的一个 H 特征值和一个 H 特征向量(或一个 H 特征对),如果它们满足

$$Ax^{m-1} = \lambda x^{[m-1]}$$

如果它们满足

$$Ax^{m-1} = \lambda x$$

则称为是 A 的一个 Z 特征值和一个 Z 特征向量,(或一个 Z 特征对).

祁力群证明了

定理 5 (1) $\lambda \in \mathbf{C}$ 是 A 的一个特征值当且仅当它是下列特征多项式的根:$\phi(\lambda) = \det(A - \lambda I)$,其中 $I = (\delta_{i_1 \cdots i_m})$ 表示恒同张量,即

$$\delta_{i_1 \cdots i_m} = \begin{cases} 1, & \text{若 } i_1 = i_2 = \cdots = i_m \\ 0, & \text{其余情形} \end{cases}$$

(2) A 的特征值的个数是 $d = n(m-1)^{n-1}$.

张恭庆偶然进入这个新领域,出乎意料,发现非线性分析方法在多线性代数中竟然也能派上用处. 不妨客串一下.

4. 对称实张量的实特征值的个数

祁力群把下列张量称为是超对称的,但现在大家都统一称其为对称张量

$$a_{i_1 \cdots i_m} = a_\sigma$$

Banach 压缩不动点定理

$$(i_1 \cdots i_m), 对一切 \sigma \in \pi_m$$

其中 π_m 表示指标为 m 的排列群.

祁力群问:"对称实偶数阶的 n 维张量是否有 n 个实 $H-$ 特征向量?"

我们引入弱对称张量的概念:

定义 2 $\mathbf{A} \in \mathbf{R}^{[m,n]}$ 称为是弱对称的,如果齐次多项式

$$f_A(\mathbf{x}) := \mathbf{A}\mathbf{x}^m = \sum_{i_1, i_2, \cdots, i_m = 1}^{n} a_{i_1 i_2 \cdots i_m} x_{i_1} x_{i_2} \cdots x_{i_m}$$

满足 $\nabla f_A(\mathbf{x}) = m\mathbf{A}\mathbf{x}^{m-1}$.

又引入更广泛的特征对概念:

定义 3 给定二个 m 阶 n 维实张量 $\mathbf{A}, \mathbf{B}$. 假定 $\mathbf{A}\mathbf{x}^{m-1}, \mathbf{B}\mathbf{x}^{m-1}$ 都不恒为零. 一对 $(\lambda, \mathbf{x}) \in \mathbf{C} \times (\mathbf{C}^n \setminus \{\theta\})$, 称为是 $\mathbf{A}$ 相对于 $\mathbf{B}$ 的一个特征值和特征向量, 如果它们满足

$$\mathbf{A}\mathbf{x}^{m-1} = \lambda \mathbf{B}\mathbf{x}^{m-1}$$

这个定义包含了 H, Z 两种特征值,也包含祁力群在医疗成像中用到的 D 特征值.

直接利用 Liusternik Schnirelmann 定理就能证明:

定理 6 假设 A, B 都是弱对称、实、同一偶数阶的、n 维张量. 如果 B 还是正定的,那么,包括重数在内,必有 n 个 A 相对于 B 的实特征值;其实特征向量的畴数为 n. 因此至少有 n 对不同的实特征向量.

还做了一点推广:设 $\mathbf{R}^n = Y \oplus Z$,其中

$$Y = \{x = (x_1 \cdots x_n) \mid x_{r+1} = \cdots = x_n = 0\}$$
$$Z = \{x = (x_1 \cdots x_n) \mid x_1 = \cdots = x_r = 0\}, 0 < r < n$$

定理 7 设 m 是偶数,A 是 m 阶 n 维张量,$\hat{A} =$

$\hat{a}_{i_1,\cdots,i_m}$ 是 m 阶子张量,它是 A 在 $n-r$ 维子空间上的限制

$$\hat{a}_{i_1,\cdots,i_m}=a_{i_1,\cdots,i_m}, r+1\leqslant i_1,\cdots,i_m\leqslant n$$

假定 $\hat{A}$ 在 Z 上是正定的. 如果 $B=(b_{i_1,\cdots,i_m})$ 满足

$$b_{i_1,\cdots,i_m}=0, \text{当 } i_1,i_2,\cdots,i_m \text{ 中任意一个大于 } r$$

再假定 $\hat{B}$ 在 Y 上是正定的,则包括重数在内至少有 r 个 A 相对于 B 的实特征值,对应着 r 对不同的实特征向量.

5. 非负张量的 H-特征值

张量 $A=(a_{i_1,\cdots,i_m})$ 称为是非负(或正)的,是指

$$a_{i_1,\cdots,i_m}\geqslant(>)0, \forall i_1,i_2,\cdots,i_m\in[1,n]$$

我们把非负矩阵的 Perron-Frobenius 定理全面地推广到了非负张量的特征值.

利用 Brouwer 不动点定理,我们得到:

定理 8 如果 A 是非负的,那么存在 $\lambda_0\geqslant 0$ 和一个向量 $x_0\geqslant 0$,使得

$$Ax_0^{m-1}=\lambda_0 x_0^{[m-1]}$$

我们引入不可约张量的概念:

定义 4 张量 $A=(a_{i_1\cdots i_m})\in \mathbf{R}^{[m,n]}$ 称为是可约的,如果存在一个非空的指标真子集 $I\subset\{1,\cdots,n\}$,使得

$$a_{i_1\cdots i_m}=0, \forall i_1\in I, \forall i_2,\cdots,i_m\notin I$$

如果 A 不是可约的,那么我们就称其为不可约张量.

定理 9 如果 $A\in \mathbf{R}^{[m,n]}$ 是非负不可约的,那么存在一个非负的 H 特征对 (λ_0,x_0) 满足:

1. $\lambda_0>0$ 是一个特征值.
2. $x_0>0$,即 x_0 的每个分量都是正的.

Banach 压缩不动点定理

3.若 λ 是一个非负特征向量的特征值,那么 $\lambda=\lambda_0$.此外,非负特征向量在差一个正常数倍意义下是唯一的.

4.若 λ 是 $\boldsymbol{A}$ 的一个特征值,那么 $|\lambda|\leqslant\lambda_0$.

我们特别讨论了非负张量与非负矩阵情形之间的差异.对一般张量说来,λ_0 不是代数单重的,甚至也不是几何单重的.

类似于 Collatz-Wielandt 定理,我们还得到了谱半径的极小极大刻画.

定理 10 假定 $\boldsymbol{A}$ 是一个 m 阶 n 维非负不可约张量,则

$$\mathrm{Min}_{x\in int(P)}\mathrm{Max}_{x_i>0}\frac{(\boldsymbol{Ax}^{m-1})_i}{x_i^{m-1}}$$
$$=\lambda_0=\mathrm{Max}_{x\in int(P)}\mathrm{Min}_{x_i>0}\frac{(\boldsymbol{Ax}^{m-1})_i}{x_i^{m-1}}$$

其中 λ_0 是唯一的对应于正特征向量的正特征值.

以上结论除定理 8 外,都只对 H 特征值成立.对于其他特征值,如 Z 特征值就不一定对.我们找到一个反例,发表了一个勘误.

设 $\boldsymbol{A}=(a_{i_1 i_2 i_3 i_4})$,其中

$$a_{i_1 i_2 i_3 i_4}=\begin{cases}\frac{4}{\sqrt{3}},\text{若}(i_1 i_2 i_3 i_4)=(1111),(2222)\\ 1,\text{若}(i_1 i_2 i_3 i_4)=(1222),(2111)\\ 0,\text{其余处}\end{cases}$$

如果 $u=(x,y)\in S^1$ 满足以下方程组

$$\begin{cases}\frac{4}{\sqrt{3}}x^3+y^3=\lambda x(x^2+y^2)\\ x^3+\frac{4}{\sqrt{3}}y^3=\lambda y(x^2+y^2)\end{cases}$$

那么 (u,λ) 是 A 的一个 Z 特征对. 然而在单位圆周上此方程组有解

$$(x_1,y_1)=(\frac{\sqrt{3}}{2},\frac{1}{2}),\lambda_1=\frac{13}{4\sqrt{3}}$$

$$(x_2,y_2)=(\frac{1}{2},\frac{\sqrt{3}}{2}),\lambda_2=\frac{13}{4\sqrt{3}}$$

$$(x_3,y_3)=(\frac{1}{\sqrt{2}},\frac{1}{\sqrt{2}}),\lambda_3=\frac{4+\sqrt{3}}{2\sqrt{3}}$$

$$(x_4,y_4)=(\frac{1}{\sqrt{2}},-\frac{1}{\sqrt{2}}),\lambda_4=\frac{4-\sqrt{3}}{2\sqrt{3}}$$

2009 年在香港理工大学的张量特征值会议上,定理 8 ~ 定理 10 被报告以后,引发了 Ng-Qi-Zhou 非负不可约张量正特征值的算法:

1. 选择 $x^0 \in int(P^n)$. 令
$$y^0 = A(x^{(0)})^{m-1}$$
并令 $k:=0$.

2. 计算

$$x^{(k+1)} = \frac{(y^{(k)})^{[\frac{1}{m-1}]}}{\|(y^{(k)})^{[\frac{1}{m-1}]}\|}$$

$$y^{(k+1)} = A(x^{(k+1)})^{m-1}$$

$$\underline{\lambda}_{k+1} = \min_{1\leqslant i\leqslant n} \frac{(y^{(k+1)})_i}{(x_i^{(k+1)})^{m-1}}$$

$$\overline{\lambda}_{k+1} = \max_{1\leqslant i\leqslant n} \frac{(y^{(k+1)})_i}{(x_i^{(k+1)})^{m-1}}$$

当 $\underline{\lambda}_k = \overline{\lambda}_k$ 时迭代终止,得到正特征值 λ_0 及相应的正特征向量.

问题是:如果迭代不在有限步终止,那么所得序列 $\{\underline{\lambda}_k, x^{(k)}\}, \{\overline{\lambda}_k, x^{(k)}\}$ 是否收敛?

为了研究 Ng-Qi-Zhou 算法的收敛性,仿照矩阵情形,我们把本原矩阵的概念推广到本原张量. 然而,在本原矩阵的定义中,要考虑这个矩阵的幂. 而张量的幂太复杂,我们转向对给定的非负张量 A,定义一个从正锥到自身的非线性映射 $T_A(x) := (Ax^{m-1})^{[\frac{1}{m-1}]}$,并由此引入:

定义 5　一个非负不可约张量 A 称为是本原的,如果映射 T_A 在 P^n 的边界 $S = \partial P^n$ 上没有非平凡的不变子集.

我们证明了下列定理:

定理 11　若非负张量 $A \in \mathbf{R}^{[m,n]}$ 是本原的,则其循环指数是 1.

定理 12　设非负张量 $A \in \mathbf{R}^{[m,n]}$,则下列命题等价:

1. A 是本原的.
2. 存在 $r \in N$ 使得 $T_A^r(P^n \setminus \{0\}) \subset int(P^n)$,即,$T_A^r$ 是强正的.
3. 存在 $r \in N$ 使得 T_A^r 是严格递增的.

定理 13　设非负张量 $A \in \mathbf{R}^{[m,n]}$ 是本原的. 若 $\{\underline{\lambda}_k, \overline{\lambda}_k; x^{(k)}\}$ 为 Ng-Qi-Zhou 迭代算法得到的序列,则 $\underline{\lambda}_k, \overline{\lambda}_k \to \lambda_0$ 以及 $x^{(k)} \to x_0$;即,$x^{(k)}$ 收敛到关于 λ_0 的特征向量 x_0.

此外还有:

定理 14　设非负张量 $A \in \mathbf{R}^{[m,n]}$ 是不可约的. 为了对任意初值 $x^0 \in P^n \setminus \{0\}$,Ng-Qi-Zhou 迭代算法定义的序列:$\{\underline{\lambda}_k\}$ 与 $\{\overline{\lambda}_k\}$ 收敛到 λ_0,当且仅当 A 是本原的.

作为推论还有:

推论 1　设 A 是非负不可约的张量. 则 $\forall \alpha > 0$,

$A + \alpha I$ 是本原的,其中 I 是恒同张量.

推论 2 设 A 是本质正的张量(即,T_A 是强正的),则 A 是本原的.

由此导出:Zhang-Qi 和 Yang-Yang-Li 的收敛性结论.于是对于任意非负不可约张量 A,只要对它添加一项 αI,应用 Ng-Qi-Zhou 迭代算法得到特征值后,再减去 α,就能得到所要的 λ_0.

6. 非负张量的 $Z-$特征值

正如前面的例子所示,非负张量的 $Z-$特征值与 $H-$特征值差别较大,我们需要专门针对它的特点进行研究.

定理 15 若 $A \in \mathbf{R}^{[m,n]}$ 是一个非负张量,则 A 存在 Z 特征值,$\lambda_0 \geqslant 0$ 与非负的 Z 特征向量 $x_0 \neq 0$,使得 $Ax_0^{m-1} = \lambda_0 x_0$.

定理 16 若 $A \in \mathbf{R}^{[m,n]}$ 是一个非负不可约的张量,则以上定理中的 (λ_0, x_0) 满足:

1. 特征值 λ_0 是正的.
2. 特征向量 x_0 是正的,即 x_0 的所有分量都是正的.

A 的 Z 谱定义如下:

定义 6 设 $A \in \mathbf{R}^{[m,n]}$.A 的 Z 谱 $Z(A)$ 是由 A 的所有 Z 特征值组成的.假设 $Z(A) \neq \varnothing$,则 A 的 $Z-$谱半径,记作 $\rho(A)$,定义为 $\rho(A) := \sup\{|\lambda| \,|\, \lambda \in Z(A)\}$.

定义 7 设 $A \in \mathbf{R}^{[m,n]}$ 是非负的.A 的非负谱是由一切具有非负 Z 特征向量 $x \in P \cap S^{n-1}$ 的非负特征值 $\lambda \geqslant 0$ 组成的,记作 $\Lambda(A)$.

一般说来,$\Lambda(A)$ 不一定是有限集,但它是非空紧集.因此可以定义

$$\lambda^* := \max_{\lambda \in \Lambda(A)} \lambda \text{ 和 } \lambda_* := \min_{\lambda \in \Lambda(A)} \lambda$$

定义 8 设 $A \in \mathbf{R}^{[m,n]}$ 是弱对称的,定义

$$\bar{\lambda} := \max_{x \in S^{n-1}} f_A(x) = \max_{x \in S^{n-1}} Ax^m$$

对于非负弱对称的 A,显然有 $\bar{\lambda} \geqslant 0$.

定理 17 假定非负张量 $A \in \mathbf{R}^{[m,n]}$ 是弱对称的. 那么

$$\bar{\lambda} = \lambda^* = \rho(A)$$

对于非负张量 $A \in \mathbf{R}^{[m,n]}$,我们说 A 是非退化的,如果对于一切 $x \in P\backslash\{0\}$, $(Ax^{m-1})_i$ 与 x_i 对一切 $i \in \{1,\cdots,n\}$,不同时为零.

设非负张量 $A \in \mathbf{R}^{[m,n]}$ 是非退化的. 对一切 $x \in P\backslash\{0\}$ 定义

$$v_x(x) := \min_{1 \leqslant i \leqslant n} \frac{(Ax^{m-1})_i}{x_i} \text{ 和 } v^*(x) := \max_{1 \leqslant i \leqslant n} \frac{(Ax^{m-1})_i}{x_i}$$

定义 9 令

$$\rho_* := \sup_{x \in P^* \cap S^{n-1}} v_*(x)$$

以及

$$\rho^* := \inf_{x \in P^* \cap S^{n-1}} v^*(x)$$

定理 18 假设非负张量 $A \in \mathbf{R}^{[m,n]}$ 是不可约,而且是弱对称的,那么

1. $\Lambda(A)$ 包含在闭区间 $[\rho^*, \rho_*]$ 内,即, $\Lambda(A) \subseteq [\rho^*, \rho_*]$.

2. $\rho(A) = \bar{\lambda} = \lambda^* = \rho_*$.

文中列举了大量例子,说明以上各个定理中的条件与结论的联系.

迁移概率张量的 Z_1 — 特征值

张量 $P = (p_{i_1,\cdots,i_m}) \in \mathbf{R}^{[m,n]}$ 称为是一个迁移概率张量,如果

第 5 章　Banach 不动点定理的应用

$$\sum_{i=1}^{n} p_{i,i_2,\cdots,i_m} = 1, 1 \leqslant i_2,\cdots,i_m \leqslant n$$

以及

$$p_{i_1,i_2,\cdots,i_m} \geqslant 0, 1 \leqslant i_1,\cdots,i_m \leqslant n$$

定义 10　设 $A \in \mathbf{R}^{[m,n]}$，(x,λ) 称为是它的一个 Z_1 - 特征对，如果

$$Ax^{m-1} = \lambda x, \sum_{i=1}^{n} |x_i| = 1$$

不难验证：1 总是迁移概率张量的一个 Z_1 - 特征值.

Z_1 特征对与 Z 特征对的关系如下：

定理 19　设 $A \in \mathbf{R}^{[m,n]}$，则为了 (x_0,λ_0) 是它的 Z_1 特征对，当且仅当 $\left(\dfrac{x_0}{\|x_0\|_2}, \dfrac{\lambda_0}{\|x_0\|_2^{m-2}}\right)$ 是它的 Z 特征对.

对于一个迁移概率张量 P，定义一个从 $\mathbf{R}^n$ 中的正锥 P^n 到 P^n 的映射

$$T_P : x \to Px^{m-1}$$

因为 1 总是它的一个有 Z_1 非负特征向量的特征值，所以这个非负特征向量就是 T_P 的一个不动点. 于是非负特征向量的唯一性问题就转化为映射 T_P 不动点的唯一性问题.

我们提出三种映射 T_P 不动点唯一性的方法：
(1) 压缩映射方法；
(2) 单调算子方法；
(3) Brouwer 不动点指标方法.

引入单形

$$\Delta_n = \{(x_1,\cdots,x_n) \in P^n \mid \sum_{i=1}^{n} x_i = 1\}$$

Banach 压缩不动点定理

易见：$T_P : \Delta_n \to \Delta_n$.

定义

$$\delta_m = \min_{V \subset \{1,2,\cdots,n\}} \Big[\min_{i_2,\cdots,i_m} \sum_{i \in V} p_{ii_2\cdots i_m} + \min_{i_2,\cdots,i_m} \sum_{i \notin V} p_{ii_2\cdots i_m} \Big]$$

定理 20 设 $\boldsymbol{P} \in \mathbf{R}^{[m,n]}$ 是一个迁移概率张量. 若其满足条件

$$(\mathrm{Con}) \quad \delta_m > \frac{m-2}{m-1}$$

则映射 T_P 在单形 Δ_n 上是一个压缩映射. 这蕴涵了：$\boldsymbol{P}$ 的 Z_1 非负特征向量是唯一的.

这个唯一性的结论曾由 Li 与 Ng 得到.

由迁移概率张量的特殊结构,这个不动点问题可以降维. 记

$$\Delta'_n = \{x' = (x_1,\cdots,x_{n-1}) \in P^{n-1} \mid 0 \leqslant \sum_{k=1}^{n-1} x_k \leqslant 1\}$$

以及

$$(R_P(x'))_i$$
$$= (Px^{m-1})_i \Big|_{x_n = 1 - \sum_{k=1}^{n-1} x_k}$$
$$= \sum_{l=1}^{m-1} \sum_{i_{m-l+1},\cdots,i_m = 1}^{n-1} A^{m,l}_{ii_{m-l+1}\cdots i_m} x_{i_{m-l+1}} \cdots x_{i_m} + A^{m,0}_i$$

则 $R_P : \Delta'_n \to \Delta'_n$.

令

$$r_{ij}(x') = \frac{(\partial R_P(x'))_i}{\partial x_j}$$
$$= \sum_{l=2}^{m-1} l \sum_{i_{m-l+2},\cdots,i_m = 1}^{n-1} A^{m,l}_{iji_{m-l+2}\cdots i_m} x_{i_{m-l+2}} \cdots x_{i_m} + A^{m,l}_{ij}$$

以及

$$s_{ij} = \frac{1}{2}(r_{ij} + r_{ji})$$

216

得到一个对称矩阵 $S = (s_{ij})$.

对于任意矩阵 M, 我们用 $\gamma(M)$ 表示 M 的谱半径.

利用算子 R_P 的强单调性得到:

定理 21 若 $\max\limits_{x' \in \overline{\Delta'}} \gamma(S(x')) < 1$, 则 P 的非负 Z_1 特征向量是唯一的.

R. B. Kellogg(1976) 通过计算非线性映射的 Leray-Schauder 指标,证明了一个有关不动点唯一性的定理. 设 D 是 Banach 空间 X 的一个有界闭凸集.

定理 22 若 $F: \overline{D} \to \overline{D}$ 是一个紧的连续映射,在 D 上连续可微. 假设:

(1) $\forall x \in D$, 1 不是 $F'(x)$ 的特征值;

(2) $\forall x \in \partial D$, $x \neq F(x)$.

则 F 在 D 内有唯一的不动点.

我们推广了这个定理使之便于应用.

取 $\epsilon > 0$ 小,并令

$$D_\epsilon = \{(x, \cdots, x_n) \mid x_j > 0, 1 - \epsilon < \sum_{j=1}^{n} x_j < 1 + \epsilon\}$$

定义 $F: D_\epsilon \to P^n$ 为

$$F(x) = \frac{Px^{m-1}}{(\sum_{j=1}^{n} x_j)^{m-1}}$$

记

$$Fix(F) = \{x \in D_\epsilon \mid F(x) = x\}$$

引入 Jacobi 矩阵

$$J(x_0) = (\frac{\partial (Px^{m-1})_i}{\partial x_j} \mid_{x=x_0})$$

定理 23 若 P 是一个不可约的迁移概率张量,而 F 是前面定义的映射. 假定 $\det(\mathbf{Id} - \mathbf{J}(x)) \neq 0$ 在 $(Fix(T_P))$ 上不变号,那么 T_P 有唯一的不动点.

压缩型不动点定理分类及 Rhoades 问题

本章将介绍压缩映象、Rhoades 问题以及它的一些推广情形.

6.1 不动点的分类与 Rhoades 问题

按照压缩条件的不同,对不动点可进行如下分类:

设 (X,d) 为度量空间,映射 $T:X\to X$,称满足下列第 (i) 个条件的映射为第 (i) 类压缩映射,记为 $T\in(\mathrm{i})$,不同作者分别在相应条件下证明了不动点定理.

(1)1922 年,Banach,对于任意的 $x,y\in X$,有
$$d(Tx,Ty)\leqslant kd(x,y), k\in[0,1)$$

第 6 章　压缩型不动点定理分类及 Rhoades 问题

(2) 1962 年, Rakotch, 存在单调函数
$$\alpha(t):(0,+\infty) \to (0,1)$$
使得
$$d(Tx,Ty) \leqslant \alpha(d(x,y))d(x,y), x \neq y$$

(3) 1961 年, M. Edelstein, 对于任意的 $x,y \in X$, $x \neq y$, 有
$$d(Tx,Ty) < d(x,y)$$

(4) 1969 年, R. Kannan, 存在
$$h \in \left(0, \frac{1}{2}\right)$$
对于任意的 $x,y \in X$, 有
$$d(Tx,Ty) \leqslant h\{d(x,Tx)+d(y,Ty)\}$$

(5) 1972 年, R. M. Bianchichi, 存在
$$h \in (0,1)$$
对于任意的 $x,y \in X$, 有
$$d(Tx,Ty) \leqslant h\max\{d(x,Tx),d(y,Ty)\}$$

(6) 1971 年, Reich, 存在
$$a,b,c \geqslant 0, a+b+c < 1$$
对于任意的 $x,y \in X$, 有
$$d(Tx,Ty) \leqslant ad(x,Tx)+bd(y,Ty)+cd(x,y)$$

(7) 1971 年, Reich, 存在
$$a(t),b(t),c(t):(0,+\infty) \to (0,1)$$
单调减少
$$a(t)+b(t)+c(t) < 1$$
对于任意的 $x,y \in X$, 有
$$d(Tx,Ty) \leqslant a(d(x,y))d(x,Tx)+$$
$$b(d(x,y))d(y,Ty)+$$
$$c(d(x,y))d(x,y)$$

(8) 1972 年,Roux,Socrdi,对于任意的 $x,y \in X$,有
$$d(Tx,Ty) \leqslant h\max\{d(x,Tx),$$
$$d(y,Ty),d(x,y)\}, 0 < h < 1$$

(9) 1972 年,V. M. Sehgal,对于任意的 $x,y \in X$,$\forall x \neq y$,有
$$d(Tx,Ty) < \max\{d(x,Tx),d(y,Ty),d(x,y)\}$$

(10) 1972 年,S. K. Chatterjea,存在
$$h \in \left(0,\frac{1}{2}\right)$$
对于任意的 $x,y \in X$,有
$$d(Tx,Ty) \leqslant h\{d(x,Ty)+d(y,Tx)\}$$

(11) 1973 年,G. E. Hardy,T. D. Rogers,存在
$$\sum a_i < 1$$
对于任意的 $x,y \in X$,有
$$d(Tx,Ty) \leqslant a_1 d(x,y) + a_2 d(x,Tx) + a_3 d(y,Ty) +$$
$$a_4 d(x,Ty) + a_5 d(y,Tx)$$

(12) 1973 年,S. Massa,Zamflrescu,存在
$$h \in (0,1)$$
对于任意的 $x,y \in X$,有
$$d(Tx,Ty) \leqslant h\max\{d(x,y),\frac{1}{2}[d(x,Tx)+d(y,Ty)],$$
$$\frac{1}{2}[d(x,Ty)+d(y,Tx)]\}$$

(13) 1971 年,Ciric,存在
$$h \in (0,1)$$
对于任意的 $x,y \in X$,有
$$d(Tx,Ty) \leqslant h\max\{d(x,y),d(x,Tx),d(y,Ty),$$

第 6 章 压缩型不动点定理分类及 Rhoades 问题

$$\frac{1}{2}[d(x,Ty)+d(y,Tx)]\}$$

(14) 1977 年，B. E. Rhoades，存在

$$\sum a_i(t) < 1$$

其中 $a_i(t):(0,\infty) \to (0,1)$，单调减少，对于任意的 $x, y \in X$，有

$$d(Tx,Ty) \leqslant a_1(d(x,y))d(x,y) + $$
$$a_2(d(x,y))d(x,Tx) + $$
$$a_3(d(x,y))d(y,Ty) + $$
$$a_4(d(x,y))d(x,Ty) + $$
$$a_5(d(x,y))d(y,Tx)$$

(15) 1974 年，L. B. Ciric，存在

$$0 < h < 1$$

对于任意的 $x,y \in X$，有

$$d(Tx,Ty) \leqslant h\max\{d(x,y),d(x,Tx),d(y,Ty),$$
$$d(x,Ty),d(Tx,y)\}$$

(16) 1977 年，B. E. Rhoades，对于任意的 $x,y \in X, \forall x \neq y$，有

$$d(Tx,Ty) < \max\{d(x,y),d(x,Tx),$$
$$d(y,Ty),d(x,Ty),d(Tx,y)\}$$

图 1 形象地表示出以上 16 类映象中出现的各项的关系.

在 (1) ~ (16) 类压缩映象中的条件，若改为存在某个自然数 p，使 T^p 相应条件满足，即得 (17) ~ (32) 类映象.

若改为存在某两个自然数 p,q，使得

$$d(T^p x, T^q y)$$

满足 (1) ~ (16)，即得 (33) ~ (48) 类映象.

Banach 压缩不动点定理

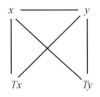

图 1

若改为存在某函数 $p(x)$,使得
$$d(T^{p(x)}x, T^{q(x)}y)$$
满足(1)～(16),即得(49)～(64)类映象.

存在某函数 $p(x,y), q(x,y)$,使得
$$d(T^{p(x,y)}x, T^{q(x,y)}y)$$
满足(1)～(16),即得(65)～(80)类映象.

若将上述定义中映象改为映象对,即得(81)～(160)类映象.

1977 年,Rhoades 提出了 6 个公开问题:

(1) 若 $f \in (16)$(即 f 是(16)类映象,下同),f 在 X 中连续且存在 $x_0 \in X, \{f^n x_0\}$ 有聚点,f 是否有不动点?

注 若 $\{f^n x_0\}$ 有聚点,且 $\lim d(f^n x, f^{n+1} x) = 0$ 时,则有不动点. 可以证明(Rhoades 同文指出),f 连续及对某 $x_0, \{f^n x_0\}$ 有聚点是 f 有不动点的必要条件,而不是充分条件.

(2) 若(1)是否定的,附加什么条件可保证 f 有不动点?

(3) $f \in (61)$～(64) 结论如何?

(4) $f \in (68)$～(80) 结论如何?

(5) 局部压缩能否推广到(10)、(26)、(42)、(58)、(74).

第6章 压缩型不动点定理分类及 Rhoades 问题

(6) 问题(1)～(5)对映象对、序列情形如何?

针对这 6 个问题,数学家们进行了深入的探讨,也得到了一些很好的结论.

6.2 压缩映象的不动点定理

定理 1 设 X 为完备度量空间,$T:X \to X$ 且满足
$$d(Tx,Ty) \leqslant kd(x,y), k \in (0,1)$$
则 T 在 X 内有唯一的不动点,且
$$d(x_n,x^*) \leqslant \frac{k^n}{1-k}d(Tx_0,x_0)$$

证 (1) 显然
$$d(T^n x, T^n y) \leqslant k^n d(x,y)$$
定义 $x_n = T^n x_0$,则
$$d(x_n, x_{n+1}) \leqslant k^n d(x_0, Tx_0)$$
$$(2)\ d(x_{n+p}, x_n) \leqslant k^n(1+k+\cdots+k^p)d(x_0, Tx_0)$$
$$< \frac{k^n}{1-k}d(Tx_0, x_0)$$
即 $\{x_n\}$ 为 Cauchy 列.

(3) 由于 X 完备,设
$$\lim x_n = x^*$$
则由
$$Tx_n = x_{n+1} \Rightarrow Tx^* = x^*$$

(4) 唯一性,略.

(5) 于(2)中令 $p \to +\infty$,即证
$$d(x_n, x^*) < \frac{k^n}{1-k}d(Tx_0, x_0)$$

注 X 非完备,结论不对.

Banach 压缩不动点定理

$x \in (0,1], T: X \to X, Tx = \dfrac{x}{2}$,满足(1),但无不动点(因为 X 非完备).

定理 2 设 (X, d) 为完备度量空间,$T: X \to X$,满足存在 $h \in \left(0, \dfrac{1}{2}\right)$,使
$$d(Tx, Ty) < k(d(x, Tx) + d(y, Ty))$$
则在 X 内存在不动点.

证 $x_n = T^n x_0$
$$d(x_n, x_{n+1})$$
$$= d(T^n x_0, T^{n+1} x_0)$$
$$\leqslant k(d(x_n, x_{n+1}) + d(x_{n-1}, x_n))$$
$$\Rightarrow d(x_n, x_{n+1})$$
$$\leqslant \dfrac{k}{1-k} d(x_{n-1}, x_n), 0 < \dfrac{k}{1-k} < 1$$

由定理 1 即得.

定理 3 设 $\sum a_i(t) < 1$,其中 $a_i(t): (0, \infty) \to (0, 1)$,单调减少,对 $\forall x \neq y$,有
$$d(Tx, Ty) \leqslant a_1(d(x,y)) d(x,y) +$$
$$a_2(d(x,y)) d(x, Tx) +$$
$$a_3(d(x,y)) d(y, Ty) +$$
$$a_4(d(x,y)) d(x, Ty) +$$
$$a_5(d(x,y)) d(Tx, y)$$
则 T 在 X 内存在不动点.

证 (1) 先证
$$\lim d(x_n, x_{n+1}) = 0$$
由 $T^n x_0 = x_n$ 易知
$$d(x_n, x_{n+1}) \leqslant a_1(d(x_{n-1}, x_n)) d(x_{n-1}, x_n) +$$
$$a_2(d(x_{n-1}, x_n)) d(x_{n-1}, x_n) +$$

第 6 章 压缩型不动点定理分类及 Rhoades 问题

$$a_3(d(x_{n-1},x_n))d(x_n,x_{n+1})+$$
$$a_4(d(x_{n-1},x_n))d(x_{n-1},x_{n+1})+$$
$$a_5(d(x_{n-1},x_n))d(x_n,x_n)$$

仍记 $a_i(t)$ 为 a_i,也有

$$d(x_{n+1},x_n) \leqslant a_1 d(x_n,x_{n-1}) + a_2 d(x_n,x_{n+1}) +$$
$$a_3 d(x_{n-1},x_n) + a_4 d(x_n,x_n) +$$
$$a_5 d(x_{n-1},x_{n+1})$$

两式相加,得

$$2d(x_n,x_{n+1})$$
$$\leqslant (a_1+a_3+a_1+a_2+a_4+a_5)d(x_n,x_{n-1})+$$
$$(a_3+a_4+a_2+a_5)d(x_n,x_{n+1})$$

解得

$$d(x_n,x_{n+1}) \leqslant \frac{(2a_1+a_3+a_2+a_4+a_5)}{2-(a_3+a_4+a_2+a_5)}d(x_{n-1},x_n)$$
$$\leqslant d(x_n,x_{n-1})$$

(因为 $\dfrac{a_1+t}{a_1+2-t}$ 单调增加,所以

$$\frac{(2a_1+a_3+a_2+a_4+a_5)}{2-(a_1+a_3+a_4+a_2+a_5)+a_1} < \frac{1+a_1}{1+a_1}=1)$$

(问:若令 $\dfrac{2a_1+a_3+a_2+a_4+a_5}{2-(a_1+a_3+a_4+a_2+a_5)+a_1}=c$,

则 $d(x_n,x_{n+1}) \leqslant c^n d(x_1,x_0)$,用定理 1 的证法做,对吗?)

即 $d(x_n,x_{n+1})$ 单调减少. 下证

$$\lim d(x_n,x_{n+1})=0$$

若

$$\lim d(x_n,x_{n+1})=p>0$$

则于式

$$q(d(x_n,x_{n+1})) \xedef q(b_n) \xedef$$

Banach 压缩不动点定理

$$\frac{a_1(b_n)+a_1(b_n)+a_3(b_n)+a_2(b_n)+a_4(b_n)+a_5(b_n)}{2-(a_1(b_n)+a_3(b_n)+a_4(b_n)+a_2(b_n)+a_5(b_n))+a_1(b_n)}$$

中令 $n\to\infty$,注意到 $\varphi(t)$ 单调减少时,$\dfrac{a+\varphi(t)}{b-\varphi(t)}$ 单调减少,得

$$q(p) = \frac{2a_1(p)+a_3(p)+a_2(p)+a_4(p)+a_5(p)}{2-(a_1(p)+a_3(p)+a_4(p)+a_2(p)+a_5(p))+a_1(p)}$$
$$< 1$$

但 $d(x_n,x_{n+1}) \geqslant p$,所以

$$q(d(x_n,x_{n+1}))$$
$$\leqslant q(p) < 1$$
$$\Rightarrow d(x_{n+1},x_n)$$
$$\leqslant q(d(x_n,x_{n-1}))d(x_n,x_{n-1})$$
$$\leqslant q(q(p))d(x_n,x_{n-1}) \leqslant \cdots$$
$$\leqslant (q(p))^n d(x_1,x_0) \to 0$$

矛盾,故 $p=0$.

(2) 证 $\{x_n\}$ 为 Cauchy 列,记

$$d_{m,n}=d(x_m,x_n)$$

则有,$\forall m,n \in N$

$$\begin{aligned}
d(x_m,x_n) &= d(Tx_{m-1},Tx_{n-1}) \\
&\leqslant a_1 d(x_{m-1},x_{n-1}) + a_2 d(x_m,x_{m-1}) + \\
&\quad a_3 d(x_n,x_{n-1}) + a_4 d(x_{m-1},x_n) + \\
&\quad a_5 d(x_m,x_{n-1}) \quad\quad\quad\quad\quad\quad (1)\\
&\leqslant a_1(d_{m,m-1}+d_{m,n}+d_{n,n-1}) + a_2 d_{m,m-1} + \\
&\quad a_3 d_{n,n-1} + a_4(d_{m-1,m}+d_{m,n}) + \\
&\quad a_5(d_{n,m}+d_{n,n-1})
\end{aligned}$$

所以

第 6 章　压缩型不动点定理分类及 Rhoades 问题

$$d_{m,n} \leqslant \frac{1}{1-a_1-a_4-a_5}[(a_1+a_2+a_4)d_{m,m-1}+(a_1+a_3+a_5)d_{n,n-1}]$$

易知

$$\alpha(t) = \frac{a_1(t)+a_2(t)+a_4(t)}{1-a_1(t)-a_4(t)-a_5(t)}$$

$$\beta(t) = \frac{a_1(t)+a_3(t)+a_5(t)}{1-a_1(t)-a_4(t)-a_5(t)}$$

单调减少(因为 $a_i(t)$ 为单调减少),$\forall \varepsilon>0$,由于

$$\lim_{n\to\infty} d_{n,n+1}=0$$

若

$$\alpha\left(\frac{\varepsilon}{2}\right)\neq 0, \beta\left(\frac{\varepsilon}{2}\right)\neq 0$$

则取 N,当 $m>N, n>N$ 时,有

$$d_{m,m-1} < \frac{1}{2}\min\left\{\frac{\varepsilon}{\alpha\left(\frac{\varepsilon}{2}\right)}, \varepsilon\right\}$$

$$d_{n,n-1} < \frac{1}{2}\min\left\{\frac{\varepsilon}{\beta\left(\frac{\varepsilon}{2}\right)}, \varepsilon\right\}$$

$$\left(\alpha\left(\frac{\varepsilon}{2}\right)=0 \text{ 时},取 d_{m,m-1}<\frac{1}{2}\varepsilon\right)$$

于是,① 若 $d_{m-1,n-1} < \frac{\varepsilon}{2}$,由式(1),有

$$d_{m,n} < \varepsilon(a_1+\cdots+a_5) < \varepsilon$$

② $d_{m-1,n-1} \geqslant \frac{\varepsilon}{2}$,则由式(1)及

$$\alpha(d_{m-1,n-1}) \leqslant \alpha\left(\frac{\varepsilon}{2}\right), \beta(d_{m-1,n-1}) \leqslant \beta\left(\frac{\varepsilon}{2}\right)$$

得

$$d_{m,n} \leqslant \alpha\left(\frac{\varepsilon}{2}\right)d_{m,m-1}+\beta\left(\frac{\varepsilon}{2}\right)d_{n,n-1} < \frac{\varepsilon}{2}+\frac{\varepsilon}{2}=\varepsilon$$

Banach 压缩不动点定理

即 $\{x_n\}$ 为 Cauchy 列.

(3) 证 $Tx_* = x_*$, 为此先证 $x_n \to Tx_*$, 即
$$d(x_n, Tx_*) \leqslant d(Tx_{n-1}, Tx_*)$$
$$\leqslant a_1 d(x_{n-1}, x_*) + a_2 d(x_{n-1}, x_n) +$$
$$\quad a_3 d(x_*, Tx_*) + a_4 d(x_{n-1}, Tx_*) +$$
$$\quad a_5 d(x_*, x_n)$$
$$\leqslant a_1 d(x_{n-1}, x_*) + a_2 d(x_{n-1}, x_n) +$$
$$\quad a_3 d(x_*, x_n) + a_3 d(x_n, Tx_*) +$$
$$\quad a_4 d(x_{n-1}, x_n) + a_4 d(x_n, Tx_*) +$$
$$\quad a_5 d(x_*, x_n)$$

于是,有
$$d(x_n, Tx_*) \leqslant \frac{1}{1 - a_3 - a_4}[a_1 d(x_*, x_{n-1}) +$$
$$\quad (a_2 + a_4) d(x_{n-1}, x_*) +$$
$$\quad (a_3 + a_5) d(x_*, x_n)]$$

若有无穷多 n_i 使
$$a_3(d(x_{n_i - 1}, x_*)) + a_4(d(x_{n_i - 1}, x_*)) < \frac{1}{2}$$

则
$$d(x_{n_i}, Tx_*) \leqslant 2[d(x_*, x_{n_i - 1}) + d(x_{n_i - 1}, x_{n_i}) +$$
$$\quad d(x_*, x_{n_i})] \to 0$$

(用 $a_1 < 1, a_2 + a_4 < 1, a_3 + a_5 < 1$)

否则,考虑(交换 Tx_* 与 x_n)
$$d(Tx_*, x_n) \leqslant a_1 d(x_{n-1}, x_*) + a_2 d(x_*, Tx_*) +$$
$$\quad a_3 d(x_{n-1}, x_n) + a_4 d(x_*, x_n) +$$
$$\quad a_5 d(Tx_*, x_{n-1})$$
$$\leqslant a_1 d(x_{n-1}, x_*) + a_2 d(x_*, x_n) +$$
$$\quad a_2 d(x_n, Tx_*) + a_3 d(x_{n-1}, x_n) +$$
$$\quad a_4 d(x_*, x_n) + a_5 d(Tx_*, x_n) +$$

第 6 章 压缩型不动点定理分类及 Rhoades 问题

$$a_5 d(x_n, x_{n-1})$$

于是,有

$$d(x_n, Tx_*) \leqslant \frac{1}{1-a_2-a_5} [a_1 d(x_{n-1}, x_*) +$$
$$(a_2+a_4) d(x_*, x_n) +$$
$$(a_3+a_5) d(x_n, x_{n-1})]$$

由于仅有有限个 n_i 使

$$a_3(d(x_{n_i-1}, x_*)) + a_4(d(x_{n_i-1}, x_*)) < \frac{1}{2}$$

故至多有有限多 n_i 使

$$a_2(d(x_{n_i-1}, x_*)) + a_5(d(x_{n_i-1}, x_*)) \geqslant \frac{1}{2}$$

而对其余无穷多 n_i 有

$$a_2(d(x_{n_i-1}, x_*)) + a_5(d(x_{n_i-1}, x_*)) < \frac{1}{2}$$

(否则,与 $\sum \alpha_i(t) < 1$ 矛盾),从而

$$d(Tx_*, x_{n_i}) \leqslant 2[d(x_{n_i-1}, x_*) +$$
$$d(x_{n_i}, x_{n_i-1}) +$$
$$d(x_*, x_{n_i})] \to 0$$

即

$$x_{n_i} \to Tx_*$$

故由极限的唯一性,得 $Tx_* = x_*$.

定理 4 设 $T \in (15)$,即存在 $0 < h < 1$,有

$$d(Tx, Ty) \leqslant h \max\{d(x,y), d(x, Tx),$$
$$d(y, Ty), d(x, Ty), d(Tx, y)\}$$

则存在 $x_*, Tx^* = x^*$,且

$$\lim T^n x_0 = x_*.$$

并有估计式

Banach 压缩不动点定理

$$d(T^n x_0, x_*) \leqslant \frac{h^n}{1-h} d(x_0, Tx_0)$$

(证略)

定理 5 设 $T \in (9)$，即 $d(Tx, Ty) < \max\{d(x, y), d(x, Tx), d(y, Ty)\}, \forall x \neq y$，$T$ 连续，$\xi \in X$ 为 $\{T^n x_0\}_{n=0}^{\infty}$ 的聚点，则 ξ 是 T 的唯一不动点，且 $T^n x_0 \to \xi$。

证 设 $T^{n_i} x_0 \to \xi$.

(1) 若存在 $k \in \mathbf{Z}_+, T^k x_0 = T^{k+1} x_0$，则由于
$$T^{n_i} x_0 \to \xi$$
故
$$\begin{aligned}\xi &= \lim T^{n_i} x_0 \\ &= \lim T^{n_i - k} T^k x_0 \\ &= \lim T^{n_i - k} T^{k+1} x_0 \\ &= T \lim T^{n_i} x_0 = T\xi\end{aligned}$$

(2) 若 $\forall k \in \mathbf{Z}_+, d(T^k x_0, T^{k+1} x_0) > 0$，令
$$\overline{V}(x) = d(x, Tx), x \in X$$
则 $\overline{V}(x)$ 非负，连续，且由 $T \in (9)$ 得
$$\overline{V}(Tx) < \overline{V}(x), \forall x \neq Tx$$
事实上
$$\begin{aligned}\overline{V}(Tx) &= d(Tx, TTx) \\ &< \max\{d(x, Tx), d(x, Tx), d(Tx, T^2 x)\} \\ &= \max\{\overline{V}(x), \overline{V}(x), \overline{V}(Tx)\}\end{aligned}$$
于是
$$\overline{V}(Tx) < \overline{V}(x), \forall x \in X$$

另一方面，因 $\xi \in \overline{\{T^n x_0\}}$ 推出存在 $n_i, T^{n_i} x_0 \to \xi$.

① 又 $\{\overline{V}(T^n x_0)\}$ 单调减少，非负，故
$$\overline{V}(T^n x_0) \to r \geqslant 0$$

第6章 压缩型不动点定理分类及 Rhoades 问题

② 另一方面,由 $\overline{V}$ 连续,推出
$$\lim \overline{V}(T^{n_i}x_0) = \overline{V}(\lim T^{n_i}x_0) = \overline{V}(\xi) = r$$
③ 又 T 连续,故
$$\lim \overline{V}(T^{n_i+1}x_0) = \overline{V}(T(\lim T^{n_i}x_0)) = \overline{V}(T\xi)$$
由极限唯一性得 $\overline{V}(T\xi) = \overline{V}(\xi)$.

于是断言,$T\xi = \xi$(否则,$\overline{V}(T\xi) < \overline{V}(\xi)$).

唯一性显然.

(3) 证明 $T^n x_0 \to \xi$.

若 $T^{n_0}x_0 = T^{n_0+1}x_0$,则当 $n > n_0$ 时
$$T^n x_0 = T^{n_0} x_0$$
故 $\lim T^n x_0 = T^{n_0} x_0 = \xi$ 得证. 否则,$\forall k \in \mathbf{Z}_+$,$d(T^k x_0, T^{k+1} x_0) > 0$,由 $T^n x_0 \to \xi$,得
$$d(T^{n_0}x_0, T^{n_0+1}x_0) \to d(\xi, T\xi) = 0$$
于是,当 $\forall \varepsilon > 0$,存在 $J, i \geqslant J$ 时,有
$$d(T^{n_0}x_0, T^{n_0+1}x_0) < \varepsilon, d(T^{n_0}x_0, \xi) < \varepsilon$$
从而,当 $n > n_J$ 时,有
$$d(T^n x_0, \xi)$$
$$= d(T^n x_0, T^n \xi)$$
$$< \max\{d(T^{n-1}x_0, \xi), d(T^{n-1}x_0, T^n x_0), 0\}$$
$$< \max\{d(T^{n-2}x_0, T^{n-1}x_0), d(T^{n-2}x_0, \xi)\}$$
$$< \cdots < \max\{d(T^{n_J}x_0, T^{n_J-1}x_0),$$
$$d(T^{n_J}x_0, \xi)\} < \varepsilon$$

(注意:$d(T^n x_0, T^{n+1} x_0)$ 单调减少并用 $T \in$ (9))

关于(16)类映象的不动点的存在性,需假设 T 连续,且 $\{T^n x_0\}$ 有聚点.

解决思路:

(1) 在一定条件下,证明(16)类映象和(1)类映象在拓扑等价的度量之下可以转化,从而(16)类映象化

Banach 压缩不动点定理

为(1)类映象解决(然而,对空间通常要求紧性,条件强).

(2) 寻找其他充要条件.

引理 1 设 (X,d) 是完备度量空间,$T:X \to X$,满足:

(1) T 有唯一不动点 $x_* \in X$;

(2) $\forall x \in X, T^n x \to x_*$;

(3) 存在 x_* 的开邻域 U:

$\forall \overline{V} \subset X, \overline{V}$ 是包含 x_* 的开邻域,存在 $N, \forall n > N, T^n(U) \subset \overline{V}$,则 $\forall h \in (0,1)$,存在与 d 拓扑等价的度量 d^*,使得

$$d^*(Tx, Ty) \leqslant h d^*(x, y)$$

定理 6 设 (X,d) 为有界完备度量空间,$T:X \to X$,连续,紧映象,则在拓扑等价的意义下,(16)类映象等价于(1)类映象.即存在与 d 拓扑等价的度量 d^*,若 T 满足(16)类映象,则存在 $h \in (0,1)$,使

$$d^*(Tx, Ty) \leqslant h d^*(x, y)$$

证 显然,$T \in (1)$ 推出 $T \in (16)$,反之,只要证明 $T \in (16)$,则 T 满足引理 1 即可.

由于 X 有界完备,T 紧,故存在紧集 $Y \subset X$,使 $T(X) \subset Y$,从而

$$Y \supset TY \supset T^2 Y \supset \cdots$$

令 $A = \bigcap T^n(Y)$,则 A 非空(Y 非空,从而 TY 非空) 紧,且 $T:A \to A$.

(T 为满射:$\forall x \in A$,则 $\forall n \in N, x \in T^{n+1}Y$,从而存在 $y_n \in TY, x = T^n y_n$,于是,$\{y_n\} \subset A$,但是 A 紧,存在 $n_i, y_{n_i} \to y \in A, Ty = \lim Ty_{n_i} = x$)

下证 $A = \{x_*\}$.

第 6 章　压缩型不动点定理分类及 Rhoades 问题

若设 $x_1, x_2 \in A$,且
$$\delta(A) = d(x_1, x_2) > 0$$
又 $T: A \to A \Rightarrow y_1, y_2 \in A$,使
$$Ty_1 = y_1, Ty_2 = y_2$$
$$\delta(A) = d(x_1, x_2) = d(Ty_1, Ty_2)$$
$$< \max\{d(y_1, y_2), \cdots\}$$
$$\leqslant \delta(A)$$

矛盾,故 $A = \{x_*\}$.

显然,$Tx^* = x^*$,且 $T^n x \to x^*$.

到此,引理 1 条件(1)、(2) 满足.

为证(3),取 $U = X$,由于
$$T^{n+1}(X) = T^n(TX) \subset T^n(Y)$$
故
$$\delta(T^n(U)) \leqslant \delta(T^n(Y)) \to 0$$

于是,当 n 充分大,$T^n(X)$ 可包含在 x^* 的任一开邻域中,即引理 1 条件满足.

定理 7　设 (X, d) 为紧完备度量空间,$T: X \to X$ 连续,则在与 d 拓扑等价意义下,$T \in (16)$ 等价于 $T \in (1)$.

定理 8　设 (X, d) 为完备度量空间,$T: X \to X$ 满足 $\forall x \in X$ 及任一 $n \geqslant 2$,若 $T^i x \neq T^j x, 0 \leqslant i < j \leqslant n-1$ 时,有
$$d(T^n x, T x) < \max_{1 \leqslant j \leqslant n} d(T^j x, x), i = 1, 2, \cdots, n-1$$
称为 C 映象(记 $T \in (C)$),则 T 有唯一不动点当且仅当存在正整数 $m > n \geqslant 0$ 及一点 $x \in X$,使 $T^m x = T^n x$,若此条件满足,则 $T^n x$ 为 T 的不动点.

注　(1) $T \in (1)$,则 $T \in (C)$. 若 $T \in (1)$,则
$$d(Tx, Ty) \leqslant h d(x, y)$$

Banach 压缩不动点定理

因为 $\forall x \in X, n \geqslant 2$,当
$$T^i x \neq T^j x, 0 \leqslant i < j \leqslant n-1$$
$$d(T^n x, T^i x) \leqslant h^i d(T^{n-i} x, x)$$
$$< d(T^{n-i} x, x)$$
$$\leqslant \max_{1 \leqslant j \leqslant n}\{d(T^j x, x)\}$$

所以有 $T \in (C)$.

(2) $T \in (16)$,则用归纳法证明 $T \in (C)$.

$n=2, x \neq Tx$,有
$$d(T^2 x, Tx) < \max\{d(Tx, x), d(Tx, T^2 x),$$
$$d(x, Tx), d(Tx, Tx), d(x, T^2 x)\}$$
$$= \max\{d(Tx, x), d(x, Tx), d(x, T^2 x)\}$$
$$= \max_{1 \leqslant i \leqslant 2}\{d(T^i x, x)\}$$

设 $n=k-1, k \geqslant 3$ 成立,设
$$\alpha = \max_{1 \leqslant j \leqslant k-1}\{d(T^j x, x)\}$$
$$d(T^k x, T^{k-1} x)$$
$$< \max\{d(T^{k-1} x, T^{k-2} x), d(T^{k-1} x, T^k x),$$
$$d(T^{k-2} x, T^{k-1} x), d(T^{k-1} x, T^{k-1} x),$$
$$d(T^{k-2} x, T^k x)\}$$
$$\leqslant \max\{\alpha, d(T^k x, T^{k-2} x)\} \text{(由归纳假设)}$$
$$d(T^k x, T^{k-2} x)$$
$$< \max\{d(T^{k-1} x, T^{k-3} x), d(T^{k-1} x, T^k x), d(T^{k-3} x, T^{k-2} x),$$
$$d(T^{k-1} x, T^{k-3} x), d(T^{k-3} x, T^k x)\}$$
$$< \max\{\alpha, d(T^k x, T^{k-3} x), d(T^k x, T^{k-2} x)\}$$
$$= \max\{\alpha, d(T^k x, T^{k-3} x)\}$$

归纳可得
$$d(T^k x, Tx)$$
$$< \max\{\alpha, d(T^k x, x)\}$$

第 6 章 压缩型不动点定理分类及 Rhoades 问题

$$= \max_{1 \leqslant j \leqslant k-1} \{d(T^j x, x)\}$$

继续

$d(T^k x, T^2 x)$

$< \max\{d(T^{k-1}x, Tx), d(T^{k-1}x, T^k x), d(Tx, T^2 x),$

$\quad d(Tx, T^k x), d(T^{k-1}x, T^2 x)\}$

$\leqslant \max\{\alpha, d(T^k x, T^{k-1}x)\}$

$\leqslant \max\{\alpha, d(T^k x, T^{k-2} x)\} \leqslant \cdots \leqslant \max\{\alpha, d(T^k x, Tx)\}$

$= \max_{1 \leqslant i \leqslant k} \{d(T^i x, x)\}$

则可推出 $T \in (C)$ 成立.

定理 8 的证明如下.

证　必要性:($\Rightarrow$) 略.

充分性:($\Leftarrow$) 存在 $x \in X, m > n \geqslant 0$,使

$$T^m x = T^n x$$

不失一般性. 设 m 为满足此式的最小者,令 $y = T^n x$,则

$$T^{m-n} y \xlongequal{\text{def}} T^p y = y$$

此时,$T^p y = y$(p 为使此式成立的最小者,y 称 T 的以 p 为周期的周期点). 下证 $Ty = y$,否则,$Ty \neq y$,则存在 $p \geqslant 2$,且

$$T^i y \neq T^j y \quad 0 \leqslant i < j \leqslant p-1$$

(若否,$T^i y = T^j y$,则 $T^{i-j+p} y = T^p y = y$,这里,$i-j+p < p$ 与 p 的最小性矛盾)

由于 T 为 C 映象,则

$$d(y, T^i y) = d(T^p, T^i y)$$
$$< \max_{1 \leqslant j \leqslant p} \{d(T^j y, y)\} \neq d(T^p y, y)$$
$$= \max_{1 \leqslant j \leqslant p-1} \{d(T^j y, y)\}$$

对 $\forall i = 1, 2, \cdots, p-1$ 成立,所以

$$\max_{1\leqslant j\leqslant p-1}\{d(y,T^iy)\} < \max_{1\leqslant j\leqslant p-1}\{d(T^jy,y)\}$$

矛盾,故 $Ty=y$.

推论 $T\in(c), x\in X$,使得$\{T^n x\}$有聚点x_0,则 T 在$\{T^n x_0\}$中有不动点 $\Leftrightarrow$ 以下之一条件成立:

(1) $T^n x$ 收敛;

(2) 存在 $m\geqslant 0$,使 $T^m y=y$,其中 y 是$\{T^n x_0\}$的某一点.

注 关于 $T\in(69),(70),(71\sim 73),(78),(80)$ 无不动点的例子.

定理9 设 $T\in(80)$,x 是 T 的周期点,周期指数为 k,则 T 在$\{T^n x\}$中有不动点 $\Leftrightarrow \forall T^{n_1}x, T^{n_2}x \in \{T^n x\}, T^{n_1}x \neq T^{n_2}x$,存在 $T^{n'_1}x, T^{n'_2}x \in A=\{T^n x\}$,使得

$$T^{p(T^{n'}{}_1 x, T^{n'}{}_2 x)}(T^{n'}{}_1 x) = T^{n_1}x$$
$$T^{p(T^{n'}{}_1 x, T^{n'}{}_2 x)}(T^{n'}{}_2 x) = T^{n_2}x$$

6.3 关于广义压缩映射的一点注记[①]

1. 为研究完备距离空间中自映射的不动点和自映射对的公共不动点,B. E. Rhoades[1] 对多种压缩型条件进行了归纳,证明了一些不动点定理,也留下了一些未解决的问题.

随后,B. K. Ray 与 B. E. Rhoades[2] 引申了[1]中变迭代指标的含意,定义了一些新的压缩条件,并证明了关于

---

① 1981 年 5 月 7 日收到.

第 6 章　压缩型不动点定理分类及 Rhoades 问题

不动点的几个结论. 虽然这些结论有明显的错误, 但却多次被人疏忽. 例如以后的文章[3]中相继出现了同样的问题. 本节的目的就是对上述问题进行更正, 它是作者们的同一内容的三份稿件的综合整理. 此外, 中国科技大学研究生院赵汉宾同志也指出过这一错误.

2. 作为[2], [3] 等文的特例, 应有

结论　设 (X,d) 为完备距离空间, $f: X \to X$, 存在 $n: X \to \mathbf{Z}_+$ (正整数集) 及正数 $\alpha < 1$, 使得 $x,y \in X$ 时
$$a(f^{n(x)}(x), f^{n(y)}(y)) \leqslant \alpha d(x,y)$$
则 f 在 X 中存在唯一不动点.

这一结论是不正确的, 例如 X 为 a,b 两元集 (赋以适当距离), $f: X \to X$ 与 $n: X \to \mathbf{Z}_+$ 定义为
$$f(a) = b, f(b) = a$$
$$n(a) = 1, n(b) = 2$$
易知 $f^{n(a)}(a) = b = f^{n(b)}(b)$, 因而结论的假设条件满足, 但显然 f 没有不动点.

这个例子 (或者类似的例子) 说明上述文献中许多结论都需要修改. 例如, [2] 中定理 1,2 及其推论; [3] 中定理 1~3, 以及其他等.

3. 上述错误来源于[2]中的一个不正确的推理. 在[2]中, 作者根据已有结论"若 f 有唯一周期点, 则 f 有唯一不动点", 从事实"存在唯一 $p \in X$ 使 $f^{n(p)}(p) = p$"就断定"f 有唯一不动点". 这里有一个疏忽.

所谓周期点 p 是指存在正整数 k 使 $f^k(p) = p$. 这里并不要求 $k = n(p)$. 如果我们称满足条件 $f^{n(p)}(p) = p$ 的点 p 为严格周期点, 那么, 从严格周期点唯一得不出周期点唯一. 上面例子中, a 和 b 都是周期点, 但只有

Banach 压缩不动点定理

b 是严格周期点.

4. 如果补充不太满意的假设
$$n(x) \mid n(f(x))$$
则可以从严格周期点唯一推得不动点存在且唯一.

关于映象对的公共不动点也可做类似的讨论.

第6章 压缩型不动点定理分类及Rhoades问题

参 考 资 料

[1] Rhoades, B. E. A. Comparison of various definitions of contractive mappings, Tran. Amer. Math. Soc., 1977, 226, 257-290.

[2] Ray, B. K. Rhoades, B. E. Fixed point theorems for mappings with a contractive iterate, Pacific J. Math., 71: 1977, 2, 517-520.

[3] Murakani H. Yeh, C. C. Fixed Point theorems in comphete metric spaces, Math. Japonica, 1978, 1, 77-83.

非线性泛函分析中压缩型映象的几个不动点定理

第 7 章

7.1 引 言

非线性泛函分析中映象的不动点理论,有很大的发展.其中非扩张映象以及各种压缩型映象的不动点理论是讨论得很多的课题.(见[1]~[8]).

本章对现有的结果做一些推广.我们讨论了某些类压缩型映象的性质,并在不必有严格凸性的自反 Opial 空间,以及不必自反不必严格凸的某类 * — Opial 空间中,给出了它们的一些不动点定理.另外,我们还讨论了集合值压缩型映象的不动点定理.

第7章 非线性泛函分析中压缩型映象的几个不动点定理

7.2 单值映象的不动点定理

在距离空间 (X,d) 中,先考察如下类型的压缩型映象 T,它满足

$$d(Tx,Ty) \leqslant \max\{d(x,y), \frac{1}{2}[d(x,Tx)+d(y,Ty)], \frac{1}{2}[d(x,Ty)+d(y,Tx)]\}, \forall x,y \in \mathcal{D}(T) \quad (\text{I})$$

与[7]中类似,容易验证,它等价于满足下面条件的压缩型映象

$$d(Tx,Ty) \leqslant a(x,y)d(x,y)+b(x,y)[d(x,Tx)+d(y,Ty)]+c(x,y)[d(x,Ty)+d(y,Tx)], \forall x,y \in \mathcal{D}(T) \quad (\text{I}')$$

其中 $a(x,y), b(x,y), c(x,y)$ 是依赖于 (x,y) 的非负实数,且满足

$$a(x,y)+2b(x,y)+2c(x,y) \leqslant 1$$

在讨论之前,先给出一些定义.

定义 1 (参见[3],[14]) Banach 空间 X 称为是 Opial 空间,是指:如果序列

$$\{x_n\} \subset X, x_n \xrightarrow{w} x_\infty$$

那么对所有的 $y \in X, y \neq x_\infty$,成立

$$\varlimsup_{n \to \infty} \|x_n - x_\infty\| < \varlimsup_{n \to \infty} \|x_n - y\| \quad (1)$$

(等价地:$\varliminf_{n \to \infty} \|x_n - x_\infty\| < \varliminf_{n \to \infty} \|x_n - y\|$ 见[9])

记号 $\longrightarrow, \xrightarrow{w}, \xrightarrow{w^*}$ 分别表示强、弱、弱* 收敛.

例 Hilbert 空间. 具有弱连续对偶映象的一致凸 Banach 空间.(见[9]).

类似的,我们定义

定义 2 Banach 空间 X 的共轭空间 X^* 称为是 $*-$Opial 空间,如果

$$\{f_n\} \subset X^*, f_n \xrightarrow{w^*} f_\infty$$

则对所有的 $f \in X^*, f \neq f_\infty$ 成立

$$\varlimsup_{n\to\infty} \|f_n - f_\infty\| < \varlimsup_{n\to\infty} \|f_n - f\| \qquad (1')$$

(等价地 $\varliminf_{n\to\infty} \|f_n - f_\infty\| < \varliminf_{n\to\infty} \|f_n - f\|$)

关于强弱闭(demiclosed)映象的概念可参见[3]. 以下我们引入较弱的概念. 它们对后面的讨论已足够.

定义 3 映象 S 是 $o-$强弱闭的($o-$强弱* 闭的),如果,对

$$x_n \in \mathscr{D}(S), x_n \xrightarrow{w} x_\infty, (x_n \xrightarrow{w^*} x_\infty)$$

且 $Sx_n \to 0$,那么有

$$x_\infty \in \mathscr{D}(S), Sx_\infty = 0$$

下面两个定义是熟知的:

定义 4 映象 T 在点 x 的轨道 $O(x)$,是指集合

$$O(x) = \{T^n x; \forall n \geqslant 0 \text{ 整数}\}, \text{若 } x \in \bigcap_{i=1}^{\infty} \mathscr{D}(T^i)$$

定义 5 映象 T 称为在点 x 渐近正则,如果 $T^{n+1}x - T^n x \to 0$ 当 $n \to \infty$ 时.

引理 1 设 X 是 Opial 空间($*-$Opial 空间),K 是 X 中的非空弱闭子集(弱* 闭子集). T 是映 K 到自身的(Ⅰ)型压缩型映象. 则 $(I-T)$ 是 $o-$强弱闭的($o-$强弱* 闭的).

证 设

第7章 非线性泛函分析中压缩型映象的几个不动点定理

$$\{x_n\} \subset K, x_n \xrightarrow{w} x_\infty (x_n \xrightarrow{w^*} x_\infty)$$
$$(I-T)x_n \to 0$$

注意

$$\|x_n - Tx_\infty\|$$
$$\leqslant \|x_n - Tx_n\| + \|Tx_n - Tx_\infty\|$$
$$\leqslant \|x_n - Tx_n\| + a\|x_n - x_\infty\| +$$
$$b[\|x_n - Tx_n\| + \|x_\infty - Tx_\infty\|] +$$
$$c[\|x_n - Tx_\infty\| + \|x_\infty - Tx_n\|]$$
$$\leqslant \|x_n - Tx_n\| + (a+b+c)\|x_n - x_\infty\| +$$
$$(b+c)\|x_n - Tx_n\| +$$
$$(b+c)\|x_n - Tx_\infty\| \tag{2}$$

这里 a,b,c 均是在点 (x_n, x_∞) 处的值.

由于

$$b(x,y) + c(x,y) \leqslant \frac{1}{2}, \forall\, x,y \in X$$

从式(2)得到

$$\|x_n - Tx_\infty\| \leqslant \frac{a+b+c}{1-b-c}\|x_n - x_\infty\| +$$
$$\frac{1+b+c}{1-b-c}\|x_n - Tx_n\|$$
$$\leqslant \|x_n - x_\infty\| + 3\|x_n - Tx_n\| \tag{3}$$

于是

$$\varlimsup_{n\to\infty}\|x_n - Tx_\infty\| \leqslant \varlimsup_{n\to\infty}\|x_n - x_\infty\| +$$
$$3\varlimsup_{n\to\infty}\|x_n - Tx_n\|$$
$$= \varlimsup_{n\to\infty}\|x_n - x_\infty\|$$

据式(1)

$$Tx_\infty = x_\infty \quad 即\ (I-T)x_\infty = 0$$

证毕.

推广[8]中结论,我们有

引理 2 X 是 Banach 空间,K 是 X 中非空子集,T 是映 K 到自身的 (I') 型压缩型映象.

如果存在 $x \in K$,使 T 在点 x 的轨道 $O(x)$ 有界,而且

$$\beta = \inf_{y,z \in O(x)} c(y,z) > 0 \qquad (4)$$

那么映象 T 在点 x 渐近正则.

证 首先注意

$$\|T^{n+1}x - T^n x\| \leqslant \|T^n x - T^{n-1} x\|, \forall z \text{ 整数 } n \qquad (5)$$

所以 $\|T^{n+1}x - T^n x\|$ 当 $n \to \infty$ 时有极限,设它为 α.

容易用归纳法证明不等式

$$\|T^{n+1}y - T^n y\| \leqslant \|Ty - y\| + c_1 c_2 \cdots c_k \cdot [\|T^{n+1}y - T^{n-k}y\| - (k+1)\|Ty - y\|] \qquad (6)$$

对于 K 中元 y 成立. 其中 k,n 均为整数 $0 \leqslant k \leqslant n$

$$c_i = c(T^n y, T^{n-i} y), 1 \leqslant i \leqslant k$$

([8] 对 a,b,c 为常数的情形讨论了这个不等式).

由于 $O(x)$ 有界,存在正常数 A,使得

$$\|T^i y - T^j y\| \leqslant \delta(O(x)) \leqslant A$$

$$\forall y \in O(x), \forall \text{ 整数 } i,j \geqslant 0 \qquad (7)$$

由此可以断言 $\alpha = 0$. 事实上,如若不然,由式(5)

$$\|T^{k+1}x - T^k x\| \geqslant \alpha > 0, \forall \text{ 整数 } k \geqslant 0$$

从式(6),(7)得出

$$\|T^{n+1}y - T^n y\|$$
$$\leqslant \|Ty - y\| + c_1 c_2 \cdots c_k [A - (k+1)\alpha]$$

第 7 章 非线性泛函分析中压缩型映象的几个不动点定理

$$\forall y \in O(x), 0 \leqslant k \leqslant n \qquad (8)$$

取整数 k 充分大,使 $A-(k+1)\alpha \leqslant -1$.

从(8)得出

$$\|T^{k+1}y - T^k y\| \leqslant \|Ty - y\| - \beta^k, \forall y \in O(x)$$

于是

$$\|T^{nk+1}x - T^{nk}x\| - \|Tx - x\| \leqslant -n\beta^k \qquad (9)$$

当 $n \to \infty$ 时式(9)中,右端发散,左端有限,矛盾. 所以 $\alpha = 0$. 也就是 T 在点 x 渐近正则.

证毕.

注 引理 2 不难推广到更一般的(Ⅱ)型压缩型映象

$$d(Tx, Ty)$$
$$\leqslant \max\{d(x,y), d(x,Tx), d(y,Ty),$$
$$\frac{1}{2}[d(x,Ty) + d(y,Tx)]\}$$
$$\forall x, y \in \mathscr{D}(T) \qquad (Ⅱ)$$

以及与它等价的

$$d(Tx, Ty)$$
$$\leqslant a(x,y)d(x,y) + b_1(x,y)d(x,Tx) +$$
$$b_2(x,y)d(y,Ty) +$$
$$C(x,y)[d(x,Ty) + d(y,Tx)] \qquad (Ⅱ')$$

这里 $a(x,y), b_1(x,y), b_2(x,y)$ 和 $C(x,y)$ 是依赖于 x,y 的非负实数,而且

$$a(x,y) + b_1(x,y) + b_2(x,y) + 2C(x,y) \leqslant 1, \forall x, y.$$

至此,我们可以推出在自反 Opial 空间中一类(Ⅰ')型映象的不动点定理.

定理 1 设 X 为自反 Opial 空间,K 为 X 中非空弱闭子集,T 为映 K 到自身的(Ⅰ')型压缩型映象,$(T$

Banach 压缩不动点定理

不必连续). 如果存在 $x \in K$, 轨道 $O(x)$ 有界, 并且系数 C 满足性质(4), 则 T 在 K 中有不动点 $Tz = z$, 而且 $T^n x \xrightarrow{w} z$.

证 令
$$x_n = T^n x$$

据引理 2, $(I - T)x_n \to 0$, 当 $n \to \infty$ 时.

因 $O(x)$ 有界, 由弱紧性, 存在子列 $x_{n_i} \xrightarrow{w} z$, 用引理 1, 即得 $Tz = z$.

若 $x_n \xrightarrow{w} z$. 则有子列 $x'_{n_i} \xrightarrow{w} y \neq z$, 且 $Ty = y$. T 是伪非扩张的. 若 p 是 T 的不动点, 那么
$$\|Tx - p\| \leq \|x - p\|, \forall x \in \mathscr{D}(T)$$

所以
$$\|x_n - p\| \leq \|x_{n-1} - p\|, \forall n \geq 1$$

从而 $\{\|x_n - p\|\}$ 有极限, 这时
$$\lim_{n \to \infty} \|x_n - y\| = \lim_{i \to \infty} \|x'_{n_i} - y\|$$
$$= \lim_{i \to \infty} \|x_{n_i} - y\| > 0$$
$$\lim_{n \to \infty} \|x_n - z\| = \lim_{i \to \infty} \|x_{n_i} - z\|$$
$$= \lim_{i \to \infty} \|x'_{n_i} - z\| > 0$$

考虑 Opial 空间的性质后
$$\lim_{n \to \infty} \|x_n - y\| < \lim_{n \to \infty} \|x_n - z\|$$
$$\lim_{n \to \infty} \|x_n - z\| < \lim_{n \to \infty} \|x_n - y\|$$

同时成立. 这不可能, 所以 $x_n \xrightarrow{w} z$.

证毕.

同样地, 可对一类不必严格凸, 不必自反的空间建立 (I') 型映象的不动点定理.

定理 2 设 X 是可分空间的共轭, 且是一 * —

第 7 章　非线性泛函分析中压缩型映象的几个不动点定理

Opial 空间. $T:K \to K$ 是一 (I′) 型映象, K 是 X 中的非空弱 * 闭子集. 如果存在 $x \in K$, 轨道 $O(x)$ 有界, 且系数 C 满足式(4). 那么, T 在 K 中有不动点: $Tz = z$, 且 $T^n x \xrightarrow{w^*} z$.

证　X 既为可分空间的共轭, X 中的有界弱 * 闭子集是弱 * 序列紧子集. 证法与定理 1 完全类同.

[8] 讨论了平均非扩张映象, 即 (I′) 映象, a,b,c 均为不依赖于 x,y 的常数. 利用定理 1, 2 我们可得到关于平均非扩张映象不动点定理的几个新的结果.

定理 3　设 X 为可分空间的共轭, 且为 * － Opial 空间. K 为 X 中的非空有界弱 * 闭凸子集, T 是映 K 入自身的连续平均非扩张映象, (当 $c \neq 0$ 时, T 不必连续, K 不必凸.) 那么: T 在 K 中有不动点.

证　如 $c \neq 0$, 用定理 2 即得.

如 $c = 0, b = 0$ 注意非扩张映象有近似不动点 $\{x_n\}_{n=0}^{\infty}$. 它满足
$$(I - T)x_n \to 0$$
用弱 * 序列紧性, 易知定理成立.

如 $c = 0, b \neq 0$ 只需注意 X 中的范数也是弱 * 下半连续的, [8] 中的证明容易向这种情形作推广.

特别利用[5]中的定理 2, 不自反不严格凸的 l_1 空间(以及 J_0 空间), 满足定理 3 的条件, 所以有

推论 1　K 是 l_1 空间中的非空有界弱 * 闭凸子集, T 为映 K 入自身的连续平均非扩张映象, 则 T 在 K 中有不动点. (当 $c \neq 0$ 时, T 不必连续, K 不必凸.)

最后我们指出: 在一致凸 Banach 空间中, 对连续 (I) 型映象 T, 映象 $(I - T)$ 也是 $o －$ 强弱闭的.

引理 3　设 X 为一致凸的 Banach 空间, K 是 X 中

的非空闭凸子集,T 是从 K 到自身的连续(I)型映象,则 $(I-T)$ 是 $o-$ 强弱闭的.

为证明引理,先注意下列命题

命题(见[10]) X 是一致凸 Banach 空间,对任意 $\varepsilon>0$,必存在最大的 $\xi(\varepsilon)>0$,它满足 $\xi(\varepsilon)\leqslant\varepsilon$,而且对 X 中任意元 x,u,v 和任意实数 $\lambda:0\leqslant\lambda\leqslant 1$,如果

$$\|x-u\|\leqslant\|u_\lambda-u\|+\xi(\varepsilon)$$
$$\|x-v\|\leqslant\|u_\lambda-v\|+\xi(\varepsilon)$$

那么一定有 $\quad\|u_\lambda-x\|\leqslant\varepsilon\|u-v\|$

其中 $\quad u_\lambda=\lambda u+(1-\lambda)v$

引理 3 的证明 设 $\{x_j\}\subset K$ 满足 $x_j\xrightarrow{w}x_\infty$,且
$$(I-T)x_j\to 0$$

令
$$A=\{x_j,j=1,2,\cdots\},G=\overline{C_0}(A)$$

那么 $G\subset K$ 是一有界闭凸集. 设 $\text{diam}\,G=M$. 据命题,对任给 $\varepsilon_0>0$,可取数列 $\{\varepsilon_j\}_{j=0}^\infty$ 使

$$\varepsilon_j=\frac{1}{3}\xi(\frac{\varepsilon_{j-1}}{M+1})\tag{10}$$

这里 $\xi(\varepsilon)$ 是命题中给出的函数,满足 $\xi(\varepsilon)\leqslant\varepsilon$,所以

$$\varepsilon_j\leqslant\xi_{j-1},\forall j\geqslant 1$$

因为 $(I-T)x_j\to 0$,我们可选 A 中的一个系列 A',仍记为 $\{x_j\}$,使得

$$\|x_j-Tx_j\|\leqslant\varepsilon_j,\forall x_j\in A'$$

下面我们证明 对 $u,v\in A'$

若 $\quad\|u-Tu\|\leqslant\varepsilon_j,\|v-Tv\|\leqslant\varepsilon_j$

必有
$$\|Tu_\lambda-u_\lambda\|\leqslant\varepsilon_{j-1},\forall\lambda:0\leqslant\lambda\leqslant 1$$

第7章 非线性泛函分析中压缩型映象的几个不动点定理

$$u_\lambda = \lambda u + (1-\lambda)v \qquad (11)$$

则

$$\|Tu_\lambda - u\| \leqslant \|Tu_\lambda - Tu\| + \|Tu - u\|$$

因等价性,只需对 T 满足(Ⅰ′)型压缩型条件证明即可,所以

$$\|Tu_\lambda - Tu\| \leqslant a\|u_\lambda - u\| + b[\|u_\lambda - Tu_\lambda\| + \|u - Tu\|] + c[\|u_\lambda - Tu\| + \|u - Tu_\lambda\|]$$

这里的 a,b,c 都在 (u_λ,u) 处取值.

同引理 1 中的式(2),(3),我们得出

$$\|Tu_\lambda - u\| \leqslant \|u_\lambda - u\| + 3\varepsilon_j$$

(据(10)) $\qquad \leqslant \|u_\lambda - u\| + \xi(\dfrac{\varepsilon_{j-1}}{M+1})$

同样

$$\|Tu_\lambda - v\| \leqslant \|u_\lambda - v\| + \xi(\dfrac{\varepsilon_{j-1}}{M+1})$$

由命题即得

$$\|Tu_\lambda - u_\lambda\| \leqslant \dfrac{\varepsilon_{j-1}}{M+1}\|u - v\| \leqslant \varepsilon_{j-1}$$

于是式(11)得证. 因此,如 $y \in \overline{C_0}[x_j,x_{j+1},\cdots]$ 用(11)并结合 T 的连续性,易知

$$\|Ty - y\| \leqslant \varepsilon_{j-1}$$

所以由 $x_j \xrightarrow{w} x_\infty \in G$,得出

$$\|x_\infty - Tx_\infty\| \leqslant \varepsilon_0$$

ε_0 是任意的,故 $x_\infty = Tx_\infty$ 证毕.

因此,借助于引理 2 和 3,可以建立(Ⅰ)型压缩型映象的不动点的存在定理.

此外,据引理 3,结合[11]中的结论,易知:

Banach 压缩不动点定理

定理 4 若 X 为一致凸的 Banach 空间,K 为 X 中的非空闭凸子集,T 是 $K \to K$ 的(Ⅰ)型压缩型映象.

从任意初始 $x_1 \in K$ 出发的正规 Mann 迭代

$$x_{n+1} = (1-t_n)x_n + t_n T x_n, \forall n \geqslant 1$$

这里

$$t_n \in [a,b], 0 < a \leqslant b < 1$$

有性质:

(1) 假设 T 在 K 中有不动点,则 $\{x_n\}_{n=1}^{\infty}$ 的任意弱聚点是 T 的不动点.

(2) 假设 T 在 K 中有唯一不动点 z,则 $x_n \xrightarrow{w} z$.

证 由于(Ⅰ)型映象是伪非扩张的,由[11]中定理 4 知

$$x_n - Tx_n = (I-T)x_n \to 0$$

又因 T 在 K 中的不动点集非空,故 $\{x_n\}$ 有界,应用引理 3,(1) 即得证. 结论(2)是显见的.

证毕.

定理 5 在一致凸的 Banach 空间,而且还是 Opial 空间 X 中,如 K 是 X 中的非空闭凸子集,T 是 $K \to K$ 的(Ⅰ)型压缩型映象,若 T 在 K 中有不动点,则从任意 $x_1 \in K$ 出发的正规 Mann 迭代

$$x_{n+1} = (1-t_n)x_n + t_n T x_n, \forall n \geqslant 1$$

这里

$$t_n \in [a,b], 0 < a \leqslant b < 1$$

满足 $x_n \xrightarrow{w} z$,z 是 T 的不动点 $z = Tz$.

证 利用定理 1 证明的后半部分.

注 X 如为 Hilbert 空间,满足定理的要求.

第7章 非线性泛函分析中压缩型映象的几个不动点定理

7.3 集合值映象的不动点定理

关于集合值的压缩映象,非扩张映象以及压缩型映象的一些讨论可参见[12],[9]和[13].

定义 1 在距离空间(X,d)中引入集合族

$$CL(X) = \{A; A \text{ 是 } X \text{ 中的非空闭子集}\}$$

$$K(X) = \{A; A \text{ 是 } X \text{ 中的非空紧子集}\}$$

点 x 与集合 A 的距离

$$D(x,A) = \inf_{a \in A} d(x,a)$$

X 中两个闭集 A 和 B 之间的广义 Hausdorff 距离是

$$H(A,B) = \begin{cases} \inf\{\varepsilon > 0; A \subset V_\varepsilon(B), B \subset V_\varepsilon(A)\}, \inf 存在 \\ \infty, 否则 \end{cases}$$

其中

$$V_\varepsilon(B) = \{x; D(x,B) \leqslant \varepsilon\}$$

广义距离是指除距离可取无穷值之外,具有通常距离的性质.

所谓 x 是集合值映象 T 的不动点,指 $x \in Tx$.

首先我们考虑从 X 到 $CL(X)$ 的集合值压缩型映象对 S, T,即它们满足条件

$$H(Tx, Sy) \leqslant h \max\{d(x,y), D(x,Tx), D(y,Sy),$$
$$\frac{1}{2}[D(x,Sy) +$$
$$D(y,Tx)]\}, \forall x, y \in X \qquad (\text{Ⅲ})$$

其中 $h < 1$ 是正常数.

定理 1 (X,d) 是完备距离空间,T, S 是从 $X \to$

Banach 压缩不动点定理

$CL(X)$ 满足(Ⅲ) 的集合值压缩型映象对,那么 S,T 有公共不动点 $z \in Tz \cap Sz$

而且从任意点 $x_0 \in X$ 出发,可构造序列 $\{x_n\}_{n=0}^{\infty}$ 使 $x_n \to z$.

证 对 $x_0 \in X$,任取 $x_1 \in Tx_0$,据 Hausdorff 距离的定义,可以取 $x_2 \in Sx_1$,使之满足
$$d(x_1, x_2) \leqslant aH(Tx_0, Sx_1)$$
其中
$$1 < a < \frac{1}{h}$$
对 $n \geqslant 1$ 归纳地取
$$x_{2n+1} \in Tx_{2n}$$
满足
$$d(x_{2n}, x_{2n+1}) \leqslant aH(Sx_{2n-1}, Tx_{2n})$$
$$x_{2n+2} \in Sx_{2n+1}$$
满足
$$d(x_{2n+1}, x_{2n+2}) \leqslant aH(Tx_{2n}, Sx_{2n+1})$$
于是
$$\begin{aligned}d(x_{2n+1}, x_{2n+2}) &\leqslant aH(Tx_{2n}, Sx_{2n+1})\\ &\leqslant ah \max\{d(x_{2n}, x_{2n+1}),\\ &\quad D(x_{2n}, Tx_{2n}), D(x_{2n+1},\\ &\quad Sx_{2n+1}), \frac{1}{2}D(x_{2n}, Sx_{2n+1})\}\end{aligned}$$
因 $ah < 1$ 易验有
$$d(x_{2n+1}, x_{2n+2}) \leqslant ahd(x_{2n}, x_{2n+1}), \forall n \geqslant 0 \quad (1)$$
同样
$$d(x_{2n}, x_{2n+1}) \leqslant ahd(x_{2n-1}, x_{2n}), \forall n \geqslant 1 \quad (2)$$
所以
$$d(x_{2n+1}, x_{2n+2}) \leqslant (ah)^{2n} d(x_1, x_2)$$

第 7 章 非线性泛函分析中压缩型映象的几个不动点定理

$$d(x_{2n}, x_{2n+1}) \leqslant (ah)^{2n} d(x_0, x_1)$$

(X, d) 是完备距离空间,$ah < 1$. 所以 $\{x_n\}_{n=0}^{\infty}$ 是基本列

$$x_n \to z \in X$$

这时

$$D(z, Tz) \leqslant d(z, x_{2n+2}) + D(x_{2n+2}, Tz)$$
$$\leqslant d(z, x_{2n+2}) + H(Sx_{2n+1}, Tz)$$

而

$$H(Sx_{2n+1}, Tz)$$
$$\leqslant h \max\{d(x_{2n+1}, z), D(x_{2n+1}, Sx_{2n+1}),$$
$$D(z, Tz), \frac{1}{2}[D(x_{2n+1}, Tz) +$$
$$D(z, Sx_{2n+1})]\}$$
$$\leqslant h \max\{d[x_{2n+1}, z), d(x_{2n+1}, x_{2n+2}), D(z, Tz),$$
$$\frac{1}{2}[D(x_{2n+1}, Tz) + d(z, x_{2n+2})]\}$$

令 $n \to \infty$,从上式得

$$D(z, Tz) \leqslant hD(z, Tz), h < 1$$

则

$$z \in Tz$$

同样可证

$$z \in Sz$$

则

$$z \in Tz \bigcap Sz$$

证毕

注 容易验证

$$d(x_n, z) \leqslant \frac{(ah)^{n-1}}{1-ah}(d(x_0, x_1) + d(x_1, x_2))$$

以下对 $X \to K(X)$ 的集合值压缩型映象 T

253

Banach 压缩不动点定理

$$H(Tx,Ty) < \max\{\{d(x,y), D(x,Tx), D(y,Ty),$$
$$\frac{1}{2}[D(x,Ty) +$$
$$D(y,Tx)]\}, \forall x,y \in X, x \neq y \quad (\text{IV})$$

建立不动点定理.

定义 2 对 $X \to K(X)$ 的集合值映象 T 和 $x_0 \in X$,可取 $x_1 \in Tx_0$ 使之
$$d(x_0, x_1) = D(x_0, Tx_0)$$
一般的,取 $x_{n+1} \in Tx_n$,使
$$d(x_n, x_{n+1}) = D(x_n, Tx_n)$$
称 $\{x_n\}_{n=0}^{\infty}$ 为 T 在点 x_0 的轨道,记成 $O_K(T;x_0)$.

定理 2 设 (X,d) 是完备距离空间,T 是 $X \to K(X)$ 的(IV)型压缩型集合值映象,而且 T 从 (X,d) 到 $(K(X), H(\cdot,\cdot))$ 是连续的. 如果存在点 $x_0 \in X$,轨道
$$O_K(T,x_0) = \{x_n\}_{n=0}^{\infty}$$
有聚点 z,则 z 是 T 的不动点 $z \in Tz$.

证 若对某个 k,$x_k = x_{k+1}$,那么
$$x_{n+1} = x_n, x_n \in Tx_n$$
对于 $n \geq k$ 成立. 所以假定 $x_n \neq x_{n+1}, \forall n \geq 0$,于是
$$d(x_n, x_{n+1}) = D(x_n, Tx_n) \leq H(Tx_{n-1}, Tx_n)$$
$$< \max\{d(x_{n-1}, x_n), D(x_{n-1}, Tx_{n-1}),$$
$$D(x_n, Tx_n), \frac{1}{2}[D(x_{n-1}, Tx_n) +$$
$$D(x_n, Tx_{n-1})]\}, \forall n \geq 1$$

注意定义 2 中序列 $\{x_n\}_{n=0}^{\infty}$ 的取法,易知有
$$d(x_n, x_{n+1}) < d(x_{n-1}, x_n), \forall n \geq 1 \quad (3)$$
当 $n \to \infty$ 时,$d(x_n, x_{n+1})$ 有极限 $r \geq 0$.
$\{x_n\}_{n=0}^{\infty}$ 有聚点 z,即有子列 $\{x_{n_i}\}_{i=1}^{\infty}, x_{n_i} \to z, i \to$

第7章　非线性泛函分析中压缩型映象的几个不动点定理

∞,注意对任意 $A_1, A_2 \in CL(X); x \in X$ 有
$$|D(x, A_1) - D(x, A_2)| \leqslant H(A_1, A_2) \qquad (4)$$
这是因为
$$D(x, A_1) \leqslant d(x, y) + D(y, A_1)$$
$$\leqslant d(x, y) + H(A_1, A_2), \forall y \in A_2$$
所以
$$D(x, A_1) \leqslant D(x, A_2) + H(A_1, A_2)$$
再用 $H(A_1, A_2)$ 对 A_1, A_2 的对称性,即得式(4).

利用关系(4)易知
$$d(x_{n_i}, x_{n_i+1}) \to D(z, Tz) \qquad (5)$$
事实上
$$d(x_{n_i}, x_{n_i+1}) = D(x_{n_i}, Tx_{n_i})$$
$$|D(x_{n_i}, Tx_{n_i}) - D(x_{n_i}, Tz)| \leqslant H(Tx_{n_i}, Tz)$$
由 T 的连续性,上式当 $i \to \infty$ 时右端 $\to 0$,式(5)得证.

因为 $D(x_{n_i+1}, Tz) \leqslant H(Tx_{n_i}, Tz) \to 0$ 当 $i \to \infty$ 时及 $T_z \in K(X)$,存在 $z_{n_i} \in Tz$
$$d(x_{n_i+1}, z_{n_i}) \to 0,当 i \to \infty 时$$
再用 Tz 的紧性,存在子列 $\{z_{n_{i_k}}\}_{k=1}^{\infty}$
$$z_{n_{i_k}} \to z_1 \in Tz,当 k \to \infty 时$$
于是
$$d(x_{n_{i_k}+1}, z_1) \to 0,当 k \to \infty 时$$
重复(5)的证明,可知
$$d(x_{n_{i_k}+1}, x_{n_{i_k}+2}) \to D(z_1, Tz_1)$$
但由 $d(x_n, x_{n+1}) \to r$ 以及 $d(x_{n_{i_k}}, x_{n_{i_k}+1}) \to d(z, z_1)$
得
$$r = D(z, Tz) = D(z_1, Tz_1) = d(z, z_1) \qquad (6)$$

Banach 压缩不动点定理

由此可断言
$$z = z_1 \in Tz$$

事实上,如 $z \neq z_1$ 应用条件 IV

$$D(z_1, Tz_1) \leqslant H(Tz, Tz_1)$$
$$< \max\{d(z, z_1), D(z, Tz), D(z_1, Tz_1),$$
$$\frac{1}{2}[D(z_1, Tz) + D(z, Tz_1)]\}$$

得出
$$r = D(z_1, Tz_1) < D(z, Tz) = r$$

矛盾.

证毕.

定理 3 设 X 是自反 Opial 空间,K 为 X 中非空弱闭子集,T 是 $X \to K(X)$ 的集合值压缩型映象,满足

$$H(Tx, Ty) \leqslant a(x,y)\|x-y\| + b(x,y)[D(x,Tx) + D(y,Ty)] + c(x,y)[D(x,Ty) + D(y,Tx)], \forall x, y \in X \quad (7)$$

这里 $a(x,y), b(x,y), c(x,y)$ 是依赖于 x,y 的非负数,且

$$a(x,y) + 2b(x,y) + 2c(x,y) \leqslant 1, \forall x, y \in X$$

如果存在 $x_0 \in K$,轨道 $O_K(T, x_0)$ 有界且 7.2 节式(4)成立

$$\beta = \inf_{y, z \in O_k(T, x_0)} c(y, z) > 0$$

那么 T 在 K 中有不动点 $z \in Tz$.

证 同 7.2 节引理 2,对轨道 $\{x_n\}_{n=0}^{\infty}$ 容易验证有以下关系成立

$$\|x_n - x_{n+1}\| \leqslant \|x_{n-1} - x_n\|, \forall n \geqslant 1 \quad (8)$$

$$\|x_n - x_{n+1}\|$$
$$\leqslant \|x_m - x_{m+1}\| + c^{(k)}\{D(x_{n-k}, Tx_n) - $$

第 7 章　非线性泛函分析中压缩型映象的几个不动点定理

$$(k+1)\|x_m - x_{m+1}\|\} \tag{9}$$

这里
$$c^{(k)} = c(x_{n-1}, x_n)c(x_{n-2}, x_n)\cdots c(x_{n-k}, x_n)$$
$$n \geqslant m, 0 \leqslant k \leqslant n-m$$

并且当 $n \to \infty$ 时
$$\|x_n - x_{n+1}\| \to 0$$

$\{x_n\}_{n=0}^{\infty}$ 有界,所以存在子列 $\{x_{n_k}\}: x_{n_k} \xrightarrow{w} z$.

考察
$$D(x_{n_k}, Tz) \leqslant \|x_{n_k} - x_{n_k+1}\| + D(x_{n_k+1}, Tz)$$
$$\leqslant \|x_{n_k} - x_{n_k+1}\| + H(Tx_{n_k}, Tz)$$

而
$$H(Tx_{n_k}, Tz) \leqslant a\|x_{n_k} - z\| + b[\|x_{n_k} - x_{n_k+1}\| + D(z, Tz)] + c[D(x_{n_k}, Tz) + D(z, Tx_{n_k})]$$

这里 a, b, c ,均指它们在 (x_{n_k}, z) 处的值.

从而
$$H(Tx_{n_k}, Tz) \leqslant a\|x_{n_k} - z\| + b\|x_{n_k} - x_{n_k+1}\| + b[D(x_{n_k}, Tz) + \|x_{n_k} - z\|] + c[D(x_{n_k}, Tz) + \|z - x_{n_k}\| + \|x_{n_k} - x_{n_k+1}\|]$$

得
$$D(x_{n_k}, Tz) \leqslant \frac{a+b+c}{1-b-c}\|x_{n_k} - z\| + \frac{1+b+c}{1-b-c}\|x_{n_k} - x_{n_k+1}\|$$
$$\leqslant \|x_{n_k} - z\| + 3\|x_{n_k} - x_{n_k+1}\| \tag{10}$$

因为 Tz 紧,存在 $z_k \in Tz$,满足

$$D(x_{n_k}, Tz) = \| x_{n_k} - z_k \|, z_k \to z_\infty \in Tz$$

从而

$$\| x_{n_k} - z_\infty \| \leqslant \| x_{n_k} - z_k \| + \| z_k - z_\infty \|$$
$$\leqslant \| x_{n_k} - z \| + 3 \| x_{n_k} - x_{n_k+1} \| + \| z_k - z_\infty \|$$

于是

$$\varlimsup_{k \to \infty} \| x_{n_k} - z_\infty \| \leqslant \varlimsup_{k \to \infty} \| x_{n_k} - z \|$$

由 Opial 空间的性质

$$z = z_\infty \in Tz$$

证毕.

容易看出.

定理 4 定理 3 中 X 如果是可分空间的共轭，$*-$Opial 空间，K 是 X 中非空弱 $*$ 闭子集，则相应的结论仍然成立.

第7章 非线性泛函分析中压缩型映象的几个不动点定理

参 考 资 料

[1] F. E. Browder, Non-expansive nonlinear operators in a Banach space, Proc. Nat. Acad. Sci. U. S. A. ,1965,54: 1041-1044.

[2] W. A. Kirk. A fixed point theorem for mappings which do not increase distance. ,Amer. Math. Monthly 1965,72:1004-1006.

[3] Z. Opial. Weak convergence of the sequence of successive approximations for non-expansive mappings. ,Bull. Amer. Math. Soc. ,1967,73: 591-597.

[4] S. Ishikawa. Fixed points and iteration of a nonexpansive mapping in a Banach space. ,Proc. Amer. Math. Soc. ,1976,59:65-71.

[5] L. A. Karlovitz. On nonexpansive mappings. ,Proc. Amer. Math. Soc. ,1976,55:321-325.

[6] L. A. Karlovitz. Existence of fixed points of nonexpansive mappings in a space without normal structure. ,Pacific J. Math. ,1976,66: 153-159.

[7] B. E. Rhoades. A comparison of various definitions of contractive mappings. ,Trans. Amer. Math. Soc. ,1977,226:257-290.

[8] 赵汉章. 平均非扩张映象的不动点定理,数学学报,1979,22:4,459-470.

[9] E. L. Dozo. Multivalued nonexpansive mappings and Opial's condition. ,Proc. Amer. Math. Soc. , 1973,38:286-292.

[10] F. E. Browder. Semicontractive and semiaccretive nonlinear mappings in Banach spaces. ,Bull. Amer. Math. Soc. ,1968,74:660-665.

[11] W. G. Doston Jr. ,On the Mann iterative process. ,Trans. Amer. Math. Soc. ,1970,149:65-73.

[12] S. B. Nadler Jr. ,Multivalued contraction mappings. , Pacific J. Math. Soc. ,1969,30:475-488.

[13] B. K. Ray. On nonexpansive mappings in a metric space. ,Nanta,Math. ,1974,7:86-92.

[14] H. W. Engl. Weak convergence of mann iteration for nonexpansive mappings without convexity assumption. ,Boll. U. M. I. 1977,(5)14-A,471-475.

Banach 空间中非 Lipschitz 的渐近伪压缩映象不动点的迭代逼近问题

第 8 章

8.1 引　言

本章中处处设 E 是实的 Banach 空间,其对偶空间为 E^*,$(\cdot,\cdot)$ 表 E 与 E^* 之间的配对,$D(T)$ 与 $F(T)$ 分别表示 T 的定义域、不动点集.映象 $J:E\to 2^{E^*}$ 是由下式定义的正规对偶映象

$$J(x)=\{f\in E^*:\langle x,f\rangle$$
$$=\|x\|\cdot\|f\|,$$
$$\|x\|=\|f\|\},\forall x\in E$$

定义 1　设 $T:D(T)\subset E\to E$ 是一映象.

(1) T 称为渐近非扩张的,如果存在一数列 $\{k_n\} \subset [1, \infty)$, $\lim_{n \to \infty} k_n = 1$, 使得

$$\|T^n x - T^n y\| \leqslant k_n \|x - y\|, \forall x, y \in D(T), \forall n \geqslant 1$$

(2) T 称为渐近伪压缩的,如果存在一数列

$$\{k_n\} \subset [1, \infty), \lim_{n \to \infty} k_n = 1$$

而且 $\forall x, y \in D(T)$,存在

$$j(x - y) \in J(x - y)$$

满足

$$\langle T^n x - T^n y, j(x-y) \rangle \leqslant k_n \|x - y\|^2, \forall n \geqslant 1$$

由定义不难看出:若 $T: D(T) \subset E \to E$ 是非扩张映象,则 T 是具数列 $\{1_{n \geqslant 1}\}$ 的渐近非扩张映象;若 T 是渐近非扩张的,则 T 必是渐近伪压缩的;但据[1]的例子知,其逆一般不真.

定义 2 设 $T: D(T) \subset E \to E$ 是一映象. 如果

$$\limsup_{n \to \infty} \{ \sup_{x, y \in D(T)} (\|T^n x - T^n y\| - \|x - y\|) \} \leqslant 0$$

则称 T 为依中间意义渐近非扩张的.

定义 3 设 $T: D(T) \subset E \to E$ 是一映象, $D(T)$ 是 E 的非空凸集, $x_0 \in D(T)$ 是任一给定的点. $\{u_n\}$, $\{v_n\}$ 是 $D(T)$ 中的有界序列; $\{\alpha_n\}, \{\gamma_n\}, \{\beta_n\}, \{\delta_n\}$ 都是 $[0, 1]$ 中的数列,则:

(1) 由下式定义的序列 $\{x_n\}$ 称为 T 的具误差的修正的 Ishikawa 迭代序列

$$\begin{cases} x_{n+1} = (1 - \alpha_n - \gamma_n) x_n + \alpha_n T^n y_n + \gamma_n u_n \\ y_n = (1 - \beta_n - \delta_n) x_n + \beta_n T^n x_n + \delta_n v_n \end{cases}, \forall n \geqslant 0$$

(1)

特别,当 $\gamma_n = \delta_n = 0, \forall n \geqslant 0$. 由式(1)定义的序列 $\{x_n\}$

第 8 章 Banach 空间中非 Lipschitz 的渐近伪压缩映象不动点的迭代逼近问题

称为 T 的修正的 Ishikawa 迭代序列.

(2) 当 $\beta_n = \delta_n = 0, \forall n \geqslant 0$. 由下式定义的序列 $\{x_n\}$ 称为 T 的具误差的修正的 Mann 迭代序列

$$x_{n+1} = (1 - \alpha_n - \gamma_n)x_n + \alpha_n T^n x_n + \gamma_n u_n, \forall n \geqslant 0 \tag{2}$$

张石生教授在[1]中给出了渐近伪压缩与渐近非扩张映象不动点的 Ishikawa 迭代逼近的收敛定理；其结果改进和推广了原有的相应结果. 曾六川教授的[3]中,在任意实的 Banach 空间中研究了用具误差的修正的 Ishikawa 与 Mann 迭代程序来逼近非 Lipschitz 的渐近伪压缩映象的不动点的强收敛性问题；其结果在许多方面改进和拓展了张石生教授的结果[1,2]及[4,5,6]等文献中的相应结果.

本章在去掉较难验证的条件"$\|T^n x_n - x_n\| \to 0 (n \to \infty)$"；并将条件"$D$ 是 E 的非空闭凸集"改为"D 是 E 的非空凸集"的情况下,得到了相同的结果. 所得结果不但改进和推广了张石生教授的结果[1,2]与曾六川教授的结果[3]；而且也大大改进了定理的证明方法,使定理的证明更简洁和严谨,证明的方法也与他们的有根本的区别.

以下引理在本章的主要结果的证明中起着重要的作用.

引理 1[7]　设 E 是一实的 Banach 空间,则有
$$\|x + y\|^2 \leqslant \|x\|^2 + 2\langle y, j(x+y)\rangle$$
$$\forall x, y \in E, \forall j(x+y) \in J(x+y)$$
其中 $J: E \to 2^{E^*}$ 是正规对偶映象.

8.2 主要结果

定理 1 设 D 是 E 的非空凸集,$T:D\to D$ 是依中间意义渐近非扩张的渐近伪压缩映象,具有实数列
$$\{k_n\}\subset[1,\infty),\lim_{n\to\infty}k_n=1$$
设 $F(T)\neq\phi,q\in F(T)$ 是一给定的点. $\{x_n\}$ 是由 8.1 节式(1) 定义的具误差的修正的 Ishikawa 迭代序列;且满足下列条件

(i) $\alpha_n+\gamma_n\leqslant 1,\beta_n+\delta_n\leqslant 1,n=0,1,2,\cdots;\alpha_n\to 0,\beta_n\to 0,\delta_n\to 0(n\to\infty);$

(ii) $\gamma_n=o(\alpha_n),\sum_{n=0}^{\infty}\alpha_n<+\infty;$

(iii) 存在一单调增加的函数 $\phi:[0,\infty)\to[0,\infty)$,$\phi(0)=0$,使得
$$\limsup_{n\to\infty}\{\langle T^n x_{n+1}-q,j(x_{n+1}-q)\rangle-k_n\|x_{n+1}-q\|^2+\phi(\|x_{n+1}-q\|)\}\leqslant 0 \qquad (1)$$
其中 $j(x_{n+1}-q)\in J(x_{n+1}-q)$ 是按渐近伪压缩映象定义中由 x_{n+1} 和 q 所确定的元;若 $\{x_n\}$ 有界,则 $\{x_n\}$ 强收敛于 q.

证 由于 $\{x_n\}$ 有界,故 $\{x_n-q\},\{x_n-v_n\}$ 都有界. 设
$$\|x_n-q\|\leqslant M_1,n\geqslant 0$$
则有
$$\|T^n x_n-x_n\|$$
$$\leqslant \|T^n x_n-q\|+\|q-x_n\|$$
$$\leqslant (\|T^n x_n-q\|-\|q-x_n\|)+2\|q-x_n\|$$

第 8 章 Banach 空间中非 Lipschitz 的渐近伪压缩映象不动点的迭代逼近问题

$$\leqslant \sup_{x,y \in D}(\|T^n x - T^n y\| - \|x - y\|) + 2M_1$$

又 T 是依中间意义渐近非扩张的，即

$$\limsup_{n \to \infty}\{\sup_{x,y \in D(T)}(\|T^n x - T^n y\| - \|x - y\|)\} \leqslant 0$$

故，存在 $n_1 \in N, \forall n \geqslant n_1$，使

$$\sup_{x,y \in D}(\|T^n x - T^n y\| - \|x - y\|) \leqslant 1$$

则 $\forall n \geqslant n_1$ 有

$$\|T^n x_n - x_n\| \leqslant 1 + 2M_1$$

取 $M_0 = \max\{\|Tx_1 - x_1\|, \|T^2 x_2 - x_2\|, \cdots, \|T^{n_1} x_{n_1} - x_{n_1}\|, 1 + 2M_1\}$，则 $\forall n \geqslant 0$ 有

$$\|T^n x_n - x_n\| \leqslant M_0$$

故 $\{\|T^n x_n - x_n\|\}$ 有界. 而

$$\|T^n x_n\| \leqslant \|T^n x_n - x_n\| + \|x_n\|$$

即 $\{\|T^n x_n\|\}$ 也有界. 今断言，$\{y_n\}, \{T^n y_n\}$ 都有界.
事实上，由 8.1 节式(1) 及条件(i) 得

$$\|y_n - x_n\|$$

$$\leqslant \beta_n \|T^n x_n - x_n\| + \delta_n \|v_n - x_n\| \to 0, n \to \infty$$

即知 $y_n - x_n \to 0 (n \to \infty)$; 由于

$$\|y_n\| \leqslant \|y_n - x_n\| + \|x_n\|$$

故 $\{y_n\}$ 有界. 注意到

$$\|T^n x_n - T^n y_n\|$$

$$\leqslant \|T^n x_n - T^n y_n\| - \|x_n - y_n\| + \|x_n - y_n\|$$

$$\leqslant \sup_{x,y \in D}(\|T^n x - T^n y\| - \|x - y\|) + \|x_n - y_n\|$$

因此

$$\limsup_{n \to \infty} \|T^n x - T^n y\| \to 0$$

即知

$$\|T^n x - T^n y\| \to 0, n \to \infty$$

又因为

265

Banach 压缩不动点定理

$$\|T^n y_n\| \leqslant \|T^n y_n - T^n x_n\| + \|T^n x_n\|$$

故 $\{T^n y_n\}$ 有界;从而 $\{T^n y_n - y_n\}$ 有界. 另外

$$\|x_{n+1} - y_n\| \leqslant (1 - \alpha_n - \gamma_n)\|x_n - y_n\| + \alpha_n \|T^n y_n - y_n\| + \gamma_n \|u_n - y_n\| \to 0, n \to \infty$$

即知

$$y_n - x_{n+1} \to 0, n \to \infty$$

再注意到,T 是依中间意义渐近非扩张的,故有

$$\limsup_{n \to \infty} \|T^n y_n - T^n x_{n+1}\|$$
$$\leqslant \limsup_{n \to \infty} (\|T^n y_n - T^n x_{n+1}\| - \|y_n - x_{n+1}\|) + \limsup_{n \to \infty} \|y_n - x_{n+1}\|$$
$$\leqslant \limsup_{n \to \infty} (\|T^n y - T^n x\| - \|y - x\|) + \limsup_{n \to \infty} \|y_n - x_{n+1}\| \leqslant 0$$

于是

$$\|T^n y_n - T^n x_{n+1}\| \to 0, n \to \infty$$

设

$$\sup_{n \geqslant 0} \{\|u_n - q\|, \|x_n - q\|, \|u_n - y_n\|, \|v_n - x_n\|\} \leqslant M < +\infty$$

又 $\gamma_n = o(\alpha_n)$,设 $\gamma_n = c_n \alpha_n$,其中 $c_n \to 0(n \to \infty)$.

由 8.1 节引理 1 及式(1) 有

$$\|x_{n+1} - q\|^2$$
$$= \|(1 - \alpha_n - \gamma_n)(x_n - q) + \alpha_n (T^n y_n - q) + \gamma_n (u_n - q)\|^2$$
$$\leqslant \|(1 - \alpha_n - \gamma_n)^2 \|x_n - q\|^2 + 2\alpha_n \langle T^n y_n - q, j(x_{n+1} - q)\rangle + 2\gamma_n \langle u_n - q, j(x_{n+1} - q)\rangle$$
$$= (1 - \alpha_n - \gamma_n)^2 \|x_n - q\|^2 +$$

第 8 章 Banach 空间中非 Lipschitz 的渐近伪压缩映象不动点的迭代逼近问题

$$2\alpha_n \langle T^n y_n - T^n x_{n+1}, j(x_{n+1} - q) \rangle +$$
$$2\alpha_n \langle T^n x_{n+1} - q, j(x_{n+1} - q) \rangle +$$
$$2\gamma_n \langle u_n - q, j(x_{n+1} - q) \rangle \qquad (2)$$

现在估计式(2)右边各项,右边第四项

$$2\gamma_n \langle u_n - x^*, j(x_{n+1} - x^*) \rangle \leqslant 2M^2 \gamma_n = 2M^2 c_n \alpha_n \tag{3}$$

右边第三项,由式(1)有

$$2\alpha_n \langle T^n x_{n+1} - q, j(x_{n+1} - q) \rangle$$
$$= 2\alpha_n d_n + 2\alpha_n \{k_n \|x_{n+1} - q\|^2 - \phi(\|x_{n+1} - q\|)\} \tag{4}$$

其中

$$d_n = \langle T^n x_{n+1} - q, j(x_{n+1} - q) \rangle - k_n \|x_{n+1} - q\|^2 + \phi(\|x_{n+1} - q\|)$$

右边第二项

$$2\alpha_n \langle T^n y_n - T^n x_{n+1}, j(x_{n+1} - q) \rangle$$
$$\leqslant 2M\alpha_n \|T^n y_n - T^n x_{n+1}\| = 2\alpha_n e_n \tag{5}$$

其中 $e_n = 2M \|T^n y_n - T^n x_{n+1}\| \to 0 (n \to \infty)$. 将(3)~(5)代入(2)得

$$\|x_{n+1} - q\|^2$$
$$\leqslant (1 - \alpha_n - \gamma_n)^2 \|x_n - q\|^2 +$$
$$2e_n \alpha_n + 2d_n \alpha_n +$$
$$2k_n \alpha_n \|x_{n+1} - q\|^2 -$$
$$2\alpha_n \phi(\|x_{n+1} - q\|) + 2M^2 c_n \alpha_n$$

由此可得

$$\|x_{n+1} - q\|^2$$
$$\leqslant \frac{(1-\alpha_n)^2}{1 - 2k_n \alpha_n} \|x_n - q\|^2 +$$
$$\frac{(2e_n + 2M^2 c_n)\alpha_n}{1 - 2k_n \alpha_n} + \frac{2d_n \alpha_n}{1 - 2k_n \alpha_n} -$$

Banach压缩不动点定理

$$\frac{2\alpha_n}{1-2k_n\alpha_n}\phi(\|x_{n+1}-q\|)$$

$$=\|x_n-q\|^2+$$

$$\frac{(-2+\alpha_n+2k_n)\alpha_n}{1-2k_n\alpha_n}\|x_n-q\|^2+$$

$$\frac{(2e_n+2M^2c_n)\alpha_n}{1-2k_n\alpha_n}+\frac{2d_n\alpha_n}{1-2k_n\alpha_n}-$$

$$\frac{2\alpha_n}{1-2k_n\alpha_n}\phi(\|x_{n+1}-q\|)$$

$$\leqslant\|x_n-q\|^2+\frac{(-2+\alpha_n+2k_n)\alpha_n}{1-2k_n\alpha_n}M^2+$$

$$\frac{(2e_n+2M^2c_n)\alpha_n}{1-2k_n\alpha_n}+\frac{2d_n\alpha_n}{1-2k_n\alpha_n}-$$

$$\frac{2\alpha_n}{1-2k_n\alpha_n}\phi(\|x_{n+1}-q\|)$$

$$=\|x_n-q\|^2+\frac{\lambda_n\alpha_n}{1-2k_n\alpha_n}+$$

$$\frac{2d_n\alpha_n}{1-2k_n\alpha_n}-\frac{2\alpha_n}{1-2k_n\alpha_n}\phi(\|x_{n+1}-q\|) \quad (6)$$

其中 $\lambda_n=(-2+\alpha_n+2k_n)M^2+2e_n+2M^2c_n\to 0(n\to\infty)$。由于 $1-2k_n\alpha_n\to 1(n\to\infty)$。故不妨设 $1-2k_n\alpha_n>0(n\geqslant 0)$。

设 $\delta=\inf\{\|x_{n+1}-q\|:n\geqslant 0\}$,则 $\delta=0$。用反证法,设 $\delta>0$,则

$$\|x_{n+1}-q\|\geqslant\delta>0, n\geqslant 0$$

从 ϕ 的单调增加性可得:$\forall n\geqslant 0$,有

$$\phi(\|x_{n+1}-q\|)\geqslant\phi(\delta)>0$$

从而由式(6)得

$$\|x_{n+1}-q\|^2\leqslant\|x_n-q\|^2+\frac{\lambda_n\alpha_n}{1-2k_n\alpha_n}+$$

268

第 8 章　Banach 空间中非 Lipschitz 的渐近伪压缩映象不动点的迭代逼近问题

$$\frac{2d_n\alpha_n}{1-2k_n\alpha_n} - \frac{2\alpha_n}{1-2k_n\alpha_n}\phi(\delta) \quad (7)$$

因为

$$\lambda_n \to 0, n \to \infty, \limsup_{n\to\infty} d_n \leqslant 0$$

故存在 $n_0 \in N, \forall n \geqslant n_0$，使得

$$\lambda_n \leqslant \frac{\phi(\delta)}{2} \text{ 且 } d_n \leqslant \frac{\phi(\delta)}{4}$$

于是，从式(7)可得

$$\|x_{n+1} - q\|^2 \leqslant \|x_n - q\|^2 - \frac{\alpha_n\phi(\delta)}{1-2k_n\alpha_n}$$

$$\leqslant \|x_n - q\|^2 - \alpha_n\phi(\delta), \forall n \geqslant n_0$$

故

$$\alpha_n\phi(\delta) \leqslant \|x_n - q\|^2 - \|x_{n+1} - q\|^2$$

从而有

$$\phi(\delta)\sum_{n=n_0}^{\infty}\alpha_n \leqslant \|x_{n_0} - q\|^2$$

与条件 $\sum_{n=n_0}^{\infty}\alpha_n < \infty$ 相矛盾. 故

$$\delta = \inf\{\|x_{n+1} - q\|: n \geqslant 0\} = 0$$

因此，存在 $\{x_{n+1}\}$ 的子列 $\{x_{n_j+1}\}$ 使得

$$\|x_{n_j+1} - q\| \to 0, j \to \infty$$

再由 $\lambda_n \to 0 (n \to \infty), \limsup_{n\to\infty} d_n \leqslant 0$，知：$\forall \varepsilon > 0$，存在固定的自然数 n_j，使得 $\forall n > n_j$ 有

$$\|x_{n_j+1} - q\| < \varepsilon, \lambda_n < \phi(\varepsilon), d_n \leqslant \frac{\phi(\varepsilon)}{2} \quad (8)$$

下面证明

$$\|x_{n_j+i} - q\| \leqslant \varepsilon, \forall i \geqslant 1 \quad (9)$$

事实上，由式(8)知 $i=1$ 时结论成立. 对于 $i=2$，如果

$$\|x_{n_j+2} - q\| > \varepsilon \quad (10)$$

从 ϕ 的单调增加性可得
$$\phi(\|x_{n_j+2}-q\|) \geqslant \phi(\varepsilon) > 0$$
由式(6)与(8)有
$$\|x_{n_j+2}-q\|^2 \leqslant \|x_{n_j+1}-q\|^2 + \frac{\lambda_{n_j+1}\alpha_{n_j+1}}{1-2k_{n_j+1}\alpha_{n_j+1}} +$$
$$\frac{2d_{n_j+1}\alpha_{n_j+1}}{1-2k_{n_j+1}\alpha_{n_j+1}} - \frac{2\alpha_{n_j+1}}{1-2k_{n_j+1}\alpha_{n_j+1}}\phi(\varepsilon)$$
$$\leqslant \|x_{n_j+1}-q\|^2 \leqslant \varepsilon^2$$
与式(10)相矛盾. 故 $\|x_{n_j+2}-q\| \leqslant \varepsilon$ 成立. 由数学归纳法可证
$$\|x_{n_j+i}-q\| \leqslant \varepsilon, \forall i \geqslant 1$$
成立. 从而 $x_{n_j+i} \to q(i \to \infty)$, 即 $x_n \to q(n \to \infty)$. 证毕.

由定理1可得:

定理 2 设 D 是 E 的非空有界凸集, $T: D \to D$ 是具有实数列 $\{k_n\} \subset [1,\infty)$, $\lim\limits_{n \to \infty} k_n = 1$ 渐近非扩张映象, 设 $F(T) \neq \phi, q \in F(T)$ 是一给定的点. $\{x_n\}$ 是由 8.1 节式(1)定义的具误差的修正的 Ishikawa 迭代序列; 且满足与定理 1 相同的条件(i), (ii), (iii), 则 $\{x_n\}$ 强收敛于 q.

证 设 $\mathrm{diam}\, D$ 表示 D 的直径, 则由 D 的有界性知 $\mathrm{diam}\, D < +\infty$. 由于 T 是具有数列 $\{k_n\} \subset [1,\infty)$, $\lim\limits_{n \to \infty} k_n = 1$ 渐近非扩张映象, 故有
$$\limsup_{n \to \infty}\{\sup_{x,y \in D(T)}(\|T^n x - T^n y\| - \|x-y\|)\}$$
$$\leqslant \limsup_{n \to \infty}\{\sup_{x,y \in D(T)}(k_n-1)\|x-y\|\}$$
$$= \limsup_{n \to \infty}(k_n-1) \cdot \mathrm{diam}\, D = 0$$

可见, T 是依中间意义渐近非扩张的. 另外, 易证 T 是具有数列 $\{k_n\} \subset [1,\infty)$, $\lim\limits_{n \to \infty} k_n = 1$ 的渐近伪压缩映

第 8 章　Banach 空间中非 Lipschitz 的渐近伪压缩映象不动点的迭代逼近问题

象,且 $\{x_n\}$ 有界,故由定理 1 知结论成立.

定理 3　设 D 是 E 的非空凸集, $T:D \to D$ 是依中间意义渐近非扩张的渐近伪压缩映象,具有实数列 $\{k_n\} \subset [1,\infty), \lim\limits_{n\to\infty} k_n = 1$,设 $F(T) \neq \phi, q \in F(T)$ 是一给定的点. $\{x_n\}$ 是由 8.1 节式(2) 定义的具误差的 Mann 迭代序列;且满足下列条件:

(i) $\alpha_n + \gamma_n \leqslant 1, n = 0,1,2,\cdots; \alpha_n \to 0$;

(ii) $\gamma_n = o(\alpha_n), \sum\limits_{n=0}^{\infty} \alpha_n < +\infty$;

(iii) 存在一单调增加的函数 $\phi:[0,\infty) \to [0,\infty), \phi(0) = 0$,使得
$$\limsup_{n\to\infty} \{\langle T^n x_{n+1} - q, j(x_{n+1} - q) \rangle - k_n \|x_{n+1} - q\|^2 + \phi(\|x_{n+1} - q\|)\} \leqslant 0$$

其中 $j(x_{n+1} - q) \in J(x_{n+1} - q)$ 是按渐近伪压缩映象定义中由 x_{n+1} 和 q 所确定的元;若 $\{x_n\}$ 有界,则 $\{x_n\}$ 强收敛于 q.

显然,将定理 1 与定理 2 中的序列 $\{x_n\}$ 改为由 8.1 节式(1) 定义的 Ishikawa 迭代序列($\gamma_n = \delta_n = 0, \forall n \geqslant 0$),结论也成立.

参 考 资 料

[1] Chang Shisheng. Iterative Approximation Problem of Fixed Points for Asymptotically Nonex-pansive Mappings in Banach Spaces. Acta Math. Appl. Sinica, 2001, 24(2):236-241(in Chinese)

[2] Chang S S. Some Results for Asymptotically Pseudo-contractive Mappings and Asymptotically Non-expansive Mappings. Proc. Amer. Math. Soc., 2001, 129(3):845-853.

[3] Zeng Liuchuan. On the Strong Convergence of Iterative Method for Non-Lipschitzian Asymptotically Pseudocontractive Mappings. Acta Math. Appl. Sinica, 2004, 27(3):230-239(in Chinese)

[4] Goebel K, Kirk W A. A Fixed Point Theorem for Asymptoticaly Nonexpansive Mappings. Proc, Amer. Math. Soc., 1972, 35(1):171-174.

[5] Kirk W A. A Fixed Point Theorem for Mappings which do not Increase Distance. Amer. Math. Monthly, 1965, 72:1004-1006.

[6] Schu J. Iterative Construction of Fixed Points of Asymptotically Nonexpansive Mappings. J. Math. Anal. Appl., 1991, 158:407-413.

[7] Chang S S. Some Problems and Results in the Study of Nonlinear Analysis. Nonlinear Anal. TMA, 1997, 30(7):4197-4208.

关于压缩型映象的一个未解决的问题

设 (X,d) 是一完备的度量空间,设 T 是 X 的自映象. 按照 Rhoades[1],我们称满足下面的条件(Ⅰ)的映象 T 为第(25)类的压缩型映象

$$d(Tx,Ty) < \max\{d(x,y),d(x,Tx),\\ d(y,Ty),d(x,Ty),\\ d(y,Tx)\}, \forall x,y \in X$$

(Ⅰ)

第(25)类压缩型映象是压缩型映象类中重要而广泛的一类映象,它包含 24 类压缩型映象为特例(见[1],[3]).

关于第(25)类映象,Rhoades 1977 年在[1]中曾指出:"至今没有得出过任何的不动点定理". 在同文中,他还指出:

273

Banach 压缩不动点定理

"T 的连续性及对某一 $x_0 \in X$,迭代序列有一聚点是保证该类映象存在不动点的必要条件".但在什么条件下该类映象存在不动点至今仍然是一个未完全解决的重要问题,本章的目的试图对这一问题作出解答.在本章中我们对较之第(25)类映象更为广泛的一类映象得出了两个新的不动点定理,作为推论,我们顺便得出第(25)类映象的两个不动点定理.

为叙述方便起见,先给出几个定义和符号:

以下处处设 (X,d) 是一完备的度量空间,T 是 X 的自映象,对每一 $x \in X$,我们称

$$O_T(x;0,\infty) = \{T^n x\}_{n=0}^{\infty}$$

为 T 在 x 处生成的轨道,对每一对 $x,y \in X$,我们称

$$O_T(x,y;0,\infty) = O_T(x;0,\infty) \bigcup O_T(y;0,\infty)$$

为 T 在 x,y 处生成的轨道.

对每一集合 $A \subset X$,我们记

$$\delta(A) = \underset{x,y \in A}{\operatorname{Sup}} d(x,y), A \text{ 的直径}$$

定义 1 设 A 是 X 的任一有界集,我们称

$$\gamma(A) = \inf\{\varepsilon > 0: A \text{ 可以被有限个直径} \leqslant \varepsilon \text{ 的集合覆盖}\}$$ 为集合 A 的非紧性测度[4].

由定义易知下之结论成立:

(i) $0 \leqslant \gamma(A) \leqslant \delta(A)$;

(ii) $\gamma(A) = 0$ 当且仅当 A 的闭包 $\overline{A}$ 是紧集;

(iii) $\gamma(A \bigcup B) = \max\{\gamma(A),\gamma(B)\}$;

(iv) $\gamma(\overline{C}_0(A)) = \gamma(A)$,$\overline{C}_0(A)$ 表 A 的闭凸包.

定义 2 设 T 是 X 的连续自映象,T 称为在 X 上是凝聚的,如果对 X 的任一有界的且 $\gamma(A) > 0$ 的集 A,有 $\gamma(T(A)) < \gamma(A)$.

同样,设 E 是 X 之一子集,T 是 E 的连续自映象,

第9章 关于压缩型映象的一个未解决的问题

T 称为在 E 上是凝聚的,如果对 E 的任一有界的且 $\gamma(A) > 0$ 的集 A,有 $\gamma(T(A)) < \gamma(A)$.

定理 1 设 (X,d) 是紧致的度量空间,设 T 是映 X 到 X 的连续映象. 设存在正整数 p, q,使对一切的 $x, y \in X, x \neq y$ 有

$$d(T^p x, T^q y) < \delta(O_T(x, y; 0, \infty)) \quad (\mathrm{II})$$

则 (i) T 在 X 内存在唯一不动点 x_*;

(ii) 对每一 $x_0 \in X$,迭代序列 $\{T^n x_0\}$ 收敛于 x_*;

(iii) 存在包含 x_* 之一开邻域 U,对任一含 x_* 之开邻域 $V \subset X$,存在正整数 n_0,当 $n \geq n_0$ 时有

$$T^n(U) \subset V$$

(iv) 对任一实数 $C \in (0,1)$,存在一与 d 拓扑等价的度量 d_*,在此度量下,T 是具 Lipschitz 常数 C 的 Banach 压缩映象,而且序列 $\{T^n x_0\}$ 收敛于 x_*,有如下的误差估计

$$d_*(T^n x_0, x_*) \leqslant \frac{C^n}{1-C} d_*(T x_0, x_0)$$

在定理 1 的证明中,我们将用到下之引理

引理(Meyers[5]) 设 (X,d) 是一完备的度量空间,T 是 X 的连续自映象,且满足下面的条件:

(i) T 有唯一的不动点 $x_* \in X$;

(ii) 对每一 $x_0 \in X$,迭代序列 $\{T^n x_0\}$ 收敛于 x_*;

(iii) 存在 x_* 之一开邻域 U 有如下的性质:任给包含 x_* 之一开邻域 $V \subset X$,存在正整数 n_0,当 $n \geq n_0$ 时,有 $T^n(U) \subset V$.

则对任一实数 $C \in (0,1)$,存在与 d 拓扑等价的度量 d_*,对此度量,T 是具 Lipschitz 常数 C 的 Banach 压缩映象.

Banach 压缩不动点定理

定理 1 的证明　因 (X,d) 是紧致度量空间，且 T 是 X 的连续映象，故存在紧致子集 $Y \subset X$，使得 $T(X) \subset Y$，因而有
$$Y \supset T(Y) \supset \cdots \supset T^n(Y) \supset \cdots$$
令
$$A = \bigcap_{n=0}^{\infty} T^n(Y)$$
显然 A 是 X 之一非空紧集，而且 T 把 A 映成 A. 现证 A 只含唯一点. 设不然 A 不止含一点，故 $\delta(A) > 0$，且存在二元 $x_1, x_2 \in A$，使得
$$\delta(A) = d(x_1, x_2)$$
又因 T 把 A 映成 A，故必存在二元 $y_1, y_2 \in A$，使得
$$x_1 = T^p y_1, \quad x_2 = T^q y_2$$
这里的正整数 p, q 是条件（II）中出现的. 于是有
$$\delta(A) = d(x_1, x_2) = d(T^p y_1, T^q y_2)$$
$$\leqslant \delta(O_T(y_1, y_2; 0, \infty))$$
$$\leqslant \delta(A)$$
矛盾. 由此矛盾即知
$$\delta(A) = 0$$
故 A 只含一点，比如 x_*. 显然 x_* 是 T 的唯一不动点.
　　由定理的证明过程，我们已知
$$\delta(T^n(X)) \to 0, n \to \infty$$
因而对任一 $x_0 \in X$，迭代序列 $T^n x_0 \to x_*$. 取 $U = X$，于是由
$$\delta(T^n(U)) \to 0, n \to \infty$$
可知当 n 充分大时，$T^n(U)$ 可以包含在任一含 x_* 的开邻域中，于是由 Meyers 引理，得证定理的结论成立.

　　注 1　定理 1 特别给出第 (25) 类映象不动点之一存在性定理. 另 Fish[2] 中的定理 3 和 [3] 中的定理 2.7

第9章 关于压缩型映象的一个未解决的问题

都是本章定理1的特例.

定理 2 设(X,d)是一完备的度量空间，T是映X到X的满足条件(Ⅱ)的连续映象.设$x_0 \in X$是某一点，T在x_0处生成的轨道$O_T(x_0;0,\infty)$是有界的.再设存在正整数m，T^m在轨道$O_T(x_0;0,\infty)$上是凝聚的.则T在闭包$\overline{O_T(x_0;0,\infty)}$中存在唯一的不动点.

证 因T^m在$O_T(x_0;0,\infty)$上是凝聚的，故
$$\gamma(T^m(O_T(x_0;0,\infty))) < \gamma(O_T(x_0;0,\infty))$$
可是
$$O_T(x_0;0,\infty)$$
$$= O_T(x_0,m,\infty) \cup O_T(x_0;0,m-1)$$
$$= \{O_T(x_0;0,m-1)\} \cup \{T^m(O_T(x_0;0,\infty))\}$$
这里$O_T(x_0;0,m-1) = \{T^n x_0\}_{n=0}^{m-1}$，$O_T(x_0;m,\infty) = \{T^n x_0\}_{n=m}^{\infty}$，于是有
$$\gamma(O_T(x_0;0,\infty)) = \max\{\gamma(T^m(O_T(x_0;0,\infty))),$$
$$\gamma(O_T(x_0;0,m-1))\}$$
$$= \gamma(T^m(O_T(x_0;0,\infty)))$$
$$(因 \gamma(O_T(x_0;0,m-1)) = 0)$$
$$< \gamma(O_T(x_0;0,\infty))$$

上式表明$\gamma(O_T(x_0;0,\infty)) = 0$，即$\overline{O_T(x_0;0,\infty)}$是紧的，且$T$映$\overline{O_T(x_0;0,\infty)}$到它自己.令
$$\widetilde{A} = \bigcap_{n=0}^{\infty} T^n(\overline{O_T(x_0;0,\infty)})$$
仿定理1一样可证$\widetilde{A}$是非空紧集，且T映$\widetilde{A}$成$\widetilde{A}$，且$\widetilde{A}$只含唯一点，比如x_*.显然这一点就是T在$\overline{O_T(x_0;0,\infty)}$中的唯一不动点.

注 2 定理2特别给出第(25)类映象的另一不动点定理.

参 考 资 料

[1] B. E. Rhoades. A comparison of various definitions of contractive mappings, Trans. Amer. Math. Soc, V. 1977, (226), 257-290.

[2] B. Fisher. Quasi-contractions on metric spaces, Proc. Amer. Math. Soc., V. 75, No. 2, 1979, 321-325.

[3] 张石生. 关于压缩映象的等价性问题及几个新的不动点定理, 四川大学学报, 1981 年, 第 1 期, 45-67.

[4] K. Kuratowski, "Topologie", Monografie Matematyezne, T. 20, Warszawa, 1958.

[5] P. R. Meyers, A converse to Banach's contraction theorem, J. Res. Nat. Bur. Standard Sect. 1967, B71B, 73-76.

压缩映象原理的逆问题

第 10 章

本章讨论压缩映象原理逆问题的各种不同的提法. 确切地讲是回答以下问题: 对于把完备尺度空间映入自身的算子, 在怎样的条件下存在与原尺度等价的尺度, 使该算子对此尺度是压缩的. 也研究更一般的问题: 是否存在等价的尺度, 使算子族和算子半群是压缩的; 此外还指出这个问题与运动稳定性理论的联系. 对 Banach 空间的情形提出了类似的问题(关于等价范数的存在性).

10.1 引言

本章研究把完备尺度空间 (X, ρ) 映

Banach 压缩不动点定理

入自身的算子(以及算子族和算子半群). 尺度 ρ 在 X 中产生拓扑 τ. 尺度 ρ_1 和 ρ_2 称为等价的, 如果关于其中任一尺度的任一基本序列对另一尺度也是基本序列. 尺度 ρ_1 和 ρ_2 称为拓扑等价的, 如果它们产生的拓扑是一致的.

两个尺度等价, 就一定是拓扑等价的; 其逆不真, 但不难验证下面的命题为真:

若尺度 ρ_1 和 ρ_2 和拓扑等价且空间 (X,ρ_1) 和 (X,ρ_2) 均完备, 则 ρ_1 和 ρ_2 等价. 我们还指出, 若尺度 ρ_1 和 ρ_2 等价且空间 (X,ρ_1) 完备, 则 (X,ρ_2) 亦完备.

算子 f 称为 λ 压缩的 (λ 压缩算子), 如果对 X 中任意的 x,y, 不等式
$$\rho(f(x),f(y)) \leqslant \lambda\rho(x,y), \lambda \in (0,1)$$
成立. 若论述 λ 压缩算子时提到了几个尺度, 且上下文没有说明是指其中哪一个, 这时就说 f 对尺度 ρ 是 λ 压缩的.

算子 f 叫作压缩的(压缩算子), 如果对任何 $\lambda \in (0,1)$, 存在与原尺度等价的尺度 ρ_λ, 使 f(对 ρ_λ) 是 λ 压缩算子, 乍看起来. 把定义中的"对任何 $\lambda \in (0,1)$"这个假定换成更弱的假定"对某个 $\lambda \in (0,1)$"似乎是合理的. 但是, 以后可以见到, 这些假定是等价的.

下述著名结果叫作压缩映象原理, 在分析中起着十分重要的作用.

定理 A 设 f 是 λ 压缩算子 ($\lambda \in (0,1)$). 则下列命题成立:

A1. 算子 f 有唯一的不动点 $\xi \in X$.

A2. 收敛性: 对任意 $x \in X, n \to \infty$ 时 $f^n(x) \to \xi$.

A3. U 一致收敛性: 存在点 ξ 的邻域 U, 使

第 10 章　压缩映象原理的逆问题

$$f^n(U) = \bigcup\{f^n(x) : x \in U\} \to \{\xi\}$$

这里，对点 ξ 的任意邻域 V，存在 $N > 0$，对所有 $n \geqslant N$ 有

$$f^n(U) \subset V$$

A4. 算子 f 连续．

A5. 不动点 ξ 的稳定性：对点 ξ 的任意邻域 W，存在点 ξ 的邻域 V，使得对任意 $n \geqslant 0, x \in V$ 蕴涵

$$f^n(x) \in W$$

注意，这里和以后，U, V, W 均表示点 ξ 的开邻域．

传统上，在叙述压缩映象原理时，照例只列出命题 A1，A2．但性质 A3～A5 实质性地补充了迭代过程的特点，并不是由条件 A1，A2 直接推得的．同时，在定理 A 的假定下，这些性质的证明完全是初等的．

看来甚至还应当特别强调一下，在实际问题中，如果要求解决条件 A1，A2 是否成立的问题，照例也需要确定性质 A3～A5 或者其中之一是否成立．理由如同运动稳定性理论中一样：在平衡位置的存在性以及任一轨道对平衡位置的收敛性充分肯定之前，至少也需要验证系统的稳定性．其次，本章将给出一些例子，使得条件 A1 和 A2（或类似于 A2 的连续条件）成立，但不动点不稳定 —— 这几乎使收敛性变得毫无意义，因为即使实际系统与被研究模型差别不大时也不能保证序列迭代收敛于点 ξ．

不过，这些问题在本章中仅仅顺便提及而已．主要论题是定理 A 的逆定理，并解决一系列相近的问题．开展讨论的中心问题也可以提得比较含糊：是否存在一整套性质，对于等价的尺度保持不变（例如 A1～A5），使得任何 λ 压缩算子都具有这些性质？对于一

个算子说来,只要这些性质有一条不成立,这个算子就显然不是压缩的算子.同时,这类性质显然并不都是彼此无关的(例如 A5 是 A1～A4 的推论(见第 2 节)).这里自然出现一个问题:给出一组条件,总起来保证所研究的算子是压缩算子.

这个问题是 L. Janos 解决的[1],更一般形式的问题则由 Ph. R. Meyers 解决[2]. C. Bessaga[3] 提出并解决了这方面的一个特殊问题.

压缩映象原理的各种推广也和所研究的问题范围有联系.本章将论述 М. А. Красносельский[4,5] 的广义压缩原理和 M. Edelstein[6,7] 的局部压缩原理,特别是由于 А. Ю. Левин 和 Е. А. Лифшиц[5] 以及 Ph. R. Meyers[8] 的工作,这些结果与这里研究的主题有密切的联系.整个这一类问题将在前三节研究.

第 4 节给出压缩算子族的定义,研究算子族产生的迭代过程的性质,并推导保证存在一个等价尺度使算子族成为压缩族的充分条件.第 5 节对具有半群性质的算子族研究了类似的问题.对于算子族,这方面最初的结果是 A. J. Coldman 和 Ph. R. Meyers 的工作[9]中得到的,对于算子半群,最早结果则是 Ph. R. Meyers 的工作[10,11]中得到的.本章将给出更一般的结果.

应当指出,第 5 节的内容与稳定性理论中一个著名的问题密切相关,即是 Ляпунов 函数的存在问题(参看[12,13]).在第 5 节中指出,对一致渐近稳定的自治系统,在适当的尺度下,总可以选取扫描点到平衡位置的距离作为 Ляпунов 函数,同时还指出,可用类似方法对一系列动力系统选取一个统一的 Ляпуов 函

第 10 章 压缩映象原理的逆问题

数.

最后,在第 7 节中,按照前面诸节中一样的观点考察了与研究 Banach 空间中线性映象有关的某些问题.

第 8 节处于特殊地位,其目的在于指出,存在另外一些可能的办法,以证明迭代过程的收敛性与稳定性,实际上是给出压缩算子的某些重要例子.

关于今后将要推导的定理可能有的应用,看来应当说几句话. 首先,和 Ляпунов 定理的逆定理[12,13]一样,压缩映象原理的逆问题给出了此方法适用范围的全面信息. 相应的定理保证,至少在原则上说,寻求适当尺度(或 Ляпунов 函数)的企图不一定会失败. 其次,关于所需尺度(或 Ляпунов 函数)存在性的信息可能用来证明其他的定理,这一点也同样是重要的. 例如,关于"渐近稳定的微分方程组当右端变动充分小时仍然保持渐近稳定"这样一个著名的定理,其证明[13]就依赖于该方程组的 Ляпунов 函数的存在. 研究迭代过程 $x_{n+1} = f(x_n)$ 时,也可以提出类似的问题. 事实上,实际的映象 h 和被研究的映象 f 可能不同,尽管这一点无关紧要. 这时,一般说来,过程 $x_{n+1} = f(x_n)$ 的收敛性与稳定性是否能从过程 $x_{n+1} = h(x_n)$ 的类似性质推出,这一点是不清楚的. 对此问题,我们不难给出各种不同的正确解答,基于以下两点假定:f 是 λ 压缩算子,算子 f 和 h 在某种确定的意义下是相近的(两个映象 f 和 h 相近概念的不同提法产生各种不同的解答). 这里,保证存在一个尺度,使被研究的算子成为 λ 算子的定理,其作用十分明显.

下面的定理是 L. Janos 证明的[1].

定理 1 设 (X, ρ) 紧致,算子 f 连续且

Banach 压缩不动点定理

$$\bigcap_{n=0}^{\infty} f^n(X) = \{\xi\} \qquad (1)$$

则 f 是压缩算子.

本定理证明的思路后来用于 Ph. R. Meyers 的文章[2]中,形式上有所修改,本章中也将用来证明更一般的论断,但是,其中不乏各种技巧上细枝末节的增补. 现在我们给出定理 1 的一个完整的证明,以最简单易懂的形式来体现这个思路.

证 为证明定理论断的正确性,只需对任意的 $\lambda \in (0,1)$ 给出一个与 ρ 等价①的尺度 ρ_λ,使 f(对 ρ_λ)是 λ 压缩算子. 分三步进行.

Ⅰ. 构造一个与 ρ 等价的尺度 ρ^*,使 f 对 ρ^* 是非扩张算子,即

$$\rho^*(f(x), f(y)) \leqslant \rho^*(x, y)$$

设

$$\rho^*(x, y) = \max\{\rho(f^n(x), f^n(y)) : n = 0, 1, \cdots\}$$

不难验证诸尺度公理. 显然也有

$$\rho^*(f(x), f(y))$$
$$= \max\{\rho(f^n(x), f^n(y)) : n = 1, 2, \cdots\}$$
$$\leqslant \max\{\rho(f^n(x), f^n(y)) : n = 0, 1, \cdots\}$$
$$= \rho^*(x, y)$$

最后指出尺度 ρ 和 ρ^* 的等价性. 由定义得

$$\rho^*(x, y) \geqslant \rho(x, y)$$

因此,关于尺度 ρ^* 的基本序列也是关于 ρ 的基本序列. 反之,设 $x_n \to x$,即设

---

① 由于 (X, ρ) 的紧致性,此地只需确定相应尺度的拓扑等价性. ——译者注

第 10 章 压缩映象原理的逆问题

$$\rho(x_n, x) \to 0$$

我们指出,这时 $x^* \xrightarrow{\rho^*} x$. 假若不然,即 $x_n \not\xrightarrow{\rho^*} x$. 则由序列 $\{x_n\}$ 中可选出一个子序列,仍记为 $\{x_n\}$,使

$$\rho^*(x_m, x) > \varepsilon > 0$$

由条件

$$\rho^*(x_n, x) = \rho(f^{k_n}(x_n), f^{k_n}(x))$$

定义一个序列 $\{k_n\}$.

若序列 $\{k_n\}$ 有界,则它有一个无限重复的元素 k. 于是,适当选出一个子序列,则有

$$\rho(f^k(x_n), f^k(x)) > \varepsilon$$

由于 f(在原拓扑下)的连续性,与条件 $x_n \xrightarrow{\rho} x$ 矛盾.

若 $\{k_n\}$ 无界,则

$$\rho(f^{k_n}(x_n), f^{k_n}(x)) > \varepsilon$$

与条件(1)矛盾,于是,尺度 ρ 和 ρ^* 等价.

Ⅱ.对任一预先给定的 $\lambda \in (0,1)$,构造一个泛函 $d_\lambda(x,y)$,使

$$d_\lambda(f(x), f(y)) \leqslant \lambda d_\lambda(x, y) \qquad (2)$$

设

$$H_0 = X, H_1 = f(X), \cdots, H_n = f^n(X), \cdots$$

考虑函数

$$v(x) = \max\{n : x \in H_n\}$$
$$v(x, y) = \min\{v(x), v(y)\}$$

令所求泛函为

$$d_\lambda(x, y) = \lambda^{v(x,y)} \rho^*(x, y)$$

因为显然有

$$v(f(x), f(y)) \geqslant v(x, y) + 1$$

故不等式(2)成立. 注意, $d_\lambda(x,y)$ 满足可能除三角不等式以外的所有尺度公理.

Ⅲ. 完成最后一步. 用 Ω_{xy} 表示链 $\omega_{xy}=\{x=x_0,x_1,\cdots,x_n=y\}$ (n 任意) 的集合, 设链的长度等于

$$D_\lambda(\omega_{xy})=\sum_{i=1}^{n}\lambda d(x_{i-1},x_i)$$

现在证明

$$\rho_\lambda(x,y)=\inf\{D_\lambda(\omega_{xy}):\omega_{xy}\in\Omega_{xy}\}$$

就是所求尺度.

首先证明 ρ_λ 是一个尺度. 显然, $\rho_\lambda(x,y)$ 是对称的, 且对任意 $x\in X$ 有

$$\rho_\lambda(x,x)=0$$

最后, 三角不等式由包含关系 $\Omega_{xz}\cup\Omega_{zy}\subset\Omega_{xy}$ 得出. 剩下的就是证明 ρ_λ 的正定性. 设 $x\neq y$, 不失一般性, 设

$$v(y)\geqslant v(x)$$

若 $y=\xi$, 则

$$\rho_\lambda(x,\xi)\geqslant\lambda^{v(x)}\rho^*(x_{v(x)+1})>0, y\neq\xi$$

时, 任何链 ω_{xy} 或完全含于集合 $X\backslash H_{v(y)+1}$, 或不完全含于这个集合, 于是

$$\rho_\lambda(x,y)\geqslant\lambda^{v(y)}\min\{\rho^*(x,y),\rho^*(y,H_{v(y)+1})\}$$

故 ρ_λ 是一个尺度.

现在证明 ρ 和 ρ_λ 的等价性. 为此, 只需证明 ρ^* 和 ρ_λ 的等价性. 由定义得

$$\rho_\lambda(x,y)\leqslant d_\lambda(x,y)\leqslant\rho^*(x,y)$$

因此

$$x_n\xrightarrow{\rho^*}x \text{ 得 } x_n\xrightarrow{\rho_\lambda}x$$

第 10 章　压缩映象原理的逆问题

反之，设 $x_n \xrightarrow{\rho_\lambda} x$，假定 $x_n \xrightarrow{\rho^*} \!\!\!\!\!\!/\,\, x$. 则据 (X,ρ^*) 的紧致性，可选出一个子序列，仍用 $\{x_n\}$ 表示，使

$$x_n \xrightarrow{\rho^*} y, y \neq x$$

但这时 $x_n \xrightarrow{\rho_\lambda} y$，所得矛盾就证明了尺度 ρ^* 和 ρ_λ 的等价性.

最后，根据不等式

$$D_\lambda(f(\omega_{xy})) \leqslant \lambda D_\lambda(\omega_{xy})$$
$$f(\omega_{xy}) = \{f(x_0), f(x_1), \cdots, f(x_n)\}$$

换为下确界就得到性质

$$\rho_\lambda(f(x), f(y)) \leqslant \lambda \rho_\lambda(x, y)$$

定理证毕.

定理 2　设 (X,ρ) 紧致，算子 f 连续，且 $\{\xi\}$ 是 f 的唯一非空的不动集合 ($f(M)=M$). 则 f 是压缩算子.

证　按照包含关系的下降（因 $f(X) \subset X$）紧致集合序列

$$H_0 = X, \cdots, H_n = f^n(X), \cdots$$

具有非空交 $M = \bigcap\limits_{n=0}^{\infty} H_n$. 考虑到定理 1 的结果，现在显然只需证明 $f(M) = M$.

一方面，已有

$$\bigcap_{n=0}^{\infty} H = M \supset f(M) = \bigcap_{n=1}^{\infty} H_n$$

现在证明相反的包含关系. 任取 $x \in M$，考察非空紧致集 $G_n = f^{-1}(x) \cap H_n$ 的序列. 因

$$\bigcap_{n=0}^{\infty} G_n = f^{-1}(x) \cap M \neq \varnothing$$

故 $x \in f(M)$，于是 $M \subset f(M)$. 从而最后得到 $f(M) = M$，证毕.

Banach 压缩不动点定理

以上结果关系到十分特殊的紧致空间 (X,ρ). 下列定理提出一个一般的结果, 属于 Ph. R. Meyers[2].

定理 3 假设连续 (A_4) 算子 f 把完备尺度空间 (X,ρ) 映入自身, 具有唯一不动点 $\xi \in X(A_1)$; 对任意 $x \in X, f^n(x) \to \xi(A_2)$; 且 U 一致收敛性条件 (A_3) 成立; 于是, f 是压缩算子.

由于定理 3 是第 4 节定理 1 的特殊情形, 故这里只扼要谈谈 Ph. R. Meyers[2] 所给证明的一般方式.

实际上这个方式是定理 1 证明方式的自然推广. 从 ρ 过渡到 ρ^* 是完全类似的. 第二点 (这个方式中的新内容) 是证明: 按照定理的条件, 存在点 ξ 的邻域 W, 具有和 U 一样的性质 $f^n(W) \to \{\xi\}$; 此外还有 $f(W) \subset W$. 几乎显然可以取

$$W = \bigcap_{j=0}^{N-1} f^{-j}(v)$$

其中 N 满足条件: 对所有 $n \geqslant N, f^n(U) \subset U$.

此后, 利用邻域 W 构造双向无限的序列 $\cdots, H_{-1}, H_0, H_1, \cdots$, 其中

$$H_n = cl f^n(w), H_{-n} = f^{-n}(H_0), n \geqslant 0$$

下面, 完全一样地引入函数 $v(x)$ 和 $v(x,y)$, 只有一点不同, 它们现在不仅仅取正值也取负值, 这之后, 证明方式就和前面完全一样了. 自然, 由于没有紧致性条件, 尺度等价的证明更加复杂.

有时, 实际上能简单地证明算子 f 的某个迭代是压缩算子. 在此情形, Ph. R. Meyers[2] 的下述定理有一定的趣味.

定理 4 若连续算子 f 的某个迭代 f^m 压缩算子, 则 f 是压缩算子.

证 若 f^m 是压缩算子, 则条件 A1~A3 对 f^m 成

第 10 章 压缩映象原理的逆问题

立. 我们来证明,这时条件 A1 ~ A3 对 f 也成立.

设 ξ 是 f^m 的唯一不动点. 则由
$$f^m(f(\xi)) = f(f^m(\xi)) = f(\xi)$$
推知
$$f(\xi) = \xi$$
显然 ξ 是 f 的唯一不动点. 故算子 f 具有性质 A1.

由于下述收敛性条件
$$f^{nm+k}(x) = (f^m x)^n (f^k(x)) \to \xi, n \to \infty$$
其中 $0 \leqslant k < m$,可见 A2 对 f 成立.

最后,设 U_m 是点 ξ 的邻域,满足
$$(f_m)^n(U_m) \to \{\xi\}$$
由于 f 的连续性
$$U = \bigcap_{j=j}^{m-1} f^{(-j)}(U_m)$$
是 ξ 的邻域,且当 $n \to \infty, 0 \leqslant k < m$ 时
$$f^{mn+k}(U) = (f^m)^n(f^k(U)) \subset f^{nm}(U_m) \to \{\xi\}$$
从而导出 A3 对 f 成立.

应用定理 3 即完成证明.

10.2 收敛的迭代过程

本节讨论 A1 ~ A5 中某些条件之间的相互关系.

引理 1 连续算子 f 的不动点 ξ 是稳定的,如果 f 满足 U 一致收敛性条件.

证 设结论不真,则存在(点 ξ 的)一个邻域 W,对任意邻域序列 $V_k \to \{\xi\}$,可找到点 $x_k \in V_k$ 和相应的 $n_k > 0$,使
$$f^{n_k}(x_k) \notin W$$

Banach 压缩不动点定理

不失一般性,可以认为 $x_k \in U$. 有两种可能:1) $n_k \to \infty$,这时 $f^{n_k}(x_k) \notin W$,与条件 $f^n(U) \to \{\xi\}$ 矛盾;2) 序列 $\{n_k\}$ 有界,这时 $f^{n_k}(x_k) \notin W$,与 f 在点 ξ 的连续性矛盾. 引理证毕.

引理 2 若条件 A1, A2, A4, A5 成立,且 ξ 具有紧致邻域,则 A3 成立.

证 设 K 为点 ξ 的紧致邻域. 我们必须找出一个开邻域 U,使

$$f^n(U) \to \{\xi\}$$

取 $U = \text{int } K$. 设给定了邻域 V. 由 A2 知,存在最小的 $N(x)$,使得对所有的 $n \geqslant N(x)$ 有 $f^n(x) \in V$. 为了证明这个引理,只需证明 $\sup\{N(x) : x \in K\}$ 有限即可. 否则,据 K 的紧致性,存在序列 $x_n \to y \in K$,使

$$N(x_n) \to \infty$$

现在据邻域 V 求出一个邻域 W,使得对所有 $n \geqslant 0, x \in W$ 蕴涵 $f^n(x) \in V$(据 ξ 的稳定性,这是可以做到的).

由条件 A2 还可以推出,存在最小的 $\widetilde{N}(x)$,使

$$f^{\widetilde{N}(x)}(x) \in W$$

显然

$$N(x) \leqslant \widetilde{N}(x)$$

因此,由 $N(x_k) \to \infty$ 知 $\widetilde{N}(x_k) \to \infty$. 但 $\widetilde{N}(y)$ 是有限的,且对于充分接近于 y 的 x,等式 $\widetilde{N}(x) = \widetilde{N}(y)$ 成立. 矛盾,证毕.

引理 2 是稳定性理论中一个著名定理(例如,参看 [13])的抽象类似,该定理断言自治系统的渐近稳定平衡位置是一致渐近稳定的. 在证明这种类型的论断

第 10 章 压缩映象原理的逆问题

时往往会发生错误,就是逐字照搬引理 2 中考虑函数 $\widetilde{N}(x)$ 时的那部分证明,这是不行的. 文 [2] 就可能犯了这样的错误,该文提出了一个不正确的结论(第 1 节推论 1):若条件 A1,A2,A4 成立,且 ξ 具有紧致邻域,则 f 是压缩的. 在 [2] 中,这个结论的证明用了第 1 节定理 3 而化为引理 2 的证明,但在它的条件中没有假定 ξ 的稳定性.

事实上,由引理 2 和第 1 节定理 3 得出下述结果的正确性.

定理 1 若条件 A1,A2,A4,A5 成立,且 ξ 具有紧致邻域,则 f 是压缩算子.

在引理 2 (和定理 1) 的假设中列入 ξ 的稳定性条件,这个问题的实质而不是证明的方式所决定的. 为了说明这一点,让我们举一反例. 这个例子表明: ξ 的稳定性和 U 一致收敛性一样,完全不是由 f 的连续性以及对所有 $x \in X$ 有 $f^n(x) \to \xi$ 这种收敛性得出的.

设 X 为单位圆的点集,两点的距离 $\rho(x,y)$ 是通常的最短连线的弧长. 因此,(X,ρ) 是紧致的. 点的位置由角 $\varphi \in [0,2\pi]$ 唯一确定. 在 X 中研究微分方程 $\dfrac{\mathrm{d}\varphi}{\mathrm{d}t} = -\sin\dfrac{\varphi}{2}$ 定义的连续运动,设 p_t 是相应的位移算子,即

$$p_t\varphi(0) = \varphi(t)$$

现在把算子 f 定义为 X 中单位时间内的移动. 显然,对应于 $\varphi = 0$ 的点 $\xi \in X$ 是算子 f 的不动点,f 是连续的,且对任一 $x \in X$ 有

$$f^n(x) \to \xi$$

但是,ξ 不是稳定点,且不存在(点 ξ 的)邻域,使

Banach 压缩不动点定理

$$f^n(U) \to \{\xi\}$$

这也是显然的. 还要注意, 这时, 除 $\{\xi\}$ 外, 整个 X 也是不变集.

上面举的例子同时也表明, 在运动稳定性理论中, 稳定性不是由轨道对平衡位置的收敛性得到的. 对于平面上通常的拓扑结构, 也可以举出一个动力系统的例子, 情趣相似. 例如, 一个动力系统, 如果其速度场具有图 1 所示形状, 就显然是不稳定的, 尽管所有的轨道都收敛于平衡位置. 仍然把算子 f 定义为单位时间内的移动, 我们得到迭代过程 $x_{n+1} = f(x_n)$ 的相应例子.

同时可以证明, 在上述例子中仍然存在 (甚至与原尺度不等价的) 尺度, 使算子是 λ 压缩算子. 例如, 在第一个例子中, 可以一来就取半开线段 $[0, 2\pi)$ 作为原来的集合, 并借助尺度 $\rho(\varphi_1, \varphi_2) = \min\{|\varphi_1 - \varphi_2|, 2\pi - |\varphi_1 - \varphi_2|\}$, 在其中引入拓扑结构.

已经指出, 在这样的拓扑空间中位移算子 p_1 不是压缩算子. 但不难看出, p_1 可以成为压缩算子, 只要 $[0, 2\pi)$ 中的拓扑结构是由尺度 $\tilde{\rho}(\varphi_1, \varphi_2) = |t(\varphi_1) - t(\varphi_2)|$ 引入的, 这里, $t(\varphi)$ 是一个连续函数, 当 φ 由 0 变到 2π 时, 它由 0 变到 ∞, 且严格单增. 当然, 尺度 ρ 和 $\tilde{\rho}$ 不等价.

在上述情形, 自然会产生这样的问题: 对于把一个集合 X 映入自身的算子 f, 在什么条件下能够在 X 中引入可尺度化的拓扑, 使 f 是压缩算子? 下列定理给出了回答.

定理 2 (C. Bessaga[3]) 设 f 把某个抽象集合 X 映入自身, 且任一迭代 $f^n (n = 1, 2, \cdots)$ 在 X 中都有唯一的不动点. 则存在尺度 ρ_λ, 使 (X, ρ) 是完备尺度空

第 10 章 压缩映象原理的逆问题

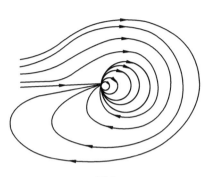

图 1

间,且 f 是 λ 压缩算子,$\lambda \in (0,1)$ 是任一预先给定的数.

兹举一例以代替证明.设 X 是单位圆周上的复数集合,而映象 f 是 $x \in X$ 乘以模为 1 的一个数 e,如果对于任何 $n=1,2,\cdots,e$ 都不是 1 的根,则任何迭代 f^n 都具有唯一的不动点 $\xi=0$,因而定理 2 的条件成立.为了构造所求尺度 ρ_λ,让我们处理如下:

将集合 X 分为等价类:x 和 y 属于一类,如果存在 $n \in \{0,\pm 1,\pm 2,\cdots\}$,使

$$f^n(x)=y$$

在每个类 C 中取出一个元素 z_c,并引入整数函数

$$k(x)=\{n:f^{-n}(x)=z_c\}$$
$$k(\xi)=\infty$$

现在不难验证,对任何 $\lambda \in (0,1)$,所求尺度 ρ_λ 可以定义如下

$$\rho_\lambda(x,y)=\lambda^{k(x)}+\lambda^{k(y)},\text{若 } x \neq y$$
$$\rho_\lambda(x,x)=0,\text{对所有 } x \in X$$

注意,尺度 ρ_λ 的作法实质上依赖于选择公理.定理 2 的一段证明与尺度 ρ_λ 的上述作法区别不大,这与

Banach 压缩不动点定理

一般情形下映象 f 可能是不可逆的事实有关.

10.3 压缩映象原理的某些推广

大家知道,压缩映象原理有相当多的各种不同的推广. 现在研究其中两种: М. А. Красносельский 的广义压缩映象原理[4,5]和 M. Edelstein 的局部压缩映象原理[6,7]. 这两个原理同本章不涉及的许多别的原理一样,每一个都可视为独立的准则,以判定一个算子是否指定意义下的压缩算子,即判定是否存在等价的尺度,使该算子是 λ 压缩算子. 事实上,由压缩映象原理的各种推广照例推出条件 A1 ~ A5 成立,而这些条件又是使一个算子成为压缩算子的充分条件(第 1 节定理 3).

把 (X,ρ) 映入自身的算子 f 称为 М. А. Красносельский 的广义压缩算子[4,5],如果
$$\rho(f(x),f(y)) \leqslant \lambda(\alpha,\beta)\rho(x,y), \alpha \leqslant \rho(x,y) \leqslant \beta$$
且当 $\alpha > 0$ 时
$$\lambda(\alpha,\beta) < 1.$$
算子 f 称为广义压缩算子,如果,例如
$$\rho(f(x),f(y)) \leqslant \rho(x,y) - \varphi(\rho(x,y))$$
其中,$t > 0$ 时,$\varphi(t)$ 是连续正值函数.

定理 1 设算子 f 把完备尺度空间 (X,ρ) 映入自身,且是广义压缩算子. 则条件 A1 ~ A5 成立.

条件 A1,A2 成立的证明在[4,5]中给出. 其余的条件显然成立.

在 А. Ю. Левин 和 Е. А. Лифшиц 的著作[5]中证

第 10 章 压缩映象原理的逆问题

明了下述定理,这是定理 1 的部分推广.

定理 2 设 f 是一个连续算子,把具有有限直径的完备尺度空间 (X,ρ) 映入自身,且具有唯一不动点 $\xi \in X$,使得迭代序列 $f^n(x)$ 对初始近似 $x \in X$ 一致收敛于 ξ,于是存在与原尺度等价的尺度 $\hat{\rho}$,使 f 对 $\hat{\rho}$ 是广义压缩算子.

当然,定理 2 是第 1 节定理 3 的特殊情形,不过值得一提的是,所求尺度 $\hat{\rho}$ 可以构造性地直接定义为(参看[5])

$$\hat{\rho}(x,y) = \max\{\gamma_n \rho(f^n(x), f^n(y)) : n = 0, 1, \cdots\}$$

其中,序列 $\{\gamma_n > 0\}$ 单调增加且有界,序列 $\{\gamma_{n+1}/\gamma_n\}$ 单调减少. 在[5]中使用了序列

$$\gamma_n = \frac{2^n + 1}{n + 1}$$

把 (X,ρ) 映入自身的算子 f 叫作局部压缩算子,如果对任一 $x \in X$ 存在 $\varepsilon(x) > 0$ 和 $\lambda(x) \in (0,1)$,使 $x, y \in S(x,\varepsilon) = \{y : \rho(x,y) < \varepsilon\}$ 蕴涵

$$\rho(f(x), f(y)) \leqslant \lambda \rho(x,y)$$

若 ε 和 λ 与 x 无系,则 f 称为 (ε, λ) 一致局部压缩算子 (M. Edelstein[6,7]).

若空间 (X,ρ) 是 Menger 意义下的凸空间[6,15],则任何 (ε, λ) 一致局部压缩算子都是 λ 压缩算子[6]. ((X,ρ) 在 Menger 意义下的凸性为:对任意一对点 $x, y \in X$ 能找到点 $z \in X$,使 $\rho(x,z) + \rho(z,y) = \rho(x,y)$) 一般情形下,这是不正确的,可举出下述例子[6,8]. 在具有欧氏尺度的复平面上研究集合 $X = \{\exp(it) : 0 \leqslant t \leqslant \frac{3}{2}\pi\}$ 和算子 $f : X \to X$

295

Banach 压缩不动点定理

$$f(\exp(\mathrm{i}t)) = \exp\left(\frac{\mathrm{i}t}{2}\right)$$

这里,对任何 $\lambda \in (0,1)$,f 都不是 λ 压缩算子,尽管它是一致局部压缩算子.

尺度空间称为 μ 链氏空间,如果对任意的 $x,y \in X$,存在 μ 链 $\omega_{xy}^\mu = \{x=x_0,x_1,\cdots,x_n=y\}$($n$ 可能依赖于 x,y),使得对所有 $i=1,2,\cdots,n$ 有

$$\rho(x_{i-1},x_i) < \mu$$

下述定理实质上是 M. Edelstein 所证明的[6].

定理 3 设算子 f 把完备的 ε 链式尺度空间 (X,ρ) 映入自身,并且是 (ε,λ) 一致局部压缩算子.则条件 A1～A5 成立.

证 显然,算子 f 连续.取任意 x,考虑 ε 链

$$\{x=x_0,x_1,\cdots,x_n=f(x)\}$$

由三角不等式,有

$$\rho(x,f(x)) \leqslant \sum_{j=1}^n \rho(x_{i-1},x_i) < n\varepsilon$$

再应用归纳法,不难得到不等式

$$\rho(f^k(x),f^{k+1}(x))$$
$$\leqslant \sum_{i=1}^n \rho(f^k(x_{i-1}),f^k(x_i)) \leqslant \lambda^k n\varepsilon$$

由此得知序列 $\{f^k(x)\}$ 是基本序列.事实上,$k \geqslant j$ 时

$$\rho(f^j(x),f^k(x))$$
$$\leqslant \sum_{i=j}^{k-1} \rho(f^i(x),f^{i+1}(x))$$
$$\leqslant n\varepsilon(\lambda^j + \cdots + \lambda^{k-1})$$
$$< n\varepsilon \frac{\lambda^j}{1-\lambda} \to 0, j \to \infty$$

由 (X,ρ) 的完备性和 f 的连续性知

$$f^n(x) \to \xi \text{ 且 } f(\xi) = \xi$$

不动点 ξ 的唯一性是显然的.

作为邻域 $U(A3)$,可以取中心为点 ξ、半径 $r < \varepsilon$ 的任一球. 第 2 节引理 1 保证了 A5 成立. 定理证毕.

若 f 在 ε 链式空间 (X,ρ) 中是 (ε,λ) 一致局部压缩算子,则存在一个等价的尺度 $\rho_\lambda(x,y)$,使 f 是 λ 压缩算子. $\rho_\lambda(x,y)$ 可以构造性地定义如下 (Ph. R. Meyres[8])

$$\rho_\lambda(x,y) = \inf\{D(\omega_{xy}^\mu) : \omega_{xy}^\mu \in \Omega_{xy}^\mu\}$$

其中,Ω_{xy}^μ 是 μ 链 ω_{xy}^μ 的集合 ($\mu \leqslant \varepsilon, \mu > 0$)

$$D\omega(_{xy}^\mu) = \sum_{i=1}^n \rho(x_{i-1}, x_i)$$

10.4 算 子 族

本节考虑连续算子族 F,其中每个算子 f 都把完备尺度空间 (X,ρ) 映入自身;研究下述问题:在什么条件下,存在与 ρ 等价的尺度 ρ_λ,使每个算子 $f \in F$ 关于 ρ_λ 都是 λ 压缩算子(对任一 $\lambda \in (0,1)$)?

这对某些问题有重要意义(例如,整体行为的动力学问题[16,18]),这些问题里要研究形如 $x^{k+1} = f_k(x^k)$ 的迭代过程,其中,映象 f_k 与迭代序号有关,且显然属于某个族 F. 这时,实际上必须研究轨道的总体

$$F^n(x) = U\{g(x) : g \in F^n\}$$

其中

$$F^n = \{g : g = f_1 f_2 \cdots f_n, f_i \in F, i = 1, 2, \cdots, n\}$$

今后将假定下列条件成立:

B1. 存在公共不动点 ξ
$$\bigcap \{f(\varepsilon):f\in F\}=\{\xi\}$$
我们同时也写出类似于 A2～A5 的条件,它们是研究一个算子所产生的迭代过程的出发点.

B2. 收敛性:对任一 $x\in X$, $F^n(x)\to\{\xi\}$.

B3. U 一致收敛性:存在点 ξ 的邻域 U,使
$$F^n(U)=U\{g(U):g\in F^n\}\to\{\xi\}$$

B4. 一致连续性:对任意 $n>0$, $x\in X$ 和 $\varepsilon>0$,存在 $\delta>0$,使
$$\rho(x,y)<\delta$$
蕴涵对所有 $g\in F^n$ 有
$$\rho(g(x),g(y))<\varepsilon$$

B5. 不动点 ξ 的稳定性:对任一邻域 W,存在邻域 V,使 $x\in V$ 蕴涵对任何 $n\geq 0$ 有 $F^n(x)\subset W$.

注 条件 B1, B2 总起来保证了每个算子 $f\in F$ 都具有唯一的不动点 ξ. 特别是,当族 F 由唯一的算子 f 组成时,条件 B4 就化为对 f 的通常的连续性要求.

我们说,族 F 对尺度 ρ 是 λ 压缩族,如果每个 $f\in F$ 都是 λ 压缩算子. 族 F 称为压缩族,如果对任意 $\lambda\in(0,1)$,存在与 ρ 等价的尺度 ρ_λ,使 F 是 λ 压缩族.

下列结果的证明是完全初等的.

定理 B 若算子族 F 具有公共不动点 $\xi\in X$, 且对 (X,ρ) 是 λ 压缩族,则条件 B2～B5 成立.

逆命题亦成立.

定理 1 设算子族 F 具有公共不动点 $\xi\in X$, 且条件 B2～B4 成立,则 F 是压缩族.

此定理是第 5 节定理 1 的特别情形.

条件 B1～B5 的相互关系由下列两引理刻画,其

第 10 章 压缩映象原理的逆问题

证明与第 2 节引理 1 和 2 的证明类似.

引理 1 条件 B1 ~ B4 蕴涵 B5.

引理 2 若条件 B1,B2,B4,B5 成立,且 ξ 具有紧致邻域,则 B3 成立.

结合定理 1 和引理 2,得到下述结果.

定理 2 若算子族 F 的公共不动点 $\xi \in X$ 具有紧致邻域,且条件 B2,B4,B5 成立,则 F 是压缩族.

现在更详细地讨论条件 B4. 条件 B4 不是拓扑性质,即是说,在换成等价的尺度时可能遭到破坏. 因此,定理 1 和第 1 节定理 3 不同,并不具有充要条件的特性. 要使定理 1 具有这种特性,可以在假定中加入下列修改:条件 B4 不必对原尺度成立,而是对某个等价的尺度成立(若 F 是压缩族,这个尺度显然存在). 当然,在具体问题中验证这样的假定可能是十分复杂的事. 下面研究两个重要特例. 上述困难可从侧面绕过.

利用尺度 $\tilde{\rho}$

$$\tilde{\rho}(f_1,f_2)=\sup\{\rho(f_1(x),f_2(x)):x \in X\}$$

在算子集合 F 中引入拓扑结构.

引理 3 若空间 $(F,\tilde{\rho})$ 紧致,则条件 B4 对任何等价于 ρ 的尺度成立.

证 显然,只需对 $n=1$ 的情形证明 B4. 设所述结论不真. 则存在 $x \in X, \varepsilon > 0$,序列 $y_k \to x$ 以及 $f_k \in F$,使

$$\rho(f_k(x),f_k(y_k)) \geqslant \varepsilon$$

据 $(F,\tilde{\rho})$ 的紧致性,可以认为 $f_k \to f \in F$. 因此
$\rho(f_k(x),f_k(y_k))$
$\leqslant \rho(f_k(x),f(x))+\rho(f(x),f(y_k))+\rho(f(y_k),f_k(y_k))$

$$\leqslant z\tilde{\rho}(f_k, f) + \rho(f(x), f(y_k)) \to 0, k \to \infty \text{ 时}$$

得出矛盾,证毕.

这样一来,若已知 $(F, \tilde{\rho})$ 是紧致的,则定理 1 的条件中可以略去 B4 的假定,因为它显然成立. 自然,集合 F 的拓扑结构可以用其他方式引入,主要是为了由 $f_k \to f$ 推得 $\rho(f_k(y_k), f(y_k)) \to 0$.

定理 3 设条件 B1~B3 成立,且存在集合 F 的拓扑 τ,使 (F, τ) 紧致且 $f_k \to f$ 蕴涵 $\rho(f_k(y_k), f(y_k)) \to 0$. 则 F 是压缩族.

推论 1 (著作[9]的定理 2) 若族 F 由有限多个算子组成,且条件 B1~B3 成立,则 F 是压缩族.

引理 4 若 (X, ρ) 紧致,则换为等价的尺度时,性质 B4 仍然保持.

证 假若不然,设尺度 ρ_1 和 ρ_2 等价,性质 B4 在空间 (X, ρ_1) 中成立,而在 (X, ρ_2) 中不成立. 于是,可以找到 $x \in X, \varepsilon > 0$,序列 $y_k \to x$ 以及 $f_k \in F$,使得

$$\rho_1(f_k(x), f_k(y_k)) \to 0$$
$$\rho_2(f_k(x), f_k(y_k)) \geqslant \varepsilon$$

或 $\rho_1(v_k, w_k) \to 0$,而

$$\rho_2(v_k, w_k) \geqslant \varepsilon$$

由于空间的紧致性,可以认为 $v_k \to u, w_k \to u$. 但这时

$$\rho_2(v_k, w_k) \geqslant \varepsilon$$

与尺度 ρ_1 和 ρ_2 的等价性矛盾. 引理得证.

这样一来,引理 4 加上定理 B 表明,对于紧致的 (X, ρ),若 B4 不成立,则 F 显然不是压缩族. 这一点和前面的情况不同,定理 1(以及定理 2)中条件 B4 成立的假定必须保留.

在研究可换算子族时呈现出某种特点,不过这里只提一下 A. J. Coldman 和 Ph. R. Meyers 得到的一个结果[9]。

定理 4 若族 F 由有限多个连续可换算子 f 组成,且每个算子 $f \in F$ 满足条件 A1 $\sim$ A3,则 F 是压缩族。

10.5 压 缩 半 群

上节已经不明显地利用了族 $F = \{g : g \in F^n, n = 1, 2, \cdots\}$ 所具有的半群性质:$g_1, g_2 \in F$ 蕴涵 $g_1 g_2 \in F$。在研究 n 型参数连续变化的算子族时,这个性质要发挥特别重要的作用。

下面研究族
$$F = \{f_t^\Gamma : \Gamma \in G, t \in [0, \infty)\} \tag{1}$$
其中每个算子 $f \in F$ 都把完备度量空间 (X, ρ) 映入自身,f 连续,且对任何 $x \in X$ 和 $\Gamma \in G$ 有 $f_0^\Gamma(x) = x$。假定族 F 具有下列半群性质:对 G 中任何 Γ_1, Γ_2 以及任何 $t_1 \geqslant 0, t_2 \geqslant 0$,存在元素 $\Gamma \in G$,使
$$f_{t_1}^{\Gamma_1} f_{t_2}^{\Gamma_2} = f_{t_1+t_2}^{\Gamma}$$
为书写紧凑起见,以下使用记号
$$F_t(x) = \bigcup \{f_t^\Gamma(x) : \Gamma \in G\}$$
(集值映象 F_t 的性质在很多方面类似于映象 F^n 的性质)。

这时,类似于 B1 $\sim$ B5 的条件具有下列形式:

C1. 对所有算子 $f_t^\Gamma \in F$,存在公共不动点 $\xi \in X$;

C2. 收敛性:$t \to \infty$ 时,$F_t(x) \to \{\xi\}$(对任意 $x \in$

X);

C3. U 一致收敛性:存在点 ξ 的邻域 U,使
$$F_t(U) = \bigcup \{F_t(x) : x \in U\} \to \{\xi\}$$

C4. 一致连续性:对任意 $T > 0, x \in X$ 和 $\varepsilon > 0$,存在 $\delta > 0$,使得 $\rho(x, y) < \delta$ 蕴涵 $\rho(f_t^\Gamma(x), f_t^\Gamma(y)) < \varepsilon$(对任何 $\Gamma \in G$ 和 $t \in [0, T]$);

C5. 不动点 ξ 的稳定性:对任一邻域 W,存在邻域 V,使得 $x \in V$ 蕴涵 $F_t(x) \subset W$(对任意 $t \geqslant 0$).

若集合 G 由唯一的元素构成,则可把 $F = \{f_t : t \in [0, \infty]\}$ 看作是沿某个自治微分方程组的轨道的位移算子族(这一特殊情形[10,11]是 Ph. R. Meyers 研究的).

为了说明必须研究一般形式的族(1),可以举一个整体行为的动力学问题为例[16]–[18],其中研究了一族微分方程

$$\frac{\mathrm{d}x}{\mathrm{d}t} = h(\Gamma(t), x), \Gamma \in G \qquad (2)$$

的总体稳定性.式(2)叙述的不是一个动力系统,而是动力系统的总体,每个系统都各有自己的函数 $\Gamma(t) \in G$.在此,集合 G 的元素通常是分段有界可知函数,或者是在每个有限线段上的分段连续函数.由于 G 对于时间位移的不变性,有可能只研究从零时刻开始的运动,尽管方程(2)具有非定常性.相应于沿(2)的轨道位移的算子族,其半群性质是下述事实的推论

$$\Gamma_1(t), \Gamma_2(t) \in G$$

蕴涵
$$\theta(t_0 - t)\Gamma_1(t) + \theta(t - t_0)\Gamma_2(t) \in G, t_0 \in (-\infty, \infty)$$
$$\theta(a \geqslant 0) = 1, \theta(a < 0) = 0$$

第10章 压缩映象原理的逆问题

考虑某个随机微分方程 $\frac{\mathrm{d}x}{\mathrm{d}t} \in \Delta(x)$,在一定的假定下,沿轨道位移的算子族也满足相应的条件.

称族 F 关于尺度 ρ 是 λ 压缩族,如果对任意 $x, y \in X$, $\Gamma \in G$, $t \geqslant 0$,有不等式
$$\rho(f_t^\Gamma(x), f_t^\Gamma(y)) \leqslant \lambda^t \rho(x, y)$$

族 F 称为压缩族,如果对任一 $\lambda \in (0, 1)$,存在与原尺度等价的尺度 ρ_λ,使 F(关于 ρ_λ) 是 λ 压缩族.

定理 C 若族 F 具有半群性质,有公共不动点,且是 λ 压缩族,则条件 C2～C5 成立.

定理 C 的证明完全是初等的,逆命题亦真.

定理 1 若族 F 具有半群性质,有公共不动点,且满足条件 C2～C5,则 F 是压缩族.

证明在第 6 节给出. 我们现在指出,如果族 F 的定义中所述参数 t 不在 $[0, \infty)$ 中取值,而在满足下列条件的任何一个无界集合 $n \subset [0, \infty)$ 中取值: $0 \in n$,并且 $t_1 \in n$ 和 $t_2 \in n$ 蕴涵 $t_1 + t_2 \in n$,则定理 1 仍然成立(证明中只用了集合 $[0, \infty)$ 的这些性质;参看第 6 节. 这表明定理 1 实质上包括第 4 节定理 1 作为特别情形(就映象 F^n(第 4 节)和 $F_t (t \in n = \{0, 1, 2, \cdots\})$ 而言,性质 B2～B5 和 C2～C5 在内容上等价,也参看第 4 节引理 1).

现在仍设 $t \in [0, \infty)$,并假定下列强性一致连续条件成立.

C4′. 对任意 $t \in [0, \infty)$, $x \in X$ 和 $\varepsilon > 0$,存在 $\delta_1 > 0$ 和 $\delta_2 > 0$,使得
$$\rho(x, y) < \delta_1, \ |t - s| < \delta_2$$
蕴涵

$$\rho(f_t^\Gamma(x), f_s^\Gamma(y)) < \varepsilon, \text{对任意 } \Gamma \in G$$

引理 1　条件 C4′ 蕴涵条件 C4.

证　假如不然,则存在 $T > 0, x \in X$ 和 $\varepsilon > 0$,序列 $y_k \to x, \Gamma_k \in G$ 以及 $t_k \in [0, T]$,使
$$\rho(f_{t_k}^{\Gamma_k}(x), f_{t_k}^{\Gamma_k}(y_k)) \geqslant \varepsilon$$

另一方面(不失一般性,可以认为 $t_k \to t \in [0, T]$),当 $k \to \infty$ 时,有
$$\rho(f_{t_k}^{\Gamma_k}(x), f_{t_k}^{\Gamma_k}(y_k)) \leqslant \rho(f_{t_k}^{\Gamma_k}(x), f_t^{\Gamma_k}(x)) +$$
$$\rho(f_t^{\Gamma_k}(x), f_{t_k}^{\Gamma_k}(y_k)) \to 0$$

得出矛盾,证毕.

现在给出两个引理,其证明与第 2 节引理 1 和 2 的证明雷同.

引理 2　条件 C1 $\sim$ C3, C4′ 蕴涵 C5.

这样一来,倘若在定理 1 的假定中删去条件 C5 并把 C4 换为更强的条件 C4′,定理 1 仍然成立.

引理 3　设条件 C1, C2, C4′, C5 成立,且 ξ 有紧致邻域,则 C3 成立.

定理 1 加上引理 3 就得到下面的结果.

定理 2　若族 F 的公共不动点 $\xi \in X$ 有紧致邻域,且条件 C2, C4′, C5 成立,则 F 是压缩族.

对于条件 C4(以及 C4′),可以作出类似于上节对 B4 所作的注记. C4 不是拓扑性质,换为等价尺度时可能遭到破坏. 作下列修改就使定理 1 得到加强,成为充要条件:条件 C4 不必对原尺度成立,而是对某个等价的尺度成立(若 F 是压缩族,这个尺度显然存在).

下面和第 4 节一样,我们提出某些充分条件,有的保证 C4 成立,有的保证 C4 对等价尺度的不变性. 与前节中作用相似的那部分叙述不同,此地有一定的特点.

第 10 章 压缩映象原理的逆问题

在算子的子集(对任意 $T \geqslant 0$)

$$F_T = \{f_t^{\Gamma} : \Gamma \in G_T, t \in [0, T]\}$$

中引入尺度 $\tilde{\rho}$

$$\tilde{\rho}(f_{t_1}^{\Gamma_1}, f_{t_2}^{\Gamma_2}) = \sup\{\rho(f_{t_1}^{\Gamma_1}(x), f_{t_2}^{\Gamma_2}(x)) : x \in X\}$$

集合 G_T 可以与 G 重合. 在一般情形下, G_T 应当满足下列条件: 1) 对任意 $\Gamma \in G_T, t \in [0, T]$, 存在元素 $\Gamma' \in G$, 使得对任意 $x \in X$ 有 $f_t^{\Gamma}(x) = f_t^{\Gamma'}(x)$; 2) 对任意 $\Gamma_1, \Gamma_2 \in G_T (\Gamma_1 \neq \Gamma_2)$ 和 $t \in [0, T]$, 存在 $x \in X$, 使 $\rho(f_t^{\Gamma_1}(x), f_t^{\Gamma_2}(x)) > 0$. 在前面所举沿(2)的轨道位移的算子族的例中, 若 G 是在每个有限线段上的有界可和函数的集合, 则 G_T 是 $[0, T]$ 上的有界可和函数的集合.

引理 4　若 $(F_T, \tilde{\rho})$ 对任意 $T \in [0, \infty)$ 紧致, 则条件 C4 对任意与 ρ 等价的尺度成立.

证明类似于第 4 节引理 3 的证明.

有时, 在集合 G_T 中直接引入拓扑 τ_T 更为合适.

引理 5　若对任意 $T \in [0, \infty)$ 拓扑空间 (G_T, τ_T) 紧致, 且 $\Gamma_k \to \Gamma(\Gamma_k \in G_T), t_k \to t(t_k \in [0, T]), y_k \to x$ 蕴涵 $\rho(f_{t_k}^{\Gamma_k}(y_k), f_t^{\Gamma}(x)) \to 0$, 则条件 C4 对任意与 ρ 等价的尺度成立.

这样一来, 如果引理 4 或引理 5 的假定成立, 则定理 1 中的条件 C4 可以删掉.

引理 6　若 (X, ρ) 紧致, 则换成等价的尺度后, 性质 C4 仍然成立.

引理 6 表明, 在 (X, ρ) 紧致的情形下, 如果 C4 对原尺度不成立, 则 F 显然不是压缩族.

在结束本节之际, 我们对下述特殊形式的族 F

$$F=\{f_t:t\in[0,\infty)\} \tag{3}$$

（集 G 由唯一的元素构成）给出若干结果.

已经指出,这时 F 可以视为沿某个自治微分方程组轨道的位移算子族. 如果某些条件（参看[13]）成立,族(3)通常称为动力系统. 这时,条件 C1 意味着 $\xi\in X$ 是该动力系统的平衡位置,C5 是平衡位置的Ляпунов稳定性条件,C5 加上 C2 意味着系统是（全局）渐近稳定的,最后,C3 是一致渐近稳定性条件. 像族(3)这样的特殊情形,条件 C5 就是平常的连续性要求：对任意 $\varepsilon>0, x\in X$ 和 $t\geqslant 0$,存在 $\delta_1>0$ 和 $\delta_2>0$,使 $\rho(x,y)<\delta_1, |t-s|<\delta_2$ 蕴涵

$$\rho(f_t(x),f_s(y))<\varepsilon.$$

今后,无条件地假定 C4（以及半群性质 $f_tf_s=f_{t+s}$）成立.

由定理 1 直接得出下列结果.

定理 3　设动力系统的渐近稳定平衡位置 $\xi\in X$ 是一致渐近稳定的,则对任意 $\lambda\in(0,1)$,存在与原尺度等价的尺度 ρ_λ,使 $\rho_\lambda(f_t(x),f_t(y))\leqslant\lambda^t\rho(x,y)$.

不难看出，这时, $L_\lambda(x)=\rho_\lambda(\xi,x)$ 是一个Ляпунов函数,当扫描点达到 ξ 之前,此函数在任一轨道上严格减少.

Ph. R. Meyers 对族(3)补充假定

$$\sup\{\rho(f_t(x),f_s(x)):x\in X\}\to 0, 若 s\to t$$

得到下列结果：

定理 4　设某个算子 $f_\tau\in F$ 是压缩算子,则 F 是压缩族.

第 10 章　压缩映象原理的逆问题

10.6　辅助结果和基本定理的证明

本节用来证明第 5 节定理 1,如前所述,由此推出第 4 节定理 1,进而推出第 1 节定理 3.

我们首先给出若干辅助结果.

引理 1　设 C5 和 U 一致收敛性条件 C3 成立,则存在点 ξ 的闭邻域 H_0,使 $F_t(H_0) \to \{\xi\}$,且对任意 $t \geqslant 0$ 有 $F_t(H_0) \subset H_0$.

证　取(点 ξ 的)任意闭邻域 $H \subset U$. 显然,$F_t(H) \to \{\xi\}$. 由条件:"对所有 $t \geqslant T$ 有 $F_t(H) \subset H$"来确定 T,并令

$$H_0 = \bigcap \{H^t : t \in [0, T]\}$$

其中,$H^t = \{x : F_t(x) \subset H\}$. 与(1)等价的写法如下

$$H_0 = \bigcap \{f_{-t}^\Gamma(H) : t \in [0, T], \Gamma \in G\}$$

它表明集合 H_0 是闭的(原象 f_{-t}^Γ 的封闭性由映象 f_t^Γ 的连续性得出).

注意,集合 H_0 非空,因为显然有 $\xi \in H_0$. 此外,对邻域 $\mathrm{int}\, H$,存在开邻域 V(根据稳定性),使得若 $x \in V$,则对任意 $t \geqslant 0$ 有

$$F_t(x) \subset \mathrm{int}\, H$$

显然 $V \subset H_0$,故 H_0 是点 ξ 的闭邻域. 最后,$F_t(H_0) \to \{\xi\}$,因为 $H_0 \subset H \subset U$.

现在证明,对任意 $s \geqslant 0$,有包含关系 $F_s(H_0) \subset H_0$. 设 $x \in H_0$,即 $\forall t \in [0, T] : F_t(x) \subset H$. 我们只需证明,对任意 $t \in [0, T]$ 有

$$F_t(F_s(x)) = F_{t+s}(x) \subset H$$

若 $s \geqslant T$,则由 T 的定义得,对 $t \geqslant 0$ 有
$$F_{t+s}(x) \subset H$$
设 $0 \leqslant s < T$,则由 H_0 的定义知 $F_{t+s}(x) \subset H$ 对 $t \in [0, T-s]$ 成立,由 T 的定义知 $F_{t+s}(x) \subset H$ 对 $t \in [T-s, T]$ 成立.引理证毕.

引理 2 设条件 C1～C5 成立,则存在与原尺度等价的尺度 ρ^*,使族 F 关于 ρ^* 是非扩张的,即
$$\forall \Gamma \in G, t \geqslant 0, x, y \in X; \rho^*(f_t^\Gamma(x), f_t^\Gamma(y)) \leqslant \rho^*(x, y) \tag{2}$$

证 首先,把原尺度 ρ 换为一个等价的尺度 $\tilde{\rho}(x, y) = \min(\rho(x, y), 1)$,并令
$$\rho^*(x, y) = \sup\{\tilde{\rho}(f_t^\Gamma(x), f_t^\Gamma(y)) : \Gamma \in G, t \geqslant 0\}$$

不难验证诸尺度公理.性质(2)也显然.事实上
$$\rho^*(f_t^\Gamma(x), f_t^\Gamma(y))$$
$$= \sup\{\tilde{\rho}(f_s^{\Gamma_1}(f_t^\Gamma(x)), f_s^{\Gamma_1}(f_t^\Gamma(y))) : \Gamma \in G, s \geqslant 0\}$$
$$\leqslant \sup\{\tilde{\rho}(f_{t+s}^\Gamma(x), f_{t+s}^\Gamma(y)) : \Gamma \in G, s \geqslant 0\}$$
$$\leqslant \sup\{\tilde{\rho}(f_s^\Gamma(x), f_s^\Gamma(y)) : \Gamma \in G, s \geqslant 0\} = \rho^*(x, y)$$

最后证明尺度 ρ^* 和 $\tilde{\rho}$ 的等价性(由此得出 ρ^* 和 ρ 的等价性).首先指出,性质 C4 在尺度 $\tilde{\rho}$ 下仍然成立.现在假设给定了某个 $\varepsilon > 0$.由 $F_t(H_0) \to \{\xi\}$ 知,存在 $T > 0$,使得对 $t \geqslant T$ 有
$$\operatorname*{diam}_{\tilde{\rho}} F_t(H_0) < \varepsilon$$
此外,对任意 $x \in X$,由条件 C2 和 C4 知,存在 $T_1 > 0$,使得对充分小的 $\tilde{\rho}(x, y)$ 有
$$\forall \Gamma \in G, f_{T_1}^\Gamma(x) \in H_0, f_{T_1}^\Gamma(y) \in H_0$$
由条件 C4 还可以得知,对 $t \in [0, T+T_1], \Gamma \in$

第 10 章　压缩映象原理的逆问题

G，总可以做到（使 $\tilde{\rho}(x,y)$ 充分小）$\tilde{\rho}(f_t^\Gamma(x), f_t^\Gamma(y)) < \varepsilon$. 把得到的不等式同 ρ^* 的定义比较,同时,考虑到性质 $F_t(H_0) \subset H_0$ (引理 1),就得出结论: 对任意 $\varepsilon > 0$,存在 $\delta > 0$,使 $\tilde{\rho}(x,y) < \delta$ 蕴涵 $\rho^*(x,y) < \varepsilon$. 此外,据定义

$$\tilde{\rho}(x,y) \leqslant \rho^*(x,y)$$

故尺度 $\tilde{\rho}$ 和 ρ^* 拓扑等价.

现在证明空间 (X, ρ^*) 的完备性. 由 ρ 和 $\tilde{\rho}$ 的等价性以及原空间 (X, ρ) 的完备性得到 $(X, \tilde{\rho})$ 的完备性. 由于 $\tilde{\rho} \leqslant \rho^*$,故关于尺度 ρ^* 的任一基本序列也是关于 $\tilde{\rho}$ 的基本序列,因此,按 $\tilde{\rho}$ 收敛. 于是,由于拓扑等价性,此序列也按尺度 ρ^* 收敛,这就证明了尺度 ρ^* 和 $\tilde{\rho}$ 的等价性,引理证毕.

现在引进一个尺度的 d_λ 测地变换的概念. 研究闭集 H_t 构成的族

$$H = \{H_t : t \in (-\infty, \infty)\}$$

满足下列条件: $t \to \infty$ 时 $H_t \to \{\xi\} (\xi \in X)$; 若 $t_1 \geqslant t_2$,则 $H_{t_1} \subset H_{t_2}$; 对任意 $x \in X$,存在 $t(x) \in (-\infty, \infty)$,使 x 连同其某邻域一起含于 $H_t(x)$; $\forall t \in (-\infty, \infty)$, $\xi \in H_t$. 再研究函数 $v(x,y) = \min\{v(x), v(y)\}$,其中

$$v(x) = \max\{t : x \in H_t\}, v(\xi) = \infty$$

对任意 $\lambda \in (0,1)$,利用 $v(x,y)$ 定义泛函

$$d_\lambda(x,y) = \lambda^{v(x,y)} \rho(x,y)$$

用 Ω_{xy} 表示有限链

$$\omega_{xy} = \{x = x_0, x_1, \cdots, x_n = y\}$$

的集合,并设链的"长度"等于

Banach 压缩不动点定理

$$D_\lambda(\omega_{xy}) = \sum_{i=1}^{n} d_\lambda(x_{i-1}, x_i)$$

现在称泛函

$$\rho_\lambda(x, y) = \inf\{D_\lambda(\omega_{xy}) : \omega_{xy} \in \Omega_{xy}\}$$

为度量 ρ 的 d_λ 测地变换.

引理 3 尺度 ρ 的任何 d_λ 测地变换都是与 ρ 拓扑等价的尺度,且若 (X, ρ) 完备,则是与 ρ 等价的尺度.

证 首先验证 $\rho_\lambda(x, y)$ 是一个尺度. 显然 $\rho_\lambda(x, y) = \rho_\lambda(y, x)$, $\rho_\lambda(x, x) = 0$, 最后,由包含关系 $\Omega_{xz} \cup \Omega_{zy} \subset \Omega_{xy}$ 得出三角不等式. 剩下的是证明 ρ_λ 的正定性. 设 $y \neq \xi$, 不失一般性,设 $v(y) \geq v(x)$, 于是 (因为任一链 $\omega_{xy} \in \Omega_{xy}$ 或者完全含于 $\dfrac{X}{H_{v(y)+\Delta}}(\Delta > 0)$, 或者不完全含于它)

$$\rho_\lambda(x, y) \geq \lambda^{v(y)} \min\{\rho(x, y), \rho(y, H_{v(y)+\Delta})\} > 0$$

$y = \xi$ 时

$$\rho_\lambda(x, \xi) \geq \lambda^{-v(x)+\Delta} \rho(x, H_{v(x)+\Delta}) > 0$$

故 ρ_λ 是尺度.

现在证明尺度 ρ 和 ρ_λ 的拓扑等价性. 研究 $x \neq \xi$ 的情形. 假设选出了 $\Delta > 0$, 使 $x \in \text{int } H_{v(x)-\Delta}$. 不失一般性,可以认为 $v(y) \geq v(x)$. 显然

$$\rho_\lambda(x, y) \leq \lambda^{v(x)-\Delta} \min\{\rho(x, y), \rho(x, H_{v(x)-\Delta})\}$$

现在假设给了 $\varepsilon > 0$. 为了使 $\rho_\lambda(x, y) < \varepsilon$, 只需取

$$\rho(x, y) < \delta = \varepsilon \lambda^{-v(x)+\Delta} \min\{1, \rho(x, \dfrac{X}{H_{v(x)-\Delta}})\}$$

第 10 章 压缩映象原理的逆问题

因此，$x_n \xrightarrow{\rho} x$ 蕴涵 $x_n \xrightarrow{\rho_\lambda} x$. 我们来证明相反的蕴涵关系. 不失一般性，设 $\upsilon(y) \leqslant \upsilon(x)$，于是
$$\rho_\lambda(x,y) \geqslant \lambda^{\upsilon(x)+\Delta} \min\{\rho(x,y), \rho(x, H_{\upsilon(x)+\Delta})\} \quad (3)$$
今设给了 $\varepsilon > 0$，可以认为 ε 小于 $\rho(x, H_{\upsilon(x)+\Delta})$. 于是，$\rho_\lambda(x,y) < \delta = \varepsilon\lambda^{\upsilon(x)+\Delta}$ 蕴涵 $\rho(x,y) < \varepsilon$. 由此推知，若 $x_n \xrightarrow{\rho_\lambda} x$，则 $x_n \xrightarrow{\rho} x$.

最后，设 $x = \xi$. 不失一般性，可设 $y \in H_0$；于是
$$\rho_\lambda(\xi, y) \leqslant d_\lambda(\xi, y) \leqslant \rho(\xi, y)$$
由此推知，若 $x_n \xrightarrow{\rho}$，则 $x_n \xrightarrow{\rho_\lambda} \xi$.

另一方面，对任意 $\varepsilon > 0$，由 $H_t \to \{\xi\}$ 推知，存在 T，使
$$\operatorname*{diam}_\rho H_T < \frac{\varepsilon}{2}$$
于是，由 $\rho(\xi, y) > \varepsilon$ 得
$$\rho(y, H_T) > \frac{\varepsilon}{2}$$
因此
$$\rho_\lambda(\xi, y) \geqslant \rho_\lambda(H_T, y) > \lambda^T \frac{\varepsilon}{2}$$

可见，为了使 $\rho(\xi, y) < \varepsilon$ 成立，只需取 $\rho_\lambda(\xi, y) < \delta = \varepsilon\lambda^{-T}$. 故尺度 ρ 和 ρ_λ 拓扑等价.

现在证明空间 (X, ρ_λ) 的完备性. 假定 (X, ρ) 是完备的. 设序列 x_n 关于尺度 ρ_λ 是基本的. 若 x_n 不收敛于 ξ，则 $\forall n \geqslant 0, \upsilon(x_n) < \upsilon < \infty$，即 $\forall n \geqslant 0, x_n \notin H_\upsilon$. 取
$$a = \inf\{\rho(x, H_{\upsilon+\Delta}) : x \notin H_\upsilon\} > 0, \Delta > 0$$

由于 x_n 是关于 ρ_λ 的基本序列,对充分大的 n,估计式

$$\rho_\lambda(x_n,x_{n+j})<a\lambda^{v+\Delta},j\geqslant n$$

成立. 于是,由式(3) 推知

$$\lambda^{-v-\Delta}\rho_\lambda(x_n,x_{n+j})\geqslant \rho(x_n,x_{n+j})$$

由此得知,x_n 是关于 ρ 的基本序列,因此,关于 ρ 收敛(空间 (X,ρ) 完备). 由于拓扑等价性,x_n 也关于 ρ_λ 收敛. 引理证毕.

第 5 节 定理 1 的证明　利用闭邻域 H_0(引理 1 保证了它的存在),构造集族 $H=\{H_t:t\in(-\infty,\infty)\}$ 如下

$$H_t=\mathrm{cl}F_t(H_0)=\mathrm{cl}\bigcup\{f_t^\Gamma(H_0):\Gamma\in G\},t\geqslant 0$$

$$H_{-t}=F_{-t}(H_0)=\bigcap\{f_{-t}^\Gamma(H_0):\Gamma\in G\},t>0$$

不难验证,(据定理的假定)族 H 满足上述所有必要条件.

现在设 ρ^* 是与原尺度等价的尺度,使得族 F 关于 ρ^* 是非扩张的(引理 2),利用 d_λ 测地变换($\lambda\in(0,1)$),从 ρ^* 过渡到一个尺度 ρ_λ,使得 ρ_λ 等价于 ρ^*(引理 3),从而等价于原尺度 ρ. 尺度 ρ_λ 即为所求. 事实上,由族 H 和函数 $v(x)$ 的定义推出不等式

$$v(f_t^\Gamma(x))\geqslant v(x)+t,\forall\Gamma\in G,x\in X,t\geqslant 0$$

由此又得

$$d_\lambda(f_t^\Gamma(x),f_t^\Gamma(y))\leqslant \lambda^t d_\lambda(x,y)$$

最后,对任意 $x,y\in X,\Gamma\in G,t\geqslant 0$ 有

$$\rho_\lambda(f_t^\Gamma(x),f_t^\Gamma(y))\leqslant \lambda^t\rho_\lambda(x,y)$$

定理证毕.

第 10 章 压缩映象原理的逆问题

10.7 Banach 空间中的压缩映象

对于把 Banach 空间 B 映入自身的算子(以及算子族和算子半群),自然(在前述问题范围内)要提出下列问题:在什么条件下存在与原范数等价的范数,使算子(或族)对此新范数是压缩的?

下面我们仅限于研究线性算子. 对于一个算子的情形,上面提的问题有简单解(参看[4]). 若 r_0 是算子 f 的谱半径($r_0 = \lim\limits_{n \to \infty} \sqrt[n]{\|f^n\|}$),则对任意 $\varepsilon > 0$,存在与原范数 $\|\cdot\|$ 等价的范数 $\|\cdot\|_*$,使

$$\|f\|_* = \sup\{\|f(x)\|_* : \|x\|_* \leqslant 1\} \leqslant r_0 + \varepsilon$$

这个新范数 $\|\cdot\|_*$ 可以构造性地定义如下

$$\|x\|_* = \sum_{j=1}^{N}(r_0 + \varepsilon)^{N-j}\|f^{j-1}(x)\|$$

其中,N 满足条件 $\|f^N\|^{\frac{1}{N}} \leqslant r_0 + \zeta$.

这样一来,在 $r_0 < 1$ 的情形,总存在与原范数等价的范数 $\|\cdot\|_*$,使

$$r_0 \leqslant \|f\|_* < 1$$

即 f 关于范数 $\|\cdot\|_*$ 是 λ 压缩算子($r_0 \leqslant \lambda < 1$).

现在研究线性算子族

$$F = \{f_t^\Gamma : \Gamma \in G, t \in [0, \infty)\} \qquad (1)$$

其中诸算子具有公共不动点 $\xi \in B$(ξ 也是空间 B 的零点),再假定族(1)满足和第 5 节式(1) 相同的性质.

F 称为压缩族,如果对某个 $\lambda \in (0,1)$,存在与原范数等价的范数 $\|\cdot\|_*$,使 F 关于 $\|\cdot\|_*$ 是 λ 压缩族,即对任意 $x, y \in B, \Gamma \in G, t \geqslant 0$ 有不等式

Banach 压缩不动点定理

$$\|f_t^\Gamma(x) - f_t^\Gamma(y)\|_* \leqslant \lambda^t \|x-y\|_*.$$

或者 $\|f_t^\Gamma(x)\|_* \leqslant \lambda^t \|x\|_*.$

注意,与前面的叙述不同,在定义 Banach 空间压缩族时,不是对任意的 λ,而仅仅是对某个 $\lambda \in (0,1)$ 要求存在一个适当的范数. 在一个算子的情形很容易看出这样改变的必要性,这时,算子的任何范数显然不小于它的谱半径.

若 F 是 λ 压缩族(对某个 $\lambda \in (0,1)$),则在换为等价范数 $\|\cdot\|_*$ 时,显然存在 $T>0$ 和 $q \in (0,1)$,使

$$\|g(x)\|_* \leqslant q \|x\|_*$$

其中,$q \in F_T$(证明完全是初等的,只需注意下述众所周知的事实:范数 $\|\cdot\|$ 和 $\|\cdot\|_*$ 等价的充要条件是:存在 $m_1 > 0$ 和 $m_2 > 0$,使得对任意 $x \in B$ 有 $\|x\| \leqslant m_1 \|x\|_*, \|x\|_* \leqslant m_2 \|x\|$).

下述逆定理亦成立.

定理 1 设存在 $T>0$ 和 $q \in (0,1)$,使得对任意 $q \in F_T, x \in B$ 有 $\|g(x)\| \leqslant q \|x\|$,则 F 是压缩族.

证明在于确认 F 对等价于 $\|\cdot\|$ 的范数

$$\|x\|_* = \sup\{q^{-\frac{t}{T}} \|f_t^\Gamma(x)\| : \Gamma \in G, t \geqslant 0\}$$

是 $q^{\frac{1}{T}}$ 压缩族.

利用定理 1 不难证明下述类似于第 5 节定理 1 的定理.

定理 2 若线性算子族 F 满足条件 $C1 \sim C5$,则 F 是压缩族.

对线性算子族 F 改述已有的结果(第 4 节)不会产生困难.

第 10 章 压缩映象原理的逆问题

10.8 非齐性算子

引言中已经指出,如果必须对某个算子 $f: X \to X$ 验证性质 A1 ~ A5 时,通用的方法是寻求一个适当的尺度,使 f 成为 λ 压缩算子 ($\lambda \in (0,1)$)(第 1 节定理 3). 然而,这绝不是说在这种情形下一定要使用此方法. 也还有其他方法,虽然不是万应灵方,但是,针对各种问题的特点,在许多时候却更为有效.

至于证明算子的不动点存在的方法,除压缩映象原理之外,还有许多相当一般的方法,也是享有盛名的(Schauder 原理及其与引进凝缩算子概念有关的推广[19],由研究旋转向量场[20]建立起来的拓扑方法等). 至于考察迭代过程的收敛性问题,现在情况并不是很妙,有效的证法较少(系指不同证法的数量而言),而且,对这些证法大部分专家是不予理会的(个别方法除外). 本章指出存在这类方法看来是适当的,从而强调了压缩映象原理不是确定性质 A1 ~ A5 的唯一方法. 其次叙述了其中一个方法,有可能证明十分广泛的一类迭代过程的收敛性与稳定性. 这里,实质上是给出压缩算子的某些重要例子.

本节考虑一个实 Banach 空间 B,它的一个锥 K 以及把空间 B 映入自身的映象 f. 要了解用锥来规定半序 Banach 空间的基础理论,可参看 М. Г. Крейн 和 М. А. Рутман 的文章[21] 和 М. А. Красносельский 的专著[22]. 我们仅介绍后面要使用的那些最基本的知识.

集合 $K \subset B$ 叫作锥,如果下列条件成立:

Banach压缩不动点定理

а) K 是闭集;

б) $x, y \in K$, 则对所有 $\alpha, \beta \geq 0$ 有 $\alpha x + \beta y \in K$;

в) 若 $x \neq \theta$ (θ 是空间 B 的零点) 且 $x \in K$, 则 $-x \notin K$.

在空间 B 中, 可以利用锥 K 引入一个半序关系如下: $x \geq y$, 如果 $x - y \in K$ (自然, $x \leq y$, 如果 $y - x \in K$). 满足关系式 $v \leq x \leq w$ 的元素构成的集合称为锥块 $\langle v, w \rangle$.

锥 K 称为规则的, 如果任一单调有界序列 x_n ($x_1 \leq x_2 \leq \cdots \leq x_n \leq \cdots \leq z_0$) 都按范数收敛. 例如, 空间 L_p ($1 \leq p < \infty$) 中的非负函数构成的锥是规则的. 锥的规则性特征参看 [22].

算子 $f: B \to B$ 称为在集合 $M \subset B$ 上单调, 如果 $x \geq y (x, y \in M)$ 蕴涵 $fx \geq fy$.

对于单调算子, 有下列十分有趣的结果(今后处处假定锥 K 是规则的).

定理1 设 f 是 $\langle v_0, w_0 \rangle$ 上单调的连续算子, 把集合 $\langle v_0, w_0 \rangle$ 映入自身, 且有唯一的不动点 $\xi \in \langle v_0, w_0 \rangle$. 则对任意 $x \in \langle v_0, w_0 \rangle$, f 具有 U 一致收敛性 $f^n(x) \to \xi$ (参看 A3).

据第 1 节定理 3 和第 2 节引理 1 不难看出, 所述结论可简写如下: 在定理 1 的条件下, f 是 $\langle v_0, w_0 \rangle$ 上的压缩算子(集合 $\langle v_0, w_0 \rangle$ 加上空间 B 的范数所产生的尺度, 是完备尺度空间).

证 序列 $v_n = f^n(v_0)$ 显然是单调增加且有界的, 因此, 根据锥 K 的规则性, 这个序列收敛. 在此, 由算子 f 的连续性得

$$v_n \to \xi$$

316

第 10 章　压缩映象原理的逆问题

同样确定收敛性
$$f^n(w_0) \to \xi$$
但因为
$$f^n(v_0) \leqslant f^n(x) \leqslant f^n(w_0), x \in \langle v_0, w_0 \rangle$$
故 $f^n(x) \to \xi$. 可指定 $\langle v_0, w_0 \rangle$ 为邻域 U. 定理证毕.

М. А. Красносельский, И. А. Бахтин, В. Я. Стеценко 以及其他作者的著作中发展的单调凹算子理论(例如, 参看[22], [24]), 有很多相似的结果.

设 $P = \{P_\alpha \mid \alpha \in \Omega\}$ 是一族分解算子 P_α, 集合 Ω 的性质是无关紧要的; 对任意 $\alpha \in \Omega$, 算子 P_α 把 B 映入 B. 为方便起见, 也研究算子 $Q_\alpha = E - P_\alpha$(E 为恒等变换), 并假定下列条件成立: 若 B 的两个元素 x, y 属于某个锥块 $\langle v, w \rangle$, 则对任意 $\alpha \in \Omega$ 有 $P_\alpha x + Q_\alpha y \in \langle v, w \rangle$.

再设 $R = \{R_\alpha \mid \alpha \in \Omega\}$ 是一族算子, 其中算子 R_α 把任意元素 $x \in B$ 分解为分量 $x_\alpha (x_\alpha = R_\alpha x)$. 于是, 每个算子 R_α 把 B 映入某个集合 G_α, 而族 R 对于每个 $x \in B$ 相应地给出一个分量集合 $\{x_\alpha\}$, 而且, 若 $x \neq y$, 则 $\{x_\alpha\} \neq \{y_\alpha\}$. 把分量集合 $\{x_\alpha\}$ 合并为元素 $x \in B$ 的运算用 $\sum_\alpha$ 表示, 记为
$$\sum_\alpha \{x_\alpha\} = \sum_\alpha \{R_\alpha x\} = x$$

族 R 应当满足下列条件. 设有某个锥块 $\langle v, w \rangle$; 对于每个 $\alpha \in \Omega$, 相应地有一个(自己的)元素 $x^\alpha \in \langle v, w \rangle$. 于是, 若运算 $\sum_\alpha \{R_\alpha x^\alpha\}$ 有定义 (即 $\sum_\alpha \{R_\alpha x^\alpha\} \in B$), 必须
$$\sum_\alpha \{R_\alpha x^\alpha\} \in \langle v, w \rangle$$

四元组 (B, K, P, R) 称为锥分解 Banach 空间.

算子 f 称为非齐性的,如果对任意 $v, w \in B$

$$\sum_\alpha \{R_\alpha f(P_\alpha v + Q_\alpha w)\} \in B \qquad (1)$$

对任意 $x^1 \geqslant x, y^1 \leqslant x$

$$\sum_\alpha \{R_\alpha f(P_\alpha x^1 + Q_\alpha y^1)\} \geqslant \sum_\alpha \{R_\alpha f(P_\alpha x + Q_\alpha y)\}$$
$$\qquad (2)$$

假设算子 f 使某集合 $M \subset B$ 保持不变且条件(1),(2)(以及对于 P 和 R 的条件)成立,只要这些条件中涉及的所有元素均属于 M,这时就说 f 是 M 上的非齐性算子.

容易看出,单调和反单调算子都是极特殊的非齐性算子.

我们说,族 P 和 R 具有连续性,如果下列条件成立:

1. $n \to \infty$ 时的收敛性 $x_n \to x, y_n \to y$ 蕴涵(对任意 $\alpha \in \Omega$)

$$P_\alpha x_n + Q_\alpha y_n \to P_\alpha x + Q_\alpha y$$

2. 若对任意 $\alpha \in \Omega$,当 $n \to \infty$ 时收敛条件 $(x^\alpha)_n \to x^\alpha$ 成立,且对任意 $n \geqslant 0$ 有

$$\sum_\alpha \{R_\alpha (x^\alpha)_n\} \in B$$

则当 $n \to \infty$ 时

$$\sum_\alpha \{R_\alpha (x^\alpha)_n\} \to \sum_\alpha \{R_\alpha x^\alpha\}$$

定理 2 设族 P 和 R 具有连续性,且在 $\langle v_0, w_0 \rangle$ 上非齐性的连续算子 f 有唯一的不动点 $\xi \in \langle v_0, w_0 \rangle$. 设方程组

第 10 章　压缩映象原理的逆问题

$$\begin{cases} v = \sum_\alpha \{R_\alpha f(P_\alpha v + Q_\alpha w)\} \\ w = \sum_\alpha \{R_\alpha f(P_\alpha w + Q_\alpha v)\} \end{cases} \quad (3)$$

在半序对 $v \leqslant w(v, w \in \langle v_0, w_0 \rangle)$ 的类中有唯一解,于是映像 f 是 $\langle v_0, w_0 \rangle$ 上的压缩映象.

证　据定理的假定,条件 A1,A4 成立.考虑到第 2 节引理 1,在此只需证明条件 A2 和 A3 可成立即可.

研究迭代过程

$$\begin{cases} v_{n+1} = \sum_\alpha \{R_\alpha f(P_\alpha v_n + Q_\alpha w_n)\} \\ w_{n+1} = \sum_\alpha \{R_\alpha f(R_\alpha w_n + Q_\alpha v_n)\} \end{cases} \quad (4)$$

可以证明(参看[25])

$$v_0 \leqslant v_1 \leqslant \cdots \leqslant v_n \leqslant \cdots \leqslant w_n \leqslant \cdots \leqslant w_1 \leqslant w_0$$

由此,据锥 K 的规则性

$$v_n \to v^*, w_n \to w^*$$

由于 P 和 R 的连续性,f 的连续性以及序列 v_n, w_n 的极限存在,在式(4)中可以取极限,由此得知 v^*,w^* 是(3)的解.但方程组(3)显然有解 $v = w = \xi$,且据假定没有别的解.因此,$v^* = w^* = \xi$.现在,用归纳法不难证明:$\forall n, v_n \leqslant x_n \leqslant w_n (x_{n+1} = f(x_n))$.由此推出收敛性条件 $x_n \to \xi$.可以取 $\langle v_0, w_0 \rangle$ 作为邻域 U(参见 A4).应用第 1 节定理 3 即完成证明.

在[25]中举出了非齐性算子的例,该文还研究了组合凹算子,这是非齐性算子的特殊情形,且具有一系列附带的有益性质.下面,我们引入一致 u_0 组合凹算子的概念,并给出它成为压缩算子的条件.以下的讨论同实际运用 М. А. Красносельский 的广义压缩映象原理有关(第 3 节).

Banach 压缩不动点定理

设 $u_0 \in K$ 且 $u_0 \neq \theta$. $x \in B$ 的 u_0 范数是指
$$\|x\|_{u_0} = \min\{t: -tu_0 \leqslant x \leqslant tu_0\}$$
用 $B(u_0)$ 表示 u_0 范数有限的所有元素 $x \in B$ 的集合. 用 $K(u_0)$ 表示对某个 $\tau > 0$, 满足 $u_0 \leqslant \tau x$ 和 $x \leqslant \tau u_0$ 的 $x \in K$ 的集合, 并令 (参看[24])
$$\rho(x, y) = \min\{a: e^{-a}x \leqslant y \leqslant e^{a}x\}, x, y \in K(u_0) \tag{5}$$

在此不难验证: 诸尺度公理成立; $K(u_0)$ 是关于尺度(5)的完备空间; 关于尺度(5)的收敛性蕴涵关于 u_0 范数的收敛性, 因而(参看[22])蕴涵关于空间 B 原范数的收敛性.

$K(u_0)$ 上的非齐性算子 f 称为一致 u_0 组合凹算子, 如果对每个锥块 $\langle \mu u_0, \upsilon u_0 \rangle (\mu, \upsilon > 0)$ 和每个线段 $[a, b] \subset (0, 1)$, 存在 $\eta = \eta(\mu, \upsilon, a, b) > 0$, 使得对所有 $x \in \langle \mu u_0, \upsilon u_0 \rangle, \tau \in [a, b]$ 有
$$\sum_a \left\{ R_a f\left(\tau P_a x + \frac{1}{\tau} Q_a x\right) \right\} \geqslant (1 + \eta)\tau f(x) \tag{6}$$

定理 3 设锥块 $\langle \mu u_0, \upsilon u_0 \rangle$ 上的一致 u_0 组合凹算子 f 把该锥块映入自身, 则 f 在 $\langle \mu u_0, \upsilon u_0 \rangle$ 上是压缩算子.

证 设 $x, y \in \langle \mu u_0, \upsilon u_0 \rangle$, 即
$$\mu u_0 \leqslant x \leqslant \upsilon u_0, \mu u_0 \leqslant y \leqslant \upsilon u_0$$
于是
$$x \leqslant \left(\frac{\upsilon}{\mu}\right) y, y \leqslant \left(\frac{\upsilon}{\mu}\right) x$$
因此
$$\frac{\mu}{\upsilon} \leqslant e^{-\rho(x, y)}$$
最后

第 10 章　压缩映象原理的逆问题

$$x \leqslant e^{\rho(x,y)} y, \ y \leqslant e^{\rho(x,y)} x \qquad (7)$$

应用算子 f 的非齐性以及不等式 (6),(7),得

$$\begin{aligned}
f(y) &= \sum_a \{R_a f(P_a y + Q_a y)\} \\
&\geqslant \{R_a f(P_a e^{-\rho} x + Q_a e^{\rho} x)\} \\
&\geqslant (1+\eta) e^{-\rho(x,y)} f(x)
\end{aligned}$$

同样

$$f(x) \geqslant (1+\eta) e^{-\rho(x,y)} f(y)$$

其中,$\eta = \eta\left(\mu, \upsilon, \dfrac{\mu}{\upsilon}, e^{-\rho(x,y)}\right)$. 因此

$$\begin{aligned}
&\rho(f(x), f(y)) \\
&\leqslant \rho(x,y) - \ln\left[1 + \eta\left(\mu, \upsilon, \dfrac{\mu}{\upsilon}, e^{-\rho(x,y)}\right)\right]
\end{aligned}$$

由此得出结论(参看第 3 节),在 $\langle \mu u_0, \upsilon u_0 \rangle$ 上 f 是 М. А. Красносельский 意义下的广义压缩算子. 于是,据第 3 节定理 1,条件 A1 ~ A5 成立,因此(第 1 节定理 3),f 是压缩算子.

若 干 注 记

我们已经指出,关于推广压缩映象原理的种种研究同本节题目有下述关系:这些研究工作通常保证了条件 A1 ~ A5 成立,因此,提出了这样那样的充分条件,使映象是本章所给定义下的压缩映象. 评述这个方向上的论著本身就是一个独立的问题,我们无意染指,仅仅指出最近的一些工作:А. Д. Горбунов,ДАН,215:6(1974);Assad Nadim A.,Can. Math. Bull.,16:

Banach 压缩不动点定理

1(1973);Chandler R.,Fund. Math.,65:2(1969);
Coebel K.,Kirk W. A.,Stud. Math.,47:2(1973);
Webb J. R. L.,Proc. London Math. Soc. 20:
3(1970).

各种广义压缩原理通常在形式上与经典的压缩映象原理相近. 在这方面,第 8 节的结果特别有趣,因为第 8 节的原始假定在形式上和条件 $\rho(F(x),F(y))\leqslant \lambda\rho(x,y)$ 相距甚远. 在著作《Обобщение теории монотонных и вогнутых операторов》(Тр. Моск. матем. 0—Ba36)中,第 8 节所述的结果得到进一步的发展.

本章选择的问题,其范围相当独立,且得到较为充分的研究. 但是,此地还有一些未解决的问题,不仅关系到理论发展的内在逻辑问题,而且也关系到应用方面. (专著《равновесие и устойчивость в моделях коллективного поведения》,Hayka,(1977)中研究了逆定理的某些应用方面.) 我们指出这样一个问题:逆定理的有用结论之一是保证存在一个泛函 $L(x)=\rho_\lambda(\xi,x)$,在所研究过程的轨道上严格减少. 在许多应用方面,$L(x)$ 具有形式 $\rho_\lambda(\xi,x)$,这一点并不重要,然而,$L(x)$ 具有这样那样的光滑性才是最重要的. 存在一个 $L(x)$,具有事先规定的光滑性,这也是相当有趣而重要的问题. 这个问题仅仅在稳定性理论中经典 Ляпунов 定理的逆定理这个特殊情形下才得到解决. 我们不涉及此问题,因为已有专著十分全面的加以说明了(参看[12],[13]).

参 考 文 献

[1] JANOS L. A converse of Banach's contraction theorem[J]. Proc. Amer. Math. Soc,1967,18(2): 287-289.

[2] MEYERS Ph R. A converse to Banach's contraction theorem[J]. Nat. Bur. Stand. (U. S) 71B:1, 1967,2:73-76.

[3] BESSAGA C. On the converse of the Banach' 《fixed-point》principle[J]. Colloq. Math,1959,7 (1):41-43.

[4] КРАСНОСЕЛЬСКИЙ М А,ВАЙНИККО Г М, ЗАБРЕЙКО П П,et al. Приближенное решение опсраторных уравнений [M]. М. , Фиематгиз, 1969.

[5] ЛЕВИН А Ю,ЛИФШИЦ Е А. К принципу обобщенного сжатия[J]. М. А. Красносельского Пробл. матем. анализа слож. сист. , вып. 1, Воронеж,ВГУ,1967,1:49-52.

[6] EDELSTEIN M. An extention of Banach's contraction principle[J]. Proc. Amer. Math. Soc, 1941,12(1):7-10.

[7] EDELSTEIN M. On fixed and periodic points under contractive mappings[J]. Lond. Math. Soc, 1962,37(1):74-79.

[8] MEYERS Ph R. Some extensions of Banach's

contraction theorem[J]. Nat. Bur. Stand,1965,69(3):179-184.

[9] COLDMAN A J, MEYERS Ph R. Simultaneous Contractification[J]. Nat. Bur. Stand, 1969, 73(4):301-305.

[10] MEYERS Ph R. On contractive semigroups and uniform asymptotic stability [J]. Nat. Bur. Stand,1970,74(2):115-120.

[11] MEYERS Ph R. Contractifiable Semigroups[J]. Nat. Bur. Stand,1970,74(4):315-322.

[12] КРАСОВСКИИ Н Н. Некоторые задачи теории устойчивости двнжения [M]. М., Физматгиз, 1959.

[13] ЗУБОВ В И. Устойчивость движения[M]. М., Высшая школа,1973.

[14] КОЗЯКИН В С. Об уплотняющих и сжимающих операторах[J]. Труды матем. Ф-та, вып. 1, Воронеж, ВГУ,1970,1:60-70.

[15] BLUMENTAL L M. Theory and Applications of Distance Geometry [M]. Oxford: Clarendon Press,1953.

[16] ОПОЙЦЕВ В И. Динамика коллективного поведения[J]. I. Гомогенные системы, Автом. и телемех,1974,4:157-168.

[17] ОПОЙЦЕВ В И. Динамика коллективного поведения [J]. II. Системы с ограниченным межэлементным взаимодействием, Автом. и телемех,1974,6:133-144.

[18] ОПОЙЦЕВ В И. Динамика коллективного поведения[J]. Ⅲ. Гетерогенные систсмы,Автом. и телемех,1975,1:124-138.

[19] САДОВСКИЙ Б Н. Предельно компактные и уплотняющие операторы[J]. УМН,1972,27(1):81-146.

[20] КРАСНОСЕЛЬСКИЙ М А. Топологические методы в теории нелинейных интегральных уравнений[M]. М.,Гостехиздат,1956.

[21] КРЕЙН М Г,РУТМАН М А. Линейные операторы,оставляющие инвариантным конус в пространстве Банаха[J]. УМН,1948,3(11):3-95.

[22] КРАСНОСЕЛЬСКИЙ М А. Положительные решения операторных уравнений [M]. М.,Физматгиз,1962.

[23] БАХТИН И А,КРАСНОСЕЛЬСКИЙ М А. Метод последовательных приближений в теории уравнений с вогнутыми операторами[J]. СМЖ,1961,2(3):313-330.

[24] КРАСНОСЕЛЬСКИЙ М А,СТЕЦЕНКО В Я. К теории уравнений с вогнутыми операторами [J]. СМЖ,1969,10(3):565-572.

[25] ОПОЙЦЕВ В И. Гетерогенные и комбинированно вогнутые операторы[J]. СМЖ,1975,16(4):781-792.

[26] ALFSEN E M,EFFROS E G. Structure in real Banach spaces Ⅰ,Ⅱ[J]. Annals of Math,1972,

96(1):98-173.

[27] ALSPACH D E. Quotients of $C[0,1]$ with separable dual[J]. Israel J. Math, 1978, 29:381-384.

[28] ALSPACH D E, BENYAMINI Y. A geometrical property of $C(K)$ spaces[J]. Israel J. Math, 1988, 64(2):179-194.

[29] ALSPACH D E, BENYAMINI Y. Primariness of spaces of continuous functions on ordinals[J]. Israel J. Math, 1977, 27:64-92.

[30] ALTSHULER Z. Characterization of c_0 and l among Banach spaces with a symmetric basis[J]. Isr. J. Math, 1976, 24:39-44.

[31] ALTSHULER Z. Banach space with a symmetric basis which contains no l_p or c_0 and all its symmetric basis sequences are equivalent[J]. Composition Math, 1977, 35:189-195.

[32] AMIR D. Continuous functions spaces with the bounded extension property[J]. Bull. Res. Council Israel, 1962, 10:133-138.

[33] AMIR D. Projections onto continuous functions spaces[J]. P. AMS, 1964, 15:396-402.

[34] AMIR D. On isomorphisms of continuous function spaces[J]. Israel J. Math, 1965, 3:205-210.

[35] AMIR D. Characterizations of inner product spaces[M]. Birkhauser, 1986.

[36] AMIR D, LINDENSTRAUSS J. The structure of weakly sets in Banach spaces[J]. Ann. Math, 1968, 88:35-46.

[37]ANDREW A D. The Banach space JT is primary [J]. Pacific J. Math,1983,108:9-17.

[38]ARGYROS S,NEGREPONTIS S,ZACHARIADES Th. Weskly stable Banach spaces[J]. Israel J. Math,1987,57:68-88.

[39]ASPLUND E. Comparison between plane symmetric convex bodies and parallelograms [J]. Math. Scand,1960,8:171-180.

[40] ASPLUND E. Averaged norms[J]. Israel J. Maths,1967,5:227-233.

[41]AXLER S I,BERG N P,Jewell N,et al. Approximation by compact operators and the space $H_\infty+C$[J]. Annals Math,1979,109:601-612.

[42]BAKER J W. Some uncomplemented subspaces of $C(X)$ of the type $C(X)$[J]. Studia Math, 1970,36:85-103.

[43]BALL K. Isometric problems in l_p and sections of convex sets[D]. Ph. D. Thesis,Cambridge University,1986.

[44]BALL K. Cube slicing in $\mathbf{R}^n$[J]. Proc. A. M. S, 1986,97:465-473.

[45]BALL K. Logarithmically concave functions and sections of convex sets in $\mathbf{R}^n$[J]. Studia Math, 1988,88:69-84.

[46]BALL K. Volumes of sections of cubes and related problems[C]. (Israel Functional Analysis Seminar 87/88),Springer Lecture Notes,1988.

[47]BALL K. Some remarks on the geometry of con-

vex sets[J]. Springer Lecture Notes,1988,1317:224-231.

[48] BANACH S. Sur la valeur moyenne des function orthogonales[J]. Bull. Inter national de I'Acad. Pol. des Sciences el Letters,Class des Sci. Math. et Natur. Serie A 1919:66-72.

[49] BANACH S. Théorie des opérations linéaires [M]. Warszawa,1932.

[50] BANACH S. The Lebesgue integral in abstract spaces[M]. Note II of Saks,1937.

[51] BANACH S, MAZUR S. Zur Theorie der linearen dimension[J]. Studia Math,1933,4:100-112.

[52] BANACH S, SAKS S. Sur la convergence forte dans les champs L^p[J]. Studia Math,1930,2:51-57.

[53] BARTLE R G, Dunford N, Schwartz J. Weak compactness and vector measures[J]. Canad. J. Math,1955,7:289-305.

[54] BASTERO J, RAYNAUD Y. Quotients and interpolation spaces of stable Banach spaces[J]. Studia Math,1989,93:223-239.

[55] BÉAUZAMY B. Opérateurs uniformement convexifiants[J]. Studia Math,1976,57:103-139.

[56] BÉAUZAMY B. Quelques propriétés des opérateurs uniformément convexifiants[J]. Studia Math,1977,60:211-222.

[57] BÉAUZAMY B. Introduction to Banach spaces

and their geometry[C]. North Holland, Math. Studies 68,1985.

[58] BECKNER W. Inequalities in Fourier Analysis [J]. Ann of Maths,1975,102:159-182.

[59] BEHRENS E. M-structure and Banach-Stone theorem[C]. Lecture Notes in Mathematics 736, Springer Verlag,1979.

[60] BELLENOT S. Local reflexivity of normed spaces operators and Frechet spaces [J]. J. Funct. Anal,1984,59:1-11.

[61] BELLENOT S. Tsirelson superspaces and l_p[J]. Journal of Funct. Anal,1986,69:207-228.

[62] BENNETT C, SHARPLEY R. Interpolation of operators[C]. Pure and Appl. Math. vol. 129, Academic Press,1988.

[63] BENNETT G. Unconditional convergence and almost everywhere convergence[J]. Zeitschrift für Wahrscheinlichkeits theorie verw, Gebiete, 1976,34:135-155.

[64] BENNETT G. Inclusion mappings between l_p-spaces[J]. J. Funct. Anal,1973,18:20-27.

[65] BENNETT G. Some ideals of operators on Hilbert space[J]. Studia Math,1976,55:27-40.

[66] BENNETT G, DOR L E, GOODMAN V, et al. On uncomplemented subspaces of L_p, $1 < p < 2$ [J]. Israel J. Math,1977,26:178-187.

[67] BENYAMINI Y. An M space which is not isomorphic to a $C(K)$ space[J]. Israel J. Math,

1977,28:98-102.

[68] BERGH J, LÖFSTRÖM J. Interpolation spaces, an introduction [C]. Berlin-Heidel-berg-New York:Springer-Verlag,1976.

[69] BERNAU S J. Small projections on $l_1(n)$ [J]. Texas Functional Analysis Seminar, Longhorn Notes,The University of Texas at Austin,1983, 84:77-99.

[70] BESSAGA C, PELCZYNSKI A. On bases and unconditional convergence of series in Banach spaces[J]. Studia Math,1958,17:151-164.

[71] BESSAGA C, PELCZYNSKI A. Banach spaces non-isomorphic to their cartesian squares[J]. I, B. A. Polon Sci,1960,8:77-80.

[72] BESSAGA C, PELCZYNSKI A. Spaces of continuous function (Ⅳ) (On isomorphical classification of spaces $C(S)$) [J]. Studia Math,1960, 19:53-62.

[73] BESSAGA C, PELCZYNSKI A. On extreme points in separable conjugate spaces[J]. Israel J. Math,1966,4:262-264.

[74] BISHOP E. A generalization of the Stone-Weierstrass theorem [J]. Pacific. J. Math,1961,11: 777-783.

[75] BISHOP E. A general Rudin-Carleson theorem [J]. Proc. AMS,1962,13:140-143.

[76] BISHOP E, DE LEEUW K. The representations of linear functionals by measures on sets of ex-

treme points[J]. Ann. Inst. Fourier, Grenoble, 1959,9:305-331.

[77] BLUMENTHAL R M, Lindenstrauss J, Phelps R R. Extreme operators into $C(K)$[J]. Pacific J. Math,1965,15:747-756.

[78] BOAS R P. Isomorphism between H_p and L_p [J]. Anner. J. of Math,1955,77:655-656.

[79] BOCHNER S. Additive set functions on groups [J]. Ann. of Math,1939,40(2):769-799.

[80] BOCHNER S. Finitely additive integral [J]. Ann. of Math,1940,41(2):495-504.

[81] BOCHNER S, TAYLOR A E. Linear functionals on certain spaces of abstractly-valued functions [J]. Ann. of Math,1938,39(2):913-944.

[82] BOCKAREV S V. Existence of a basis in the space of functions analytic in the disc and some properties of the Franklin system[J]. Mat. Sbornik 95,1974,137:3-18(in Russian).

[83] BOCKAREV S V. A method of averaging in thd theory of orthogonal series and some problems in the theory of bases[C]. Trudy Steldov Institut 146,1978(in Russian).

[84] BOCKAREV S V. Construction of dyadic interpolating basis in the space of continuous functions using thd Fejer kernels[J]. Trudy Steklov Institut,1985,172:29-59(in Russian).

[85] BOHNENBLUST H F. An axiomatic character-

ization of L^p spaces[J]. Duke Math. J, 1940, 6: 627-640.

[86] BOHNENBLUST H F, KAKUTANI S. Concrete representation of (M)-spaces[J]. Ann. of Math, 1941, 42: 1025-1028.

[87] BOHNENBLUST H F, KARLIN S. Geometrical properties of the unit sphere of Banach algebras [J]. Ann. of Math, 1955, 62: 217-229.

[88] BENYARNIMI Y. An extension theorem for separable Banach spaces [J]. Israel J. Math, 1978, 29: 24-30.

[89] BORSUK K. Über Isomorphie der Funktionalraumen[J]. Bull. Acad. Pol. Sci. et Letters, 1933: 1-10.

[90] BOTSCHKARIEV S. Existence of a basis in the space of analytic functions and some properties of Franklin system[J]. Matem. Sbornik, 1974, 24: 1-16.

[91] BOURGAIN J. Dentability and finite dimensional decompositions [J]. Studia Math, 1980, 67: 135-148.

[92] BOURGAIN J. Remarks on the double dual of a Banach space[J]. Bull. Soc. Math. Belg, 1980, 32: 171-178.

[93] BOURGAIN J. The non-isomorphism of H^1 spaces in a different number of variables[J]. Bull. Soc. Math. Belgique, Ser, 1983, 35(2): 127-136.

[94] BOURGAIN J. On the primarity of H_∞-space [J]. Israel J. Math,1983,45:329-337.

[95] BOURGAIN J. On bases in the disc algebra[J]. Trans. Amer. Math. Soc,1984,285(1):133-139.

[96] BOURGAIN J. New Banach space properties of certain spaces of analytic functions[J]. Arkiv för Matematik,1984,21:945-951.

[97] BOURGAIN J. The Dunford-Pettis property for the ball-algebra [J]. the polydisc-algebras and Sobolev spaces. Studia Math,1984,77(3):245-253.

[98] BOURGAIN J. Applications of the spaces of homogenous polynomials to some problems on the ball algebra[J]. Proc. Amer. Math. Soc,1985,93(2):277-283.

[99] BOURGAIN J. A complex Banach space such that X and $\overline{X}$ are not isomorphic[M]. 1985.

[100] BOURGAIN J. Extension of H_∞-valued operators and bounded bianalytic functions [J]. Trans. Amer. Math. Soc,1986,286(1):313-337.

[101] BOURGAIN J. On the similarity problem for polynomially bounded operators on Hilbert space[J]. Israel J. Math,1986,54(2):227-241.

[102] BOURGAIN J. On high dimensional maximal functions associated to convex bodies[J]. Amer. J. Math,1986,108:1467-1476.

[103] BOURGAIN J. On The L^p-bounds for maximal

functions associated to convex bodies in $\mathbf{R}^n$[J]. Israel J. Math,1986,54:257-265.

[104] BOURGAIN J. On finite dimensional homogeneous Banach spaces[J]. GAFA (Israel Functional Analysis Seminar 86/87), Springer Lecture Notes,1988,1317:232-238.

[105] BOURGAIN J, CASAZZA P, LINDENSTRAUSS J, et al. Banach spaces with a unique unconditional basis [J]. Up to permutation, Memoirs of the A. M. S,1985(322):1-111.

[106] BOURGAIN J, DAVIES W J. Martingale transforms and complex uniform convexity [J]. Trans. Amer. Math. Soc,1986,294:501-515.

[107] BOURGAIN J, DELBAEN F. A class of special L_∞-spaces[J]. Acta Math,1980,145:155-176.

[108] BOURGAIN J, FREMLIN D H, TALAGRAND M. Pointwise compact sets of Baire measurable functions[J]. Amer. J. Math,1978, 100:845-886.

[109] BOURGAIN J, MEYER M, MILMAN V, et al. On a geometric inequality [J]. GAFA (Israel Functional Analysis Seminar 86/87), Springer Lecture Notes,1988,1317:224-231.

[110] BOURGAIN J, ROSENTHAL H P. Geometrical implications of certain finite dimensional decompositions[J]. Bull. Soc. Math. Belg,1980, 32:57-82.

[111] BOURGAIN J, ROSENTHAL H P. Applica-

tions of the theory of semi-embeddings to Banach space theory[J]. J. Funct. Anal,1983,52: 149-188.

[112] BOURGAIN J, ROSENTHAL H P, SCHECHTMAN G. An ordinal L^p-index for Banach spaces, with application to complemented subspaces of L^p[J]. Ann. of Math,1981, 114:193-228.

[113] BOURGAIN J,SZAREK S. The Banach-Mazur distance to the cube and the Dvoretzky-Rogers factorization[J]. Israel J. Math,1988,62:169-180.

[114] BOURGAIN J, TZAFRIRI L. Integrability of "large" submatrices with applications to the geometry of Banach spaces and harmonic analysis [J]. Israel J. Math,1987,57:137-224.

[115] BRETAGNOLLE J, DACUNHA-CASTELLE D, KRIVINE J L. Lois stable et espaces L^p[J]. Ann. Inst. H. Poincaré,1966,2:231-259.

[116] BRUNEL A, SUCHESTON L. On B-convex Banach spaces[J]. Math. Systems Ti,1974,7: 294-299.

[117] BRUNEL A, SUCHESTON L. On J-convexity and some ergodic super-properties of Banach spaces[J]. Trans. A. M. S,1975,204:79-90.

[118] ALAOGLU L. Weak topologies of normed linear spaces[J]. Annals of Math,1940,41:252-267.

[119] BURKHOLDER D L. A geometrical characterization of Banach spaces in which martingale difference sequences are unconditional[J]. Ann. of Probability,1981,9:997-1011.

[120] BURKHOLDER D L. Martingales and Fourier analysis in Banach spaces[J]. Lecture Notes in Mathematics,1986,1206:61-108.

[121] BURKHOLDER D L. A proof of Pelczynski conjecture for the Haar system [J]. Studia Math,1988,91:79-83.

[122] CALDERON A P. Intermediate spaces and interpolation [J]. the complex method, Studia Math,1964,24:113-190.

[123] CAMBERN M. A generalized Banach-Stone theorem[J]. Proc. AMS,1966,17:396-400.

[124] CANTOR D G. On the Stone-Weierstrass approximation theorem for valued fields[J]. Pacific J. Math,1967,21:473-478.

[125] CARL B. Inequalities between absolutely(p,q)-summing norms[J]. Studia Math,1980,64:143-148.

[126] CARL B. Inequalities of Bernstein-Jackson type and the degree of compactness of operators in Banach spaces[J]. Ann. Inst,1985,35(3):79-118.

[127] CARL B,TRIEBEL H. Inequalities between eigenvalues,entropy numbers and related quantities of compact operators in Banach spaces[J].

Math. Ann,1980,251:129-133.

[128] CARLESON L. An explicit unconditional basis in H^1 [J]. Bull. des Sciences Math,1980,104: 405-416.

[129] CARLESON L. Representations of continuous functions[J]. Math. Z,1957,66:447-451.

[130] CASAZZA P G. Finite-dimensional decompositions in Banach spaces[C]. In:Proc. Conference on the Occasion of M. M. Day Retirement,Lecture Notes,Springer-Verlag,Berlin-Heidelberg-New York,1977.

[131] CASAZZA P G. James' quasi-reflexive space is primary[J]. Israel J. Math,1977,26:294-305.

[132] CASAZZA P G,JOHNSON W B,TZAFRIRI L. On Tsirelson's space [J]. Israel J. Math, 1984,47:81-98.

[133] CASAZZA P G,ODELL E. Tsirelson's space and minimal subspaces[C]. Longhorn Notes, University of Texas Functional Analysis Seminar,1983.

[134] CASAZZA P G,SHURA T. Tsirelson's space [C]. Lecture Notes in Mathematics 1363,1989.

[135] CASAZZA P G,PENGRA R W,SUNDBERG C. Complemented ideals in the disc algebra[J]. Israel J. Math,1980,37:76-83.

[136] CIESIELSKI Z. Properties of the orthonormal Franklin system[J]. Studia Math,1963,23:141-157.

[137] CIESIELSKI Z, Domsta J. Construction of an orthonormal basis in $C^m(I^d)$ and $W_p^m(I^d)$ [J]. Studia Math, 1972, 41: 211-224.

[138] CLARKSON J A. Uniformly convex spaces [J]. Trans. Amer. Math. Soc, 1936, 40: 396-414.

[139] COHEN P J. On a conjecture of Littlewood and idempotent measures [J]. Amer. J. Math, 1960, 82: 191-212.

[140] DAVIS W J, DEAN D W, SINGER I. Complemented subspaces and A systems in Banach spaces [J]. Israel J. Math, 1968, 6: 303-309.

[141] DAVIS W J, FIGIEL T, JOHNSON W B, et al. Factoring weakly compact operators [J]. J Funct. Anal, 1974, 17: 311-327.

[142] DAVIS W J, GARLING D J H, TOMCZAK-JAEGERMANN N. The complex convexity of quasi normed linear spaces [J]. J. Functional Anal, 1984, 55: 110-150.

[143] DAY M M. Reflexive Banach spaces not isomorphic to uniformly convex spaces [J]. Bull. Amer. Math. Soc, 1941, 47: 313-317.

[144] DAY M M. Normed linear spaces [C]. Springer, 1973.

[145] DEAN D W. The equation $L(E, X^{**}) = L(E, X)^{**}$ and the principle of local reflexivity [J]. Proc. Amer. Math. Soc, 1973, 40: 146-148.

[146] DEAN D W, LIN B L, SINGER I. On k-shrinking and k-boundedly complete bases in Banach

spaces[J]. Pacific J. Math,1970,32:323-331.

[147] DEAN D W, SINGER I, STERNBACH L. On shrinking basic sequences in Banach spaces[J]. Studia Math,1971,40:23-33.

[148] DEVILLE R. Geometrical implications of the existence of very smooth bump functions in Banach spaces[J]. Israel J. Math,1989,67:1-22.

[149] DIESTEL J. Geometry of Banach spaces-selected topics[C]. Lecture Notes in Math. ,Springer-Verlag,Berlin-Heidelberg-New York,1975.

[150] DIESTEL J. Sequences and series in Banach spaces[C]. GTM 92,Springer-Verlag,1984.

[151] DIESTEL J, UHL J J. Vector measures[M]. Mathematical Surveys, AMS. Providence, R. I. 1977.

[152] DILWORTH S, SZAREK S. The cotype constant and almost Euclidean decomposition of finite dimensional normed spaces[J]. Israel J. Math,1985,52:82-96.

[153] ALDOUS D. Subspaces of L^1 via random measures[J]. Trans. Amer. Math. Soc,1981, 258: 445-463.

[154] DRURY S W. Remarks on von Neumann's inequality, in Banach spaces, Harmonic Analysis and Probability Theory[C]. Lecture Notes in Mathematics 995,Springer Verlag,1983.

[155] DUGUNDJI J. An extension of Tietze's theorem[J]. Pacific J. Math,1951,1:353-367.

[156]DUGUNDJI J. Topology[M]. Boston,1966.

[157]DUNFORD N,SCHWARTZ J. Linear operators[C]. vol. I,Interscience,New York,1958.

[158]DUREN P L. Theory of H_p-spaces[M]. Academic Press,New York,London,1970.

[159]DVORETZKY A. A Theorem on convex bodies and applications to Banach spaces[J]. Proc. Nat. Acad. Sci,1959,45:223-226.

[160] DVORETZKY A. Some results on convex bodies and Banach spaces[C]. In:Proc. Symp. Linear Spaces,Jerusalem,1961.

[161]DVORETZKY A,ROGERS C A. Absolute and unconditional convergence in normed linear spaces[J]. Proc. Nat. Acad. Sci,1950,36:192-197.

[162]EBERLEIN W F. Weak compactness in Banach spaces I[J]. Proc. Nat. Acad,1947,33:51-53.

[163] EDGAR G A. An ordering for the Banach spaces[J]. Pacific J. Math,1983,108:89-98.

[164]EDGAR G A. A noncompact Choquet theorem [J]. Proc. Amer. Math. Soc,1975,49(2):354-358.

[165]EDGAR G A. Extremal integral representations [J]. J. Funct. Anal,1976,23:145-161.

[166]EDGAR G A. Measurability in a Banach space [J]. Indiana Univ. Math. J,1977,26:663-677.

[167]EDGAR G A. Measurability in a Banach space II [J]. indiana Univ. Math. J,1979,28:559-579.

参考文献

[168] EDGAR G A. A long James space[C]. In: Measure theory, Oberwolfach 1979, D. Kolzow (editor), Lecture Notes in Mathematics 794, Springer-Verlag. 1980.

[169] EDGAR G A. Complex martingale convergence[C]. Lecture Notes in Mathematics V. 1166, Springer-Verlag-New York, 1985.

[170] EDGAR G A. Analytic martingale convergence[J]. J. Funct. Anal, 1986, 69: 258-280.

[171] EDGAR G A. Banach spaces with the analytic Radon-Nikodym property and compact Abelian groups[C]. 1988.

[172] EDGAR G A. Fractal dimension of self-affine sets: some examples[C]. In: Measure Theory, Oberwolfach conference, 1990.

[173] EDGAR G A, TALAGRAND M. Liftings of functions with values in a completely regular space[J]. Proc. Amer. Math. Soc, 1980, 78(3): 345-349.

[174] EDGAR G A, WHEELER R F. Topological properties of Banach spaces[J]. Pacific J. Math, 1984, 115: 317-350.

[175] ALEXANDROFF A D. On the theory of mixed volume of convex bodies[J]. Ⅰ. Math Sbornik 2(1937), 947-972. Ⅱ. Idem(1938): 1205-1238. Ⅲ. Idem 3(1938), 27-66. Ⅳ. Idem 3(1938): 227-251.

[176] ELTON J. Weakly null normalized sequences in

Banach spaces[D]. Doctoral thesis, Yale University,1978.

[177] ELTON J, ODELL E. The Unit ball of every infinite dimensional normed linear space contains a $(1+\varepsilon)$ −separated sequence.

[178] ENFLO P. A counterexample to the approximation property[J]. Acta Math,1973,130:309-317.

[179] ENFLO P. On Banach spaces which can be given an equivalent uniformly convex norm[J]. Israel J. Math,1972,13:281-288.

[180] ENFLO P, LINDENSTRAUSS J, PISIER G. On the three space problem[J]. Math. Scand,1975,36:199-210.

[181] ENFLO P, ROSENTHAL H P. Some results concerning $L^p(\mu)$-spaces[J]. J. Funct. Anal,1973,14:325-348.

[182] ETCHEBERRY A. Isomorphism of spaces of bounded continuous functions[J]. Studia Math,1975,53:103-127.

[183] FAN K. On the Krein-Milman theorem[J]. Proc. Sympos Pure Math,1963,7:211-219.

[184] FIGIEL T. On the moduli of convexity and smoothness[J]. Studia Math,1976,56:121-155.

[185] FIGIEL T. A short proof of Dvoretzky's theorem on almost spherical sections[J]. Compositio Math,1976,33:297-301.

[186] FIGIEL T. Local theory of Banach spaces and some operator ideals[J]. these Proceedings, 1984:961-976.

[187] FIGIEL T,JOHNSON W B. A uniformly convex Banach space which contains no l_p[J]. Compositio Math,1974,29:179-190.

[188] FIGIEL T,JOHNSON W B,TZAFRIRI L. On Banach lattices and spaces haveing local unconditional structure with applications to Lorentz function spaces[J]. J. Approximation Theory,1975,13:395-412.

[189] FIGIEL T,KWAPIEN S,PELCZYNSKI A. Sharp estimates for the constants of local unconditional structure of Minkowski spaces[J]. Bull. Acad. Polon. Sci. Ser. Sci. Math. Astr. et Phys,1977,25:1221-1226.

[190] FIGIEL T,LINDENSTRAUSS J,MILMAN V D. The dimension of almost spherical sections of convex bodies[J]. Acta Math,1977,139:53-94.

[191] FIGIEL T,FOIAS C,SINGER I. On bases in $C[0,1]$ and $L^1[0,1]$[J]. Rev. Roum. de Math. Pures et Appl,1965,10:931-960.

[192] FIGIEL T, TOMEZAK-JAEGERMANN N. Projections onto Hilbertian subspaces of Banach spaces[J]. Israel J. Math,1979,33:155-171.

[193] FORELLI F,RUDIN W. Projections on spaces

of holomorphic functions in balls[J]. Indiana Univ. Math. J,1976,24(6):593-602.

[194] FOURNIER J J F. An interpolation problem for coefficients of H_∞ functions[J]. Proc. Amer. Math. Soc,1974,42(2):402-407.

[195] GAMELIN T W, MARSHAL D E, YOUNIS R, et al. Function theory and M-ideals[J]. Arkiv för Matematik,1985,23(2):261-279.

[196] GAMLEN J L B, GAUDET R J. On subsequences of the Haar system in $L_p[0,1](1<p<\infty)$[J]. Israel J. Math,1973,15:404-413.

[197] GARLING D J H. Symmetric bases of locally convex spaces[J]. Studia Math,1968,30:163-181.

[198] GARLING D J H. Stable Banach spaces, random measures and Orlicz function spaces[J]. Lecture Notes in Mathematics 298, Springer-Verlag 1982:121-175.

[199] GARNAEV A, GLUSKIN E. On diameters of the Euclidean sphere[J]. Dokl. A. N. U. S. S. R, 1984,277:1048-1052.

[200] GHOUSSOUB N. Some remarks concerning G_δ-embeddings and semiquotient maps[C]. in: The Longhorn Seminar-The University of Texas at Austin,1982/1983.

[201] GHOUSSOUB N, GODEFROY G, MAUREY B, et al. Some topological and geometrical structures in Banach spaces[J]. Memoirs A-

mer. Math. Soc,1987,70:378.

[202] GHOUSSOUB N,MAUREY B. Counterexamples to several problems concerning G_δ-embeddings[J]. Proc. Amer. Math. Soc,1984,92:409-412.

[203] GHOUSSOUB N,MAUREY B. G_δ-embeddings in Hilbert space[J]. J. Funct. Anal,1985,61:72-97.

[204] GHOUSSOUB N,MAUREY B,SCHACHERMAYER W. A counterexample to a problem on points of continuity in Banach spaces[J]. Proc. Amer. Math. Soc,1987,99(2):278-282.

[205] GIESY D P,JAMES R C. Uniform non-l^1 and B-convex Banach spaces[J]. Studia Math,1973,48:61-69.

[206] GLUSKIN E D. Finite-dimensional analogues of spaces without basis[J]. Dokl. Akad,1981,216(5):1046-1050(Russian).

[207] GLUSKIN E D. The diameter of the Minkowski compactum is roughly equal to n[J]. Funct. Anal. Appl. ,1981,15:72-73.

[208] GLUSKIN E D. Probability in the geometry of Banach spaces[J]. (Russian)Proceedings of the I. C. M. Berkeley,U. S. A,1986,2:924-938.

[209] GOLDSTINE H H. Weakly complete Banach spaces[J]. Duke Math. J,1938,4:125-131.

[210] GOODNER D A. Projections in normed linear spaces[J]. Trans,1950,69:89-108.

[211] GORDON Y. On p-absolutely summing constants of Banach spaces[J]. Israel J. Math, 1969,7:151-163.

[212] GORDON Y. On Dvoretzky's theorem and extension of Slepian's lemma[J]. Israel J. Math, 1985,8:172-175.

[213] GORDON Y, Lewis D R. Absolutely summing operators and local unconditional structure[J]. Acta Math,1974,133:27-48.

[214] GOWERS W T. Ph. D. Thesis[D]. Cambridgt University,1990.

[215] GRAHAM R L, ROTHSCHILD B L, SPENCER J H. Ramsey Theory Wiley[M]. New York,1980.

[216] GROMOV M. On a geometric conjecture of Banach(in Russian)[J]. Izv. Akad. Nauk. SSSR. Ser. Mat,1967,31:1105-1114.

[217] GROTHENDIECK A. Produits tensoriels topologiques et espaces nucléaires[C]. Memoirs AMS 16,1955.

[218] GUERRE S, LAPRESTÉ J T. Quelques propriétés des espaces de Banach stables[J]. Israel J. Math,1981,39:247-254.

[219] GUERRE S, LEVY M. Espaces l^p dans les sous-espaces de L^1[J]. Trans. Amer. Math. Soc,1983,279:611-616.

[220] GURARII V I, KADEC M I, MACAEV V I. On the Banach Mazur distance between certain

Minkowski spaces[J]. Bull. Acad. Polon. Sci, 1965,13:719-722.

[221] HAAGERUP U. The best constants in the Khintchine inequality[J]. Studia Math, 1982, 70:231-283.

[222] HAGLER J N. A note on separable Banach spaces with nonseparable dual[J]. Proc. Amer. Math. Soc,1987,99:452-454.

[223]HARRELL R E,KARLOVITZ L A. Girths and flat Banach spaces[J]. Bull, 1970, 76: 1288-1291.

[224] HASHIMOTO, HIROSHI. On some local properties on spaces[J]. Math, 1952, 2: 127-134.

[225]HAVIN V P. Weak completeness of the space L^1/H_0^1[J]. Vestnik Leningrad. Univ,1973,13: 77-81(in Russian).

[226] HAYDON R. An extreme point critreion for separability of a dual Banach space and a new proof of a theorm of Corson[J]. Quart. J. Math,1976,27:378-385.

[227]HAYDON R,ODELL E,ROSENTHAL H. On Certain Classes of Baire-1 functions with applications to Banach space theory[J]. Bull. Soc. Math,1980,1470:235-249.

[228]HEINRICH S. Ultraproducts in Banach space theory[J]. Journal für die Reine und angew. Math,1980,313:72-104.

[229] HOFFMAN-JØRGENSEN J. Sums of independent Banach space valued Random variables [J]. Studia Math,1974,52:159-186.

[230] JAMES R C. Bases and reflexivity of Banach spaces[J]. Ann. Math,1950,52:518-527.

[231] JAMES R C. A non-reflexive Banach space isometric with its second conjugate[J]. Proc. Nat. Acad. Sci,1951,37:156-158.

[232] JAMES R C. Reflexivity and the supremum of linear functionals[J]. Ann. of Maths,1957,66: 159-169.

[233] JAMES R C. Weak compactness and reflexivity [J]. Israel J. of Maths,1964,2:101-119.

[234] JAMES R C. Uniformly non square Banach spaces[J]. Ann. of Maths,1964,80:542-550.

[235] JAMES R C. Super-reflexive spaces with bases [J]. Pacific J. of Maths,1972,41(2):409-419.

[236] JAMES R C. Some self-dual properties of normed linear spaces, Symposium on Infinite Dimensional Topology[J]. Annals of Math, 1972,69:159-175.

[237] JAMES R C. Super-reflexive Banach spaces[J]. Canadian J. of Maths,1972,24:896-904.

[238] JAMES R C. Non reflexive spaces of type 2[J]. Israel Journal of Maths,1978,30(1):1-13.

[239] JAMES R C. Projections in the space(m)[J]. Proc,1955,6:899-902.

[240] JAMES R C. Structure of Banach spaces, Ra-

don-Nikodym and other properties, in General topology and modern analysis, ed[M]. L. F. McAuley and M. M. Rao, Academic Press, 1981.

[241] JOHN F. Extremum problem with inequalites as subsidiary conditions[M]. Courant Anniversary Volume, Interscience, 1948.

[242] JOHNSON W B. A complementary universal conjugate Banach space and its relation to the approximation problem [J]. Israel J. Math, 1972,13(3):301-310.

[243] JOHNSON W B. Finite-dimensional Schauder decompositions in π_λ and dual π_λ-spaces[J]. Illinois J. Math, 1970, 14:642-647.

[244] JOHNSON W B. Banach spaces all of whose subspaces have the approximation property [C]. Seminaire d'Analyse Fonctionalle 1979/1980, exposé no 16, École Polytechnique, Paris.

[245] JOHNSON W B. On quotients of L_p which are quotients of l_p[J]. Compositio Math, 1977, 34(1):69-89.

[246] JOHNSON W B, LINDENSTRAUSS J, SCHECHTMAN G. On the relation between several notions of unconditional structure[J]. Israel J. Math, 1980, 37:120-129.

[247] JOHNSON W B, ROSENTHAL H. On ω^*-basic sequences and their applications to the study of Banach spaces[J]. Studia Math, 1972,

43:77-92.

[248] JOHNSON W B,ROSENTHAL H P,ZIPPIN M. On bases, finite dimensional decompositions and weaker structures in Banach spaces[J]. Israel J. Math,1971,9:77-92.

[249] JOHNSON W B,SCHECHTMAN G. On subspaces of L_1 with maximal distances to Euclidean space,Proceedings of Research Workshop on Banach space theory[J]. Univ. of Iowa,1981: 83-97.

[250] JOHNSON W B,SCHECHTMAN G. Embedding l_p^m into l_1^n[J]. Acta Math,1983,149:71-85.

[251] JOHNSON W B,SCHECHTMAN G,ZINN J. Best constants in moment inequalities for linear combinations of independent and exchangeable random variables[J]. Ann. Prob,1985,13:234-253.

[252] JOHNSON W B,YZAFRIRI L. Some more Banach spaces which do not have local unconditional structure[J]. Housion J. Math,1977,3:55-61.

[253] JOHNSON W B,ZIPPIN M. On subspaces of quotients of $(\sum G_n)_{l_p}$ and $(\sum G_n)_{c_0}$[J]. Israel J. Math,1973,13:311-316.

[254] JOHNSON W B,ZIPPIN M. Subspaces and quotient spaces of $(\sum G_n)_{l_p}$ and $(\sum G_n)_{c_0}$[J]. Israel J. Math,1974,17:50-55.

[255] KADEC M I. Unconditional convergence of se-

ries in uniformly convex spaces[J]. Uspehi Mat,1956,11:185-190(Russian).

[256] KADEC M I,MITYAGIN B S. Complemented subspaces in Banach spaces[J]. Usp. Mat. Nauk 28 (Russian). English translation: Russian Math,1973,28:77-95.

[257] KADEC M I,PELCZYNSKI A. Bases lacunary sequences and complemented subspaces in the space L_p[J]. Studia Math,1962,21.

[258] KADEC M I,SNOBAR M G. Certain functionals on the Minkowski compactum [J]. Mat, 1971,10:453-458.

[259] KALTON N,PECK T. Twisted Sums of Sequence Spaces and the Three Spaces Problem [J]. Trans. Amer. Math. Soc,1979,255:1-30.

[260] KASHIN B S. Diameters of some finite dimensional sets and of some classes of smooth functions[J]. Isv. Akad. Nauk SSSR Ser. Mat,1977, 41:334-351.

[261] KELLEY J L. Banach spaces with the extension property [J]. Translation of the American Math,1952,72(2):323-326.

[262] KISLYAKOV S V. The space of continuously differentiable functions on the torus has no local unconditional structure[J]. Mat,1973,10: 431-435.

[263] KOTTMAN C A. Subsets of the unit ball that are separeted by more than one [J]. Studia

Math,1975,53:15-27.

[264] KÖNIG H. Spaces with large projection constant[J]. Israel J. Math,1985,50:181-188.

[265] KÖNIG H,LEWIS D R,LIN P K. Finite dimensional projection constants [J]. Studia Math,1983,75:341-358.

[266] KÖNIG H,TZAFRIRI L. Some estimates for type and cotype constants [J]. Math. Ann, 1981,256:85-94.

[267] KRIVINE J L,MAUREY B. Espaces de Banach stables[J]. Israel J. Math,1981,39:273-295.

[268] KUNEN K,ROSENTHAL H P. Martingale proofs of some geometrical results in Banach space theory[J]. Pacific J. Math,1982,100:153-175.

[269] KWAPIEN S. Isomorphic characterizations of inner product spaces by orthogonal series with vector coefficients[J]. Studia Math,1972,44: 583-595.

[270] KWAPIEN S. A Theorem on the Rademacher series with vector coefficients [C]. Proc Int. Conf on Prob. in Banach Spaces,Lecture Notes in Math. vol. 526,Springer,1976.

[271] KWAPIEN S,PELCZYNSKI A. Absolutely summing operators and translation invariant spaces of functions on compact Abelian groups [J]. Math. Nachr,1980,94:303-340.

[272] LACEY H E. The isometric theory of classical

Banach spaces[C]. Springer-Verlag, Berlin-Heidelberg-New York, 1974.

[273] BENYAMINI Y, GORDON Y. Random factorization of operators between Banach spaces[J]. J. d'Anal. Math, 1981, 39:45-74.

[274] LEWIS D R. Ellipsoids defined by Banach ideal norms[J]. Math, 1979, 26:18-29.

[275] LEWIS D R, STEGALL C. Banach spaces whose duals are isomorphic to $l_1(\Gamma)$ [J]. J. Funct. Anal, 1973, 12:177-187.

[276] LINDENSTRAUSS J. On the modulus of smoothness and divergent series in banach spaces[J]. Michigan Math. J, 1963, 10:241-252.

[277] LINDENSTRAUSS J. A remark on $\mathscr{L}_1$-spaces [J]. Israel J. Math, 1970, 8:80-82.

[278] LINDENSTRAUSS J. A remark concerning projections is summability domains[J]. Amer. Math, 1963, 70:977-978.

[279] LINDENSTRAUSS J. On the extension of operators with range in a $C(K)$ space[J]. Proc, 1964, 15:218-225.

[280] LINDENSTRAUSS J. On a certain subspace of l_1[J]. Bull. Acad. Polon. Sci, 1964, 12:539-542.

[281] LINDENSTRAUSS J. A remark on extreme doubly stochastic measures[J]. Amer. Math, 1965, 72:379-382.

[282] LINDENSTRAUSS J. On complemented subspaces of m[J]. Israel J. Math, 1967, 5:153-156.

[283] LINDENSTRAUSS J. On James' paper "separable conjugate spaces"[J]. Israel J. Math, 1971,9:279-284.

[284] LINDENSTRAUSS J,PELCZYNSKI A. Absolutely summing operators in L_p spaces and their applications[J]. Studia Math,1968,29:275-326.

[285] LINDENSTRAUSS J,PELCZYNSKI A. Contributions to the theory of the classical Banach spaces[J]. J. Funct. Anal,1971,8:225-249.

[286] LINDENSTRAUSS J,ROSENTHAL H P. Automorphisms in c_0,l_1 and m[J]. Israel J. Math, 1969,7:227-239.

[287] LINDENSTRAUSS J,ROSENTHAL H P. The $\mathscr{L}_p$-spaces[J]. Israel J. Math,1969,7:325-349.

[288] LINDENSTRAUSS J,STEGALL C. Examples of separable spaces which do not contain l_1 and whose duals are non-separable[J]. Studia Math,1975,44:81-105.

[289] LINDENSTRAUSS J,SZANKOWSKI A. On the Banach-Mazur distance between spaces having an unconditional basis[C]. In: Proceedings of the Conference in honor of H. H. Schaefer, 1986.

[290] LINDENSTRAUSS J,TZAFRIRI L. The weak distance between Banach spaces with a symmetric basis[J]. Israel J. Math,1986,89(1): 189-204.

参考文献

[291] LINDENSTRAUSS J, TZAFRIRI L. On the complemented subspaces problem[J]. Israel J. Math,1971,9:263-269.

[292] LINDENSTRAUSS J, TZAFRIRI L. Classical Banach spaces I [C]. Springer-Verlag,1977.

[293] LINDENSTRAUSS J, TZAFRIRI L. Classical Banach space II [C]. Springer-Verlag,1979.

[294] LINDENSTRAUSS J, TZAFRIRI L. Classical Banach spaces [J]. Lecture Notes in Math, 1973,338.

[295] LORENTZ G G. Some new functional spaces [J]. Ann. of Math,1950,51:37-55.

[296] LOZANOVSKII G J. Banach structures and bases[C]. Funct. Anal. and its Appl,1967.

[297] LUSKY W. Every L_1-predual is complemented in a simplex space[J]. Israel J. Math,1988,64 (2):169-178.

[298] LUXEMBURG W A J. Banach function spaces [M]. Thesis,Assen,Netherland,1955.

[299] MANKIEWICZ P. Finite dimensional Banach spaces with symmetry constant of order $\sqrt{n}$[J]. Studia Math,1984,79:193-200.

[300] MATELIEVIC M, PAVLOVIC M. L_p-behaviour of the integral means of analytic functions [J]. Studia Math,1984,77:219-227.

[301] MAUREY B. Types and l_1-subspaces, Longhorn-Notes, Texas Funct [C]. Anal. Seminar, 1982-1983.

[302] MAUREY B, PISIER G. Séries de variables vectorielles indépendantes [J]. Studia Math, 1976, 58: 45-90.

[303] MAUREY B, ROSENTHAL H P. Normalized weakly null sequences with no unconditional subsequence[J]. Studia Math, 1977, 61: 77-78.

[304] MILMAN V D. A new proof of the theorem of A. Dvoretzky on sections of convex bodies[J]. Funkcional. Anal, 1971, 5: 28-37.

[305] MILMAN V D. Almost Euclidean quotient spaces of subspaces of finite dimensional normed spaces[J]. Proc. A. M. S, 1985, 94: 445-449.

[306] MILMAN V D. Random subspaces of proportional dimension of finite dimensional normed spaces[C]. Approach through the isoperimetric inequality, Banach Spaces, Proc. Missouri Conference 1984, Lecture Notes in Mathematics, Vol. 1166, Springer 1985.

[307] MILMAN V D. The geometric theory of Banach spaces, II [J]. Funk. Anal. Appl, 1971, 26: 73-149(Russian).

[308] MILMAN V D. Volume approach and iteration procedures in local theory of normed spaces [J]. Banach spaces, Proceedings, Missour 1984, edited by N. Kalton and E. Saab, Springer Lecture Notes, 1985, 1166: 99-105.

[309] MILMAN V D. Geometrical inequalities and

mixed volumes in the local theory of Banach spaces [J]. Colloque Laurent Schwartz. Astérisque. Soc. Math,1985,131:373-400.

[310] MILMAN V D. Random subspaces of proportional dimension of finite dimensional normed spaces:Approach through the isoperimetric inequality[J]. Proceedings, Missouri 1984, edited by N. Kalton and E. Saab. Springer Lecture Notes,1985,1166:106-115.

[311] MILMAN V D. The concentration phenomenon and linear structure of finite dimensional normed spaces[J]. Proceedings of the I. C. M. Berkeley,U. S. A,1986,2:961-974.

[312] MILMAN V D. Isomorphic symmetrizations and geometric inequalities[J]. GAFA. (Israel Functional Analysis Seminar) 86/87. Springer Lecture Notes,1988,1317:107-131.

[313] MILMAN V D. Entropy point of view on some geometric inequalities [J]. Comptes Rendus Acad. Sci,1988,306:611-615.

[314] MILMAN V, PAJOR A. Isotropic position and centroid body of the unit ball of a n-dimensional normed space. GAFA[J]. Israel Functional Analysis Seminar. Springer Lecture Notes,1980,1376:64-104.

[315] MILMAN V D, PISIER G. Banach spaces with a weak cotype 2 property[J]. Israel J. Math,1986,54:139-158.

[316] MILMAN V D, SCHECHTMAN G. Asymptotic theory of finite dimensional normed spaces [C]. Springer Lecture Notes, 1986.

[317] MILUTIN A A. Isomorphisms of spaces of continuous functions of compacta of power continuum[J]. Tieoriea Funct. (Kharkow), 1966, 2: 150-156(Russian).

[318] MITYAGIN B S, PELCZYNSKI A. Nuclear operators and approximative dimension [J]. Proc. of ICM, 1966: 366-372.

[319] ALFSEN E M. Compact convex sets and boundary integrals[C]. Erg. der Math. 57, Berlin, 1971.

[320] NACHBIN L. A theorem of the Hahn-Banach type for linear transformations [J]. Trans, 1950, 68: 28-46.

[321] NASH-WILLIAMS C. On well quasi-ordering transfinite sequences[J]. Proc. Cambridge Phil. Soc, 1965, 61: 33-39.

[322] NEWMAN D J. Pseudo-uniform convexity in H^1 [J]. Proc. Amer. Math. Soc, 1963, 14: 676-679.

[323] NÖRDLANDER G. The modulus of convexity in normed linear spaces[J]. Arkiv. Mat. , 1960, 4: 15-17.

[324] ODELL E. On complemented subspaces of $(\sum l_2)_{l_p}$ [J]. Israel J. Math, 1976, 23(3): 353-367.

[325] ODELL E. Applications of Ramsey theorems to Banach space theory[J]. In: H. Elton Lacey (ed.), Notes in Banach spaces, 1980: 379-404.

[326] ODELL E. A normalized weakly null sequence with no shrinking subsequence in a Banach space not containing l^1 [J]. Compositio Mathematica, 1980, 41: 287-294.

[327] ODELL E, ROSENTHAL H P. A double dual characterization of separable Banach spaces containing l_1 [J]. Israel J. Math, 1975, 20: 375-384.

[328] ODELL E, ROSENTHAL H, SCHLUMPRECHT T. On distorted norms in Banach spaces and the existence of l_p-types.

[329] PAJOR A. Quotient volumique et espaces de Banach de type 2 faible[J]. Israel J. Math, 1987, 57: 101-106.

[330] PAJOR A. Sous-espaces l_n^1 des Espaces de Banach[C]. Travaux en cours, Hermann, Paris, 1986.

[331] PAJOR A, TOMCZAK-JAEGERMANN N. Subspaces of small codimension of finite dimensional Banach spaces[J]. Proc. Amer. Math. Soc, 1986, 97: 637-642.

[332] PALEY R E. A remarkable series of orthogonal functions[J]. Proc. London Math. Soc, 1932, 34: 241-264.

[333] PELCZYNSKI A. A generalization of Stone's

theorem on approximation[J]. B. A. Polon, Sci, 1957,5:105-107.

[334] PELCZYNSKI A. On the isomorphism of the spaces m and M[J]. B. A. Polon. Sci, 1958,6: 695-696.

[335] PELCZYNSKI A. A connection between weakly unconditional convergence and weak completeness of Banach spaces[J]. Bull. Acad. Polon. Sci, 1958,6:251-253.

[336] PELCZYNSKI A. Projections in certain Banach spaces[J]. Studia Math, 1960,19:209-228.

[337] PELCZYNSKI A. On the impossibility of embedding of the space L in certain Banach spaces [J]. Colloq. Math, 1961,8:199-203.

[338] PELCZYNSKI A. On the universality of certain Banach spaces(Russian)[J]. Vestnik Leningrad Univ, 1962,17(13):22-29.

[339] PELCZYNSKI A. Banach spaces on which every unconditionally converging operator is weakly compact[J]. Bull. Acad. Pol. Sci. serie math. astr. phys, 1962,10:265-270.

[340] PELCZYNSKI A. A proof of the Eberlein-Smulian theorem by an aplication of basic sequences [J]. Bull. Acad. Pol. Sci. serie math. astr. phys, 1964,12:543-548.

[341] PELCZYNSKI A. Linear extensions, linear averagings and their applications to linear topological classification of spaces of continuous func-

tions[J]. Dissertations Math,1968,58:1-92.

[342]PELCZYNSKI A. On $C(S)$-subspaces of separable Banach spaces[J]. Studia Math,1968,31: 513-522.

[343]PELCZYNSKI A. On Banach spaces containing $L_1(\mu)$[J]. Studia Math,1968,30:231-246.

[344]PELCZYNSKI A. Sur certainès proprietes isomorphiques nouvelles des espaces de Banach de functions holomorphes A et $H^{(x)}$ [J]. C. R. Acad. Sci. Paris Sér,1974,279:9-12.

[345]PELCZYNSKI A. All separable Banach spaces admit for every $\varepsilon > 0$ fundamental total biorthogonal system bounded by $1+\varepsilon$[J]. Studia Math,1976,55:295-304.

[346] PELCZYNSKI A. Banach spaces of analytic functions and absolutely summing operators, Regional conference series in mathematics[C]. Vol. 30 Amer. Math. Soc,1977.

[347] PELCZYNSKI A. Geometry of finite dimensional Banach spaces and operator ideals[M]. Notes in Banach Spaces,edited by E. Lacey,University of Texas Press,1981.

[348] PELCZYNSKI A. An analogue of the F. and M. Riesz theorem for spaces of differentiable functions[M]. in Contemporary Mathematics Vol. 85,American Mathematical Society,Providence R. I,1989.

[349]PELCZYNSKI A,BESSAGA C. Some Aspects

of the Present Theory of Banach Spaces[J]. In: Stefan Banach, Oeuvres, Volume Ⅱ, Warszawa,1979:220-302.

[350] PELCZYNSKI A, ROSENTHAL H P. Localisation techniques in L_p-spaces [J]. Studia Math,1975,52:263-289.

[351] PELCZYNSKI A, SCHÜTT C. Factoring the natural injection $l^{(n)}: L_n^\infty \to L_{(x)}^1$ through finite dimensional Banach spaces and geometry of finite dimensional unitary ideals[J]. Advances in Math., Supplementary Studies, 1981, 79: 653-682.

[352] PELCZYNSKI A, SEMADENI Z. Spaces of continuous functions Ⅲ [J]. Studia Math,1959, 18:211-222.

[353] PELCZYNSKI A, SUDAKOV V N. Remark on non-complemented subspaces of the space m (S)[J]. Colloq. Math,1962,9:85-88.

[354] PELCZYNSKI A, SZLENK W. An example of a non-shrinking basis[J]. Rev. Roumaine Math. Pures et Appl,1965,10:961-966.

[355] PIETSCH A. Operator Ideals[C]. VEB Deutscher Verlag der Wissenschaften,Berlin,1978.

[356] PISIER G. Some results on Banach spaces without local unconditional structure[J]. Compositio Math,1975,37:3-19.

[357] PISIER G. Martingales with values in uniformly convex spaces[J]. Israel J. Math,1975,20:

326-350.

[358] PISIER G. Sur les espaces de Banach K-convexes[C]. Séminaire d' Analyse Fonctionnelle, Ecole Polytechnique. Palaiseau,1979.

[359] PISIER G. Un théorème sur les opérateurs linéaires entre espaces de Banach qui se factorisent par un espace de Hilbert[J]. Ann. Scient. Ec. Norm. Sup,1980,13:23-43.

[360] PISIER G. Remarques sur un résultat non publié de B. Maurey[C]. Sém. d' Anal. Fonctionnelle,Ecole Polytechnique,Paris,1980.

[361] PISIER G. Holomorphic semi-groups and the geometry of Banach spaces[J]. Ann. Math, 1982,115:375-392.

[362] PISIER G. Quotients of Banach spaces of cotype q[J]. Proc. A. M. S,1982,85:32-36.

[363] PISIER G. On the dimension of the l_p^n-subspaces of Banach spaces, for $1 \leqslant p < 2$[J]. Trans. A. M. S,1983,276:201-211.

[364] PISIER G. Counterexamples to a conjecture of Grothendieck[J]. Acta Math, 1983, 151: 181-208.

[365] PISIER G. Factorization of Linear Operators and the Geometry of Banach Spaces,CBMS Regional Conf[C]. Series in Math. ,1986.

[366] PISIER G. Probabilistic methods in the geometry of Banach spaces[J]. CIME. Varenna,1985, Springer Lecture Notes,1986,1206:167-241.

[367] PISIER G. Probabilistic methods in the geometry of Banach spaces[J]. CIME. Varenna,1985, Springer Lecture Notes,1986,1206:167-241.

[368] PISIER G. Factorization of linear operators and geometry of Banach spaces[C]. CBMS Regional Conference Series, 1986, 60: 1-154. (Second printing with corrections,1987).

[369] PISIER G. Weak Hilbert spaces[J]. Proc. London Math. soc,1988,56:547-579.

[370] PISIER G. The volume of convex bodies and Banach space geometry[C]. Cambridge Tracts in Mathematics 94,1989.

[371] RAYNAUD Y. Deux nouveaux examples d'espaces stables[J]. C. R. Acad. Sci. Paris, 1981, 272(1):715-717.

[372] RAYNAUD Y. Espaces de Banach superstables, distances stables et homéomorphisms uniformes[J]. Israel J. Math,1983,44:33-52.

[373] RAYNAUD Y. Some remarks on uttrapowers and superproperties of the sum and interpolation spaces of Banach spaces[J]. Israel J. Math, 1984,37:31-36.

[374] ROGERS C A,SHEPHARD C. The difference body of a convex body[J]. Arch. Math,1957, 8:220-233.

[375] ROSENTHAL H P. On quasi-complemented subspaces of Banach spaces [J]. Proc. Nat. Acad, Sci,1968,59:361-368.

[376] ROSENTHAL H P. On complemented and quasi-complemented subspaces of quotients of $C(S)$ for Stonian S[J]. Proc. Nat. Acad. Sci, 1968,60:1165-1169.

[377] ROSENTHAL H P. Some linear topological properties of L^∞ of a finite measure space[J]. Bull,1969,75:798-809.

[378] ROSENTHAL H P. On injective Banach spaces and the spaces $C(S)$[J]. Bull,1969,75:824-828.

[379] ROSENTHAL H P. On quasi-complemented subspaces of Banach spaces. with an appendix on compactness of operators from $L^p(\mu)$ to $L^r(v)$[J]. J. Functional Analysis,1969,4:176-214.

[380] ROSENTHAL H P. On injective Banach spaces and the spaces $L^\infty(\mu)$ for finite measures μ[J]. Acta Math,1970,124:205-248.

[381] ROSENTHAL H P. On the subspaces of L^p ($p>2$) spanned by sequences of independent random variables[J]. Israel J. Math,1970,8:273-303.

[382] ROSENTHAL H P. On factors of $C[0,1]$ with non-separable Dual[J]. Israel J. Math,1972,13:361-378.

[383] ROSENTHAL H P. On subspaces of L^p[J]. Ann. of Math,1973,97:344-373.

[384] ROSENTHAL H P. A characterization of Ba-

nach spaces containing l^1[J]. Proc. Nat. Acad. Sci,1974,71:2411-2413.

[385]ROSENTHAL H P. On a theorem of J. L. Krivine concerning block finite-representability of l^p in general Banach spaces[J]. J. Funct. Anal,1978,28:197-225.

[386]ROSENTHAL H P. Some recent discoveries in the isomorphic theory of Banach spaces[J]. Bull. Amer. Math. Soc,1978,84:803-831.

[387]ROSENTHAL H P. Double dual types and the Maurey characterization of Banach spaces containing l^1[J]. Longhorn Notes. The University of Texas Functional Analysis Seminar,1983:3-37.

[388]ROSENTHAL H P. The unconditional basic sequence problem [J]. Contemporary Math,1986,52:70-88.

[389] ROSENTHAL H P. Weak*-Polish Banach spaces[J]. J. Funct. Anal,1988,76:267-316.

[390]RUDIN W. Spaces of type $H^\infty + C$[J]. Annales de l' Institut Fourier,1975,15(1):99-125.

[391] SCHECHTMA N G. A tree-like Tsirelson space[J]. Pacific J. Math,1979,83:523-530.

[392]SCHECHTMA N G. Levy type inequality for a class of metric spaces[J]. Martingale Theory in Harmonic Analysis and Banach Spaces,Springer-Verlag,1981:211-215.

[393]SCHECHTMA N G. Random embedding of eu-

clidean spaces in sequence spaces[J]. Israel J. Math,1981,40:187-192.

[394] SCHECHTMA N G. Fine embeddings of finite dimensional subspaces of L_p, $1 \leqslant p < 2$, into l_1^m [J]. Proc. A. M. S,1985,94:617-623.

[395] SCHECHTMA N G. Fine embeddings of finite dimensional subspaces of L_p, $1 \leqslant p < 2$[C]. into finite dimensional normed spaces Ⅱ, Longhorn Notes,Univ. of Texax,1984/85.

[396] SCHLUMPRECHT T. An arbitrarily distortable space[J]. Israel J. Math,1991,76(1):81-95.

[397] SCHONEFELD S. Schauder bases in the Banach spaces $C^k(T^q)$[J]. Trans. Amer. Math. Soc,1972,165:309-318.

[398] SEMADERNI Z. Banach spaces of continuous functions[M]. Polish Scientific Publisher,Warszawa,1971.

[399] SINGER I. Basic sequences and reflexivity of Banach spaces[J]. Studia Math,1962,21:351-369.

[400] SINGER I. w^*-bases in conjugate Banach spaces Ⅱ[J]. Rev. Math. Pures et Appl,1963,8:575-584.

[401] SINGER I. Bases in Banach spaces Ⅰ[C]. Springer Verlag,Berlin,1970.

[402] SINGER I. Bases in Banach spaces Ⅱ[C]. Springer Verlag,Berlin,1981.

[403] STROMQUIST W. The maximum distance between two dimensional spaces [J]. Math. Scand, 1981, 48: 205-225.

[404] SZANKOWSKI A. On Dvoretzky's theorem on almost spherical sections of convex bodies[J]. Israel J. Math, 1974, 17: 325-338.

[405] SZANKOWSKI A. A Banach lattice without the approximation property[J]. Israel J. Math, 1976, 24: 229-337.

[406] SZANKOWSKI A. Subspaces without approximation property[J]. Israel J. Math, 1978, 30: 123-129.

[407] SZANKOWSKI A. $B(H)$ does not have the approximation property [J]. Acta Math, 1981, 147: 89-108.

[408] SZAREK S. On the best constants in the Khintchine inequality[J]. Studia Math, 1976, 58: 197-208.

[409] SZAREK S. A Banach space without a basis which has the bounded approximation property [J]. Acta Math, 1987, 159: 1-2, 81-98.

[410] SZAREK S. The finite-dimensional basis problem with an appendix on nets of Grassman manifold[J]. Acta Math, 1983, 151: 153-179.

[411] SZLENK W. On weakly convergent sequences in Banach spaces [J]. Studia Math, 1970, 38: 449-450.

[412] TALAGRAND M. La structure des espaces de

Banach réticules ayant la propriété de Radon-Nikodym[J]. Israel J. Math,1983,44:213-220.

[413] TALAGRAND M. Pettis integral and measure theory[J]. Memoirs of A. M. S,1984,51:307.

[414] TOMCZAK-JAEGERMANN N. A remark on (s, t)-absolutely summing operators in L_p-spaces[J]. Studia Math,1970,35:97-100.

[415] TOMCZAK-JAEGERMANN N. The weak distance between finite-dimensional Banach spaces [J]. Math. Nach,1984,119:291-307.

[416] TOMCZAK-JAEGERMANN N. Banach-Mazur Distances and Finite Dimensional Operator Ideals[D]. Pitman,1988.

[417] TORCHINSKY A. Real-variable methods in harmonic analysis[M]. Academic Press,1986.

[418] TRIEBEL H. Interpolation Theory, Function Spaces, Differential Operators[C]. VEB Deutscher Verlag der Wissenschaften, Berlin & North-Holland Publishing Company,1978.

[419] TSIRELSON B. Not every Banach space contains l_p or c_0 [J]. Funct. Anal. and Its Appl, 1974,8:138-141(translated from Russian).

[420] TZAFRIRI L. An isomorphic characterization of L_p and c_0 spaces[J]. Studia. Math,1969,31: 195-304.

[421] TZAFRIRI L. An isomorphic characterization of L_p and c_0 spaces, II [J]. Mich. Math. J, 1971,18:21-31.

[422] TZAFRIRI L. Reflexivity in Banach lattices and their subspaces[J]. J. Funct. Anal,1972,10:1-18.

[423] ULLRICH D C. Khinchin's inequaltiy and the zeros of bloch functions[J]. Duke Math. J, 1988,52(2):519-535.

[424] CALDIVIA M. Shrinking bases and Banach spaces Z^{**}/Z[J]. Israel J. Math,1988,62(3): 347-354.

[425] VAN DULTS D. Reflexive and super-reflexive Banach spaces[C]. Tract 102,Math. Centrum, Amsterdam,1982.

[426] WHITLEY R. Projecting m onto c_0[J]. Amer. Math,1966,73(3):285-286.

[427] WHITLEY R. An elementary proof of the Eberlein-Smulia theorem[J]. Math,1967,172: 116-118.

[428] WOJTASZCZYK P. Decompositions of H_p-spaces[J]. Duke Math. J,1979,3(46):635-644.

[429] WOJTASZCZYK P. On projections in spaces of bounded analytic functions[J]. with applications,Studia Math,1979,65:147-173.

[430] WOJTASZCZYK P. The Frankin system in an unconditional basis in H^1[J]. Arkiv för Matematik,1982,20:293-300.

[431] WOJTASZCZYK P. Hardy spaces on the complex ball are isomorphic to Hardy spaces on the disc,$1 \leqslant p < \infty$[J]. Ann. of Math,1983,118:

21-34.

[432] WOJTASZCZYK P. Banach spaces for analysis [M]. 1990.

[433] TZAFRIRI L. On the type and cotype of Banach spaces[J]. Israel J. Math,1979,32:32-38.

[434] ZIPPIN M. A remark on bases and reflexivity in Banach spaces[J]. Israel J. Math,1968,6:74-79.

[435] ZIPPIN M. On some subspaces of Banach spaces whose duals are L_1-spaces[J]. Proc. Amer. Math. Soc,1969,23:378-385.

[436] ZIPPIN M. The separable extension problem [J]. Israel J. Math,1978,26:372-387.

[437] ZIPPIN M. Banach spaces with separable duals [J]. Trans. Amer. Math. Soc,1988,301(1):371-379.

[438] ZYGMUND A. Trigonometric series vol I and II [M]. Second edition, Cambridge University Press,1968.

编辑手记

经济学家陈志武说:区分一个国家学术领域水平高低的最好方式,就是把这个学科最顶尖的学报跟民间的大众刊物做比较.如果学报上文章的内容和可读性跟大众刊物没太大差别的话,就说明这个学科在这个国家并没有真正成为一门专业性的学问.

对数学而言目前在中国恰恰是现象相同但结论恰恰相反.即学报上的文章很专业,而一些科普的文章也挺"专业",没太大区别,但数学在中国已是一个相当成熟的专业了.所以科普要加强.本书要介绍的是一个泛函分析中的定理.要介绍泛函分析当然要选择以顶尖高手命名的定理.那么谁才可以称得

上是一流高手呢？比较省事的办法是翻开一本权威的大百科查相应词条. 笔者手边恰好有日本岩波书店出版的《数学百科辞典》，是由日本数学会编的. 翻开查泛函分析分支，发现只有四个以数学家命名的词条. 一个是 Hilbert 空间；一个是 Banach 空间；还有一个是 Banach 代数和 Von Neumann 代数. 这三个人都是巨头，但 Banach 出现了两次，所以虽不能以此断言；Banach 是泛函分析第一人. 但据此断定其在泛函分析领域的超一流地位应该是没有争议的. 其实这样的排名问题在所有领域都类似.

1987 年，日本"围棋俱乐部"征求 6 位超一流棋手加藤正夫、武宫正树、林海峰、赵治勋、小林光一、大竹英雄的意见：谁是围棋史上最强者？赵、林、武宫、加藤 4 人异口同声地回答说是吴清源. 小林和大竹则认为，历代的高手们处在不同的年代，要做比较是很困难的. 如果非要问谁最强，大致可以列举 3 位：道策、秀策、吴清源.

本书的许多章节都摘引了大量名家名著. 原因是这样的，与社会领域不同，在数学中一定是少数人即名家说了算.

在 2015 年 4 月的《数学教育学报》(Vol 24. No 2) 上的"专家访谈"栏目是王尚志和胡典顺访谈齐民友的. 题目为"齐民友先生对数学教育若干问题的看法"，其中谈道：对于复数，i 算不算虚数？0 算不算实数？0i 算不算虚数？现在的有些教材，用很大力气来论证 0i 不是纯虚数，其实讲得很牵强，可能是有人认为，虚数就要虚. 0i＝0，0 是"实实在在"的，所以不能算是虚数. 后来我查到阿尔福斯的一本复分析函数书. 作者是

Banach 压缩不动点定理

复分析领域大家,他就明明白白说 0i 是纯虚数,而且只有它即是实数,又是虚数.

显然,如果 0 不是虚数,那么虚轴与实轴就没有交点,没有交点还好办,但把它旋转之后,那么所有直线都断了,两条直线可以有一个交点,难道这个交点只能算是一条直线上的点,不能算是另一条直线上的点?后来我跟中学教师谈这个问题,高斯从不讲虚数,只讲复数.他认为虚数不虚,虚数是实实在在的,所以像这样的问题,也不知是以什么地方什么时候就传下来说 0i 不是纯虚数.

齐民友先生在国内可称得上是大家了,即便如此他也还要引证更大的专家所述才安心,以至有句名言叫:要向大师学习,而不是向大师的学生学习.

本书的理想读者应该是大中学生.但中学生都在忙于中高考.所以只会有那些少数学有余力的精英学生会在课外阅读.而大学生大多受就业难的困扰,在考各种实用证书.只有那些真正对数学感兴趣,将数学视为终身事业的执着型学生会去图书馆找来阅读.所以现实中最有可能购买本书的是优秀的中学数学教师和社会上的数学爱好者.前者是因为现今社会给了他们将所学数学知识变现的平台,所以他们有动力学习更多更深的数学知识.后者是因为热爱数学.现代社会人们的心理状态复杂异常,充满悖论,美国心理学家莱斯丽·法布尔(Leslie Farber)说:"我可以意欲知识,但无法意欲智慧;我可以上床,但无法入睡;可以想吃,但不能想饿;可以阳奉阴违,但不谦卑;可以装腔作势,但没有美德;可以耍威风,但并不勇敢;可以有情欲,但不是爱;可以是怜悯,但不是同情;可以祝贺,但不佩服;

可以有宗教,但无信仰;可以阅读,但不理解."

爱知识但得不到智慧.想阅读但无法理解的时候太多了,但这仍然是值得鼓励的.因为只有爱知识才有可能得到智慧,只有想阅读才有可能理解,不爱不想就一点可能性都没有.

当然数学对于公众来讲一是门槛太高;二是内容太丰富.爱因斯坦曾说他之所以没有选择搞数学是因为数学中随便一个问题都可能耗费其一生,就以不动点为例.随便一搜便会出来一堆与之相关定理.

对于从空间 X 到 X 自身的映射 f,满足 $f(x)=x$ 的点 $x\in X$,称为 f 的不动点(fixed point).在 X 是拓扑空间,f 是连续映射的情形,关于不动点的存在性已经得到各种定理.

多面体的不动点定理　1)Brouwer 不动点定理.设 X 为单形 $|\sigma^n|$,则任意的连续映射 $f:|\sigma^n|\to|\sigma^n|$ 至少具有一个不动点.称之为 Brouwer 不动点定理.

2)Lefschetz 不动点定理.设 f 为有限多面体 $|K|$ 映到自身的连续映射,$H_p(|K|)$ 为 $|K|$ 的 p 维整系数同调群,$T_p(|K|)$ 为其挠子群,令 $B_p(|K|)=H_p(|K|)/T_p(|K|)$.由于 f 自然诱导出 $B_p(|K|)$ 的自同态 f_*,设其迹为 α_p,则整数 $\Lambda_f=\sum_{p=0}^{n}(-1)^p\alpha_p$ 称为 f 的 Lefschetz 数(Lefschetz number).对于 $g:|K|\to|K|$,如果 $f\simeq g$(同伦)则 $\Lambda_f=\Lambda_g$.如果 $\Lambda_f\neq 0$,则 f 至少具有一个不动点.称之为 Lefschetz 不动点定理.$\Lambda_f\neq 0$ 是不动点存在的充分条件,而非必要条件.Brouwer 不动点定理可由这个定理立即推出.且如果 $f\simeq 1_{|K|}$(恒等映射),则 α_p 等于 $|K|$ 的

Betti 数,且 $\Lambda_f=\chi(|K|)$(Euler 示性数).因此,如果 $\chi(|K|)\neq 0, f\simeq 1_{|K|}$,则 f 至少具有一个不动点.

3) Lefschetz 数与不动点指数.对于同维数(有限)多面体 $|K|$ 及连续映射 $f:|K|\to|K|$,则可取连续映射 $g:|K|\to|K|$ 同伦于 f,且 g 只具有孤立不动点 $q_i(i=1,\cdots,r)$,每个 q_i 是 K 的 n 维单形的内点.这时 f 在孤立不动点 q_i 的局部映射度 λ_i,称为 f 的不动点指数(fixed point index).这时 $J_f=\sum_{i=1}^{r}\lambda_i=(-1)^n\Lambda_f$.

4) 连续向量场的奇点.设 F 为微分流形 X 上的连续向量场 $p\to x_p$,即使得 X 上每点 p 对应于点 p 的切向量 x_p.使得向量 $x_p=0$ 的点 p 称为 F 的奇点.X 上的连续向量场 F 以自然的方式诱导出从 X 到 X 的连续映射 f,且 $f\simeq 1_X$(恒等映射).这时 F 的奇点对应于 f 的不动点.当 F 只具有孤立奇点 q 时,F 在 q 的奇点指数等于 f 的不动点指数.所以当 X 紧时,则 X 上连续向量场 F 的奇点的指数之和等于 Euler 示性数 $\chi(X)$.特别是 X 上存在无奇点的连续向量场的充分必要条件是 $\chi(X)=0$(Hopf 定理).

5) Poincaré-Birkhoff 不动点定理.在特殊的情形,即使 $\Lambda_f=0$ 成立,加解析条件也能证明不动点存在.用平面上极坐标 (r,θ),对于圆环 $X=\{(r,\theta)\alpha\leqslant r\leqslant\beta\}$ 及同胚 $f:X\to X$;i) 在圆周 $r=\alpha$ 上,$f(\alpha,\theta)=(\alpha,g(\theta))(g(\theta)<\theta)$;ii) 在圆周 $r=\beta$ 上,$f(\beta,\theta)=(\beta,h(\theta))(h(\theta)>0)$;iii) 存在 X 上的连续函数 $\rho(r,\theta)$ 在 X 内部取正值且 $\iint_D\rho(r,\theta)\mathrm{d}r\mathrm{d}\theta=\iint_{f(D)}\rho(r,\theta)\mathrm{d}r\mathrm{d}\theta$(即在映射 f 下的 X 上的不变测度存在).如果上述条件满

足,则 f 至少具有两个不动点. 这个定理是 H. Poincaré 为了应用到限制三体问题而作的猜想,后为 G. D. Birkhoff(1913) 所证明, 因此叫作 Poincaré-Birkhoff 不动点定理或 Poincaré 最后定理(the last theorem of Poincaré).

6) M. F. Atiyah 和 R. Bott 把 Lefschetz 不动点定理推广到包括椭圆复形(→K 理论) 的情形,讨论紧微分流形及横截的微分映射. 这个推广使得不动点定理应用到各种研究领域.

无限维空间的不动点定理 Birkhoff 及 O. D. Kellogg(Trans. Amer. Math. Soc. ,23(1922)) 把 Brouwer 不动点定理推广到函数空间的情形,并且应用于证明微分方程解的存在性. 由此引进研究函数方程的一个新方法. J. P. Schauder 得到定理"设 A 为 Banach 空间中的凸闭集,如果 A 在连续映射 T 下的象 $T(A)$ 是可数紧的,且 $T(A) \subset A$,则 T 具有不动点." 这称为 Schauder 不动点定理.

A. Тихонов 推广了 Brouwer 的结果;证明了"设 R 为局部凸拓扑线性空间,A 为 R 的紧凸集,在 A 上定义且在 A 中取值的连续映射 T 至少有一个不动点." 把这个 Тихонов 不动点定理应用于在 m 维 Euclid 空间 E^m 上定义并在 E^k 上取值(k 不一定等于 m)的连续函数所构成的函数空间 R,可用来证明微分方程解的存在定理. 例如求满足初始条件 $y(x_0) = y_0$,$dy/dx = f(x,y)$ 的解, 就不外乎求映射 $y \to F(y) = y_0 + \int_{x_0}^{x} f(t,y(t))dt$ 的不动点 $y(t)$. 我们就能用 Тихонов 定理来证明其存在性. 在应用于函数方程方面,关于集合 A 及象 $T(A)$ 的假定,Schauder 不动点定理的形式比 Тихонов 定理更便于应用.

为了应用方便,把拓扑的术语用函数族的术语来表现有下列定理."设 D 为 n 维 Euclid 空间的点集,$\mathscr{F}$ 为 D 上的连续函数族,T 为把 $f \in \mathscr{F}$ 对应到 $Tf \in \mathscr{F}$ 的映射,满足下列条件:i) 如果 $f_1, f_2 \in \mathscr{F}, 0 < \lambda < 1$,则 $\lambda f_1 + (1-\lambda) f_2 \in \mathscr{F}$;ii) 设 $f_k \in \mathscr{F}$,如果 D 上的函数列 $\{f_k\}$ 广义(即在任意紧集上)一致收敛于 f,则 $f \in \mathscr{F}$;iii) 设 $f_k \in \mathscr{F}$,如果 D 上的函数列 $\{f_k\}$ 广义一致收敛于 f,则 D 上函数列 $\{Tf_k\}$ 也广义一致收敛于 Tf;iv) $\mathscr{F}$ 在 T 的象 $T(\mathscr{F})$ 是 D 上正规函数族.则存在 $f \in \mathscr{F}$,使 $f = Tf$."

更一般情形,拓扑线性空间 R 中,把 R 的点 x 对应于 R 的闭凸集 $T(x)$ 的映射 T,满足 $x \in T(x)$ 的点 x 叫作 T 的不动点. 映射 T 称为在 a 半连续 (semi-continuous),如果 $x_n \to a, y_n \in T(x_n), y_n \to b$,则 $b \in T(a)$. 有限维 Euclid 空间的有界闭凸集 K 到自身的半连续映射 T 如果满足 $T(x) \subset K$,则不动点存在. 称之为角谷不动点定理.樊畿把这个结果更进一步推广到局部凸线性拓扑空间的情形.

这些还只是与拓扑学有关的不动点定理.如果再算上组合学、概率空间上的不动点定理那将是相当壮观.英文版图书中就有多卷本的著作专门讲不动点理论的.本套书中关于不动点的还有几本也即将出版.

至于有朋友担心这种如此小众的图书的效益状况.恰好刚看到了《经济观察报》上由评论员陶舜写的一篇题为"一个人的日本车站"的启示的文章

在春寒料峭之际,我们遇见一个温暖的故事.

编辑手记

据报道,日本著名的"一个人的车站"终于关闭了,北海道JR石北线旧白泷车站3月26日正式关闭,不少民众自发前去进行最后的告别.此前该站的唯一乘客是高三女生原田华奈,因为乘客极少,铁路公司曾打算半闭车站,但当地居民纷纷要求至少运营到原田毕业为止.3月1日,原田华奈乘车去学校参加了毕业式,这个车站的"临终使命"也算圆满完成了,那一天,人们目送原田,一边挥手一边说:路上小心啊……

这个感人的故事今年年初在网上流传时,曾被一些审慎的网民质疑其真实性.当时腾讯新闻的《较真》栏目经过详细考证后得出结论,"一个人车站"的故事基本属实.日本媒体在报道中称,原田华奈是旧白淹站"唯一的定期乘客",虽然车站难说是特意因女孩毕业才关闭,但车站的留存确实考虑到了女孩上学的因素.温情的宫崎骏式故事的背后,体现了日本人对孩子的关爱、对教育的重视.

"一个人的车站"一定程度上折射出日本的民意与铁路公司之间是怎样通过良性互动,进而在商业与公益之间做出抉择的.今天我们回顾这个历程,由于多个利益相关方都较好地理解了"以人为本",使得这个结局既审慎又美好,闪耀着人性的光辉.

有人说车站为女孩保留了三年,尽管该说法尚无实证,哪怕果真有三年之久,"一个人的车站"这三年真的亏损了吗?表面看或许是的,会损耗一点点利润,可如果不保留这个车站,势必让当地人失望,而保留下来以后却迎来皆大欢喜,不仅登上日本的各大媒体传为美谈,感人的故事还流传到了中国,这必然是该铁路公司历史上不多的精彩一刻,更是花多少广告费都很

379

难得到的美誉度."一个人的车站"不是亏了,而是赚了.

无独有偶,日本福岛还有"一个人的学校",海啸导致核泄漏后,福岛的小学生数量减少了1.9万人,2011年夏季,大波小学的学生由事故前的41人减少到23人.2013年3月,7名学生毕业,2名学生转学,最终只留下了六年级的佐藤隆志.佐藤的故事感动了很多民众,但有反对者指责为一个孩子办学浪费纳税人的钱,于是支持者自发捐款30万日元到小学,资助佐藤接受教育.这个学生2014年3月毕业了,于是学校从当年4月起关闭.

我们一直以来都有这样一个误区.即印数多＝发行量大＝读者多＝社会效益好.这还是计划经济时代的思维.想象社会应该是千人一面,万人同读一本书,亿万颗心一齐跳动.这在现代社会中是不可实现的,所以要有只服务一个读者的准备和意识.

中信出版社副总编辑卢俊曾在一篇文章中说：

我非常怀疑,绝大多数出版人,有没有一天在内心爱过他们的读者.他们过于自恋,毫无敬畏之心.以用户为中心,不是要强加给用户你的价值,也不是消费用户内心的恶,而是你的产品和服务能让用户舒适而长久的美好,这便是那些经典爆款诞生背后的底层逻辑.

不期而遇是最好的相遇！

刘培杰
2016.6.1